百知

思维模型

圆中

著

浙江教育出版社·杭州

图书在版编目（ＣＩＰ）数据

百知思维模型 / 圆中著 . — 杭州：浙江教育出版
社，2025. 5. -- ISBN 978-7-5722-9538-6

Ⅰ．B804-49

中国国家版本馆 CIP 数据核字第 2025YP1786 号

责任编辑 赵露丹　　　　　　**美术编辑** 韩　波

责任校对 马立改　　　　　　**责任印务** 时小娟

产品经理 张　政　刘沈君　　**特约编辑** 陈阿孟

百知思维模型
BAIZHI SIWEI MOXING

圆中　著

出版发行　**浙江教育出版社**
　　　　　（杭州市拱墅区环城北路 177 号　电话：0571-88900883）
印　　刷　三河市嘉科万达彩色印刷有限公司
开　　本　800mm×1230mm　1/32
成品尺寸　145mm×210mm
印　　张　15.375
字　　数　331000
版　　次　2025 年 5 月第 1 版
印　　次　2025 年 5 月第 1 次印刷
标准书号　ISBN 978-7-5722-9538-6
定　　价　69.80 元

如发现印装质量问题，影响阅读，请联系 010-82069336。

前　言

掌握思维模型有四大好处：

1. 完善学习力：便于理解知识，快速消化学习。
2. 强化思考力：便于分析知识，精准洞悉本质。
3. 优化沟通力：便于传递知识，保证沟通效果。
4. 提升智慧力：便于应用知识，解决更多问题。

那么，什么是思维模型？

更高级的文字

如果让我来定义，思维模型就是人类的思维象形文字，是人类承载系统信息的高级符号。

为什么这么定义它？古老的象形文字，大多表达的是一种外在的现象和内在的感受。这些文字可以满足我们日常生活中的大部分交流，一个字、几个词就可以说明一种心情、状态，描述清楚我们见到的许多事物。然而，对于某些复杂的道理和背后的本质，我们却很难用几个字准确表达出来。即使使用了大量文字对其表达，有时也很难让对方清晰地理解。文字在这种地方会碰到表达边界，而思维模型是一种能够承载复杂信息和逻辑关系的框架，因此它更像是映射我们大脑思维的高级象形文字。它可以用图形、公式来代替纯文字，由繁到简地表达出复杂的思维和逻辑关系，达到让对方清晰理解的目的。

来看 DIKW 智慧层次结构这一思维模型。它由数据（Data）、信息（Information）、知识（Knowledge）、智慧（Wisdom）四个单词首字母组成：

1. 数据是存在于这个世界中可被记录和被鉴别的原始事件、经历和现象。比如，18、你、失去。

2. 信息是被加工、命名、归类、连接的有意义的数据。比如，在 18 岁那年我失去了你。

3. 知识是被梳理、提炼、组织的有逻辑的信息。比如，18 岁那年我失去了你，从此我学会了珍惜。

4. 智慧是对知识的收集、识别和应用。比如，我不仅会珍惜每一次"遇见"，也会珍惜当下拥有的一切。

四者的关系，如下页图所示。

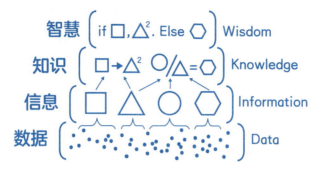

如果数据是点，那么信息就是将数据连接成线并归类为不同的形状；如果信息是形状，那么知识就是将这些形状理解为一种逻辑关系；如果知识是一种对逻辑关系的理解，那么智慧就是对这种关系的应用。当你通过图形结构理解了它们的关系，以后再为你展示这幅简单的图形，即使抛开描述它的大量文字，你也能轻松理解其背后的关系和道理。这就是更高级的文字——思维模型的妙处。

关于 DIKW 智慧层次结构这一思维模型，它本身应该归在 DIKW 中的哪一个层次呢？很好判断，它就是"知识"这一层的工具。它组合了数据、信息、知识、智慧这些概念信息，并为它们建立了彼此的逻辑关系。如果你运用它去帮助自己提升认知，那么你就拥有了智慧。顺便说一句，知识和智慧可以通过推理和分析产生新的知识和智慧，而你通过知识掌握新的知识，这一过程也是智慧。

查理·芒格（Charlie Munger）曾说："一个人掌握 80～90 个模型，就能够解决绝大部分问题。而这些模型中，非常重要的只有几个。"本书含有 100 个思维模型，它们都同 DIKW 一样，是知识层面的工具，是更多高级的文字。我希望你能够掌握并运用这些思维模型或者它们中的几个。你更可以尝试组织这些文字，用它们书写你充满智慧的人生。

关于本书

这本书源于我在 2022 年 1 月开始公开发布的系列视频——《由圆中的猫头鹰精选和创作的 100 个思维模型》（简称"圆中百知思维模型"）。这是一套用 PPT 制作而成的原创视频。这套原创视频受启发于"查理·芒格的 100 个思维模型"。而我的这套思维模型与其并不完全相同，它由三部分构成：

1. 遴选"查理·芒格的 100 个思维模型"中普适性更高、更适合用可视化方式表达出来的思维模型。（没有被选择的那部分也并非没有价值，只不过是我用可视化方式难以展开，或者概念直接，大家理解起来也并不困难，在以后的发布内容中我会把它们补齐。）

2. 对我来说很有趣的、值得分享的，让我受益良多的，但没有被"查理·芒格 100 个思维模型"收录的其他领域经典思维和思维模型，如"沉默的螺旋理论""莫塔五问"等。

3. 还有几个基于别人的思维和思维模型启发，由我个人思考而来的原创思维和思维模型，如"大冰山模型""需求月牙铲""中间态放松""共鸣能量释放"等。

以上思维模型共同组成了这本书的 100 个思维模型（实际上不止 100 个，有一些相关模型被整合到了一起，比如放大镜与缩小镜、4 Letters 市场营销系列模型）。它们来自心理、经济、营销、咨询、培训、医疗、管理、工业等多个专业和领域。它们被我分为"认知自我""认知世界""思考与分析""沟通与学习""计划与行动""总结与展望"6 个部分。这 6 个部分是一个连贯的认知和行为过程：先看清人，再看清世界，接着思考人与人以及人与世界的关系，继而在其中进行沟通和学习来获得提升，最后为自己的目标制订计划并付诸行动。

你可以把这本书当作一本思维模型的入门读物，按照我排列的顺序阅读，走完这个连贯的认知和行为过程。按照这种顺序读完它，我相信你可以获得相对系统的提升。尽管它可以被当作一本入门读物，但它实际上并不是一本单纯搬运知识介绍基本概念的"词典"。这本书里面加入了大量我对它们的解读。这些解读，会帮助你从中获得深刻的思想和启发。

然而，你还是可以把它当作工具书，去优先阅读感兴趣的、急需理解和掌握的思维模型。我在本书的前面增加了一个《思维模型启发索引表》，包含了思考 / 分析、决策 / 选择、组织管理、工作提效、关系处理、培训辅助、表达力、学习力、创造力、行动力等多个维度。每个思维模型可以在哪些方面让你获得更大的启发，我都有所标注。在把它当作工具书的时候，你可以按需查找阅读。

尽管这本书是源于我的同名系列视频，但是请观看过我的思维视频的读者朋友注意，书中的内容并非完全照搬视频内容。它是在视频内容的基础上做了完善、补充和进一步深挖的。因此，你可以把它看成视频内容的丰富和延续。毕竟在视频的三五分钟里，我也很难把更多关键内容交代清楚。这样，对于你来说，阅读这本书就有两个作用了。第一是帮你回顾曾经看过的视频内容，随手翻阅，总要比点开 App，点击我的主页，输入搜索内容，再点击视频要来得方便；第二就是上面所说的，你可以获得比原来视频内容更加系统、完善的思维模型知识。

本书的"口头禅"

"它可以被用在很多领域。"这句话（或者类似的话）可能是本书中出现最多的一句话。原因有两个：第一，本书介绍的许多思维模型本身就具有非常高的普适性。它们揭示了人类社会或者世界上的某个基本规律，因此在什么地方都可以用到，比如"80/20 法则""马太效应""峰终定律"。第二，在研究和介绍思维模型的过程中，我总希望那些专业性比较强的思维模型不局限于在自己的专业内发挥价值，而是能够被更广泛地使用，比如"RICE 全科问诊模式""TTT 培训思维""STP 市场细分理论"。基于这样的思考习惯，这句话就总会在我的大脑中回荡，于是我就很自然地把这句话写了出来。

不过，为了避免反复出现这句话给你带来不好的阅读体验，我在最后的整理阶段已经尽力将这句话删除，或者换成别的说法。尽管如此，这种话还是不少的。因此在阅读时，你可以不把它当作一种唠叨，而是把它当作一种反复强调的思考习惯，让自已在研究和学习的过程中获得更多启发。

可能被怀疑成抄袭者

我相信在这本书的读者中,一定有人在阅读本书之前,就已经通过各种渠道对某些经典思维模型有了基本了解。阅读本书时,你会发现我的一些表达方式、理解角度、举的例子,都在网络上其他人的文章、视频中见过,甚至内容结构一模一样。这会让我像个抄袭者。

正相反,我公开发布"圆中百知思维模型"的时间最早是2022年1月5日,在此之后,我发布了很多思维模型的解读视频。我对这些模型的介绍与解读你都可以在网络上轻松搜到。承蒙大家厚爱,这些视频在圈子里有了不小的反响。当然,这种反响也会给许多同我一样的思维模型爱好者带来启发,然后以我对思维模型的理解作为基础,为大家做二次传播。由于视频发布的时间比较早,因此在我将它们以书籍的形式呈现出来之前,给了这种二次传播充分发酵的时间,并可能造成不低于我的视频传播范围的影响。这样,网络上很多与我的内容相似度非常高的文字稿件和图文笔记,就会先被许多读者看到。

举个例子。"能力圈"这一思维最初的版本是四个圈儿,即不知道自己知道、知道自己知道、知道自己不知道和不知道自己不知道。如果你看过一些关于"能力圈"的解读文章、视频或者图片笔记,你也一定会发现有相当一部分的解读,会在原来四个圈儿的基础上加上一个"自以为知道自己知道"的迷雾区(圈)。

然而，在 2022 年 2 月 11 日我发布这期视频之前，你是找不到关于能力圈的这种解读的。如果恰好某些读者没有看过我的这篇内容，却看过其他的，今天再翻开这本书时，就会产生误会。这一点我有必要在这本书的前面说清楚。

在发布视频的这段时间里，我也没有把自己的内容撰写成公开的文字稿，以文章形式在我的自媒体频道发布。因此更早的文字稿，我是没有的。你能看到的最早的文字稿，基本上是他人转写的。不过你可以找到比这种文字稿更早期的我的视频。本书中许多关于思维模型更有深度、更加独特的解读方式，要是追根溯源，都会找到我这里来。

当然，话又说回来，并不是这本书中的所有话都是我自己说的，我也会把之前某些前辈或者思维模型提出者精准或简练的解读引用进来。比如，元认知可以简单理解为"认知的认知"。我认为这句话太棒了，似乎没有比它更简单、更精准的表述了。另外，关于思维模型的基本介绍和对某一概念的定义都是非常直接明确的，介绍它们一定是那几个词和句子，是不可能通过换种说法绕开它们还能表达得更好的。因此，这种概念性的描述和精准的解读，都会被我留在这本书中，成为这些思维模型的重要部分。

关于这本书的错误

思维模型是错的。

我指的是思维模型在面对所有情形的前提下。你可以这样理解，没有哪个思维模型可以适用所有范围，就像牛顿运动定律只适用于宏观、低速运动的物体一样。因此，学习思维模型的正确"姿势"是要把它看成一个工具箱里的工具，问题是钉子你就用锤子，问题是螺丝你就用电钻，问题是毛发你就用剃刀。当然在这个比喻中，工具箱也可能是一种思维模型。不要把任何一种思维模型奉为指导一切的经典，这一点请读者朋友在阅读本书时注意。

另外，某些转述者和传播者也可能对思维模型的理解产生一点儿误解或做了不恰当的引用。这种转述和传播会导致接收者对它们的理解产生偏误（可能我也在其中）。在接收者进一步转述和传播的过程中，会强化和加大这种误解。我会在本书中尽量指出可能出现的这种误解。我们也不必过于担心，以上误解不会对我们的进步产生太大影响。相反地，有些误解还会在一定程度上增加我们看待它的角度（包括你认为我解读得可能不对的地方），以此获得一些意想不到的启发。

我说的是错的。

我指的是在严谨、全面的标准下。在介绍这些思维模型时，我对它们的理解和描述可能会产生偏误。我会按照我的理解对思维模型做比喻，所以严格意义上的偏误是不可避免的，但这可以成为你了解和理解思维模型的敲门砖。这也正是本书的意义之一：不严谨但好理解的重要性要大于严谨而不理解。

简单易懂、激发兴趣是入门学习的首要任务。在这个阶段，它甚至比准确更重要。小学一年级的数学会告诉我们最小的数是0，1和2之间没有其他数；初中英语学过的语法有一些到高中会被推翻。专业知识的专业性是入门者入门时的障碍，这种障碍常被比喻成门槛。为了降低门槛，顺利入门，我们可能都需要先学习一些好理解但有点儿"错"的东西。既然是循序渐进地学习，那么后面的专业知识就不应该都挤在门口，挤得人人不了门。为了严谨和全面而拉长定义、补充条件、引入更多专业词汇和概念，只能增添学习过程中的困惑和负担，甚至劝退初学者。若如此，我在自媒体平台制作的那些思维视频就不会有那么多人看下去，这本书也写不下去，写下去了你也读不下去。

简单易懂，可领人进门，这就是我介绍思维模型的一个特点。领进门后你可能会发现我之前表达的东西有局限性，甚至是错误的。请不要担心，在走向专业的路上，你自然会为其做修正和完善，然后让自己变得专业。然而，这一切的前提是你先用简单的方式去理解它，对它产生兴趣。

我经常帮助一些培训机构和讲师梳理课程内容，并按照我的理解制作课程的介绍类视频。那些开发课程的专业讲师非常喜欢我用自己的理解对那些专业知识做出"虽然不够严谨但非常贴切"的比喻。在此之前，他们发现自己太专业的知识以及对其习以为常的专业表述，从一开始就让人失去了兴趣，对学员能继续学下去就更不抱乐观态度了。我可以为各种专业知识梳理更好理解的逻辑顺序并做出生动而形象的比喻，这能让他们的学员对这门课程重新提起兴趣。我就像专业的传授者与不专业的学习者之间的一架梯子。没有这架梯子，面对一些专业性的门槛，许多人跨过去是非常吃力的，也没有跨过它的欲望。

关于"我是一架梯子"这种比喻，我本人也非常喜欢。在通往各自专业领域的台阶中，我是最低的那一阶。在广度上，我接触和研究各种思维模型并把它们按照自己的理解呈现出来，这就必然造成我在深度上的不足，梯子都不是很高。不过话说回来，梯子虽然不高，但好在很多。这能让你从琳琅满目的思维模型中找到适合自己的那几个，并踏上深入研究它的道路。

巨人的陨落

我在自媒体平台上的自我介绍，有这么一句：站在巨人们的肩膀上跳跃。我不敢自比牛顿，但用这种说法来形容我当下所做的事情是贴切的。我把那些创造和提出思维模型的学者比作巨人，把我学习和研究思维模型并且试图把它们迁移出来的过程称为跳跃。

非常遗憾，在我写这本书的时间里，查理·芒格与丹尼尔·卡尼曼相继离世。他们是本书中被提及最多的两位巨人。人无法与时间对抗，巨人终将倒下。然而，他们为世人所留下的智慧财富，却可以被永远传承，这是另一维度的生命延续。巨人虽然会倒下，但他们为我们留下的思想高度，却可以让你我这样的普通人，从跳跃学会飞翔。

致谢

最后，感谢我的小伙伴胡坤对我完成本书提供的支持。

目　录

第 1 部分
认知自我：让自己变优秀的模型

第 2 部分

认知世界：探究人性、洞察世界的模型

第 3 部分

思考与分析：能帮我们解决问题的模型

第 4 部分

沟通与学习：搞定关系、助力成长的模型

第 5 部分

计划与行动：让你想清楚、动起来的模型

第 6 部分

总结与展望：让你一直进步的模型

第 7 部分

第一百零一个思维模型

认知自我：
让自己变优秀的模型

这一部分是与"人"有关的思维、思考和思想。
在看清这个世界之前，我们首先应该看清自己，
以及和自己一样的其他人。

马斯洛需求层次理论
——人就图这些

1943 年，著名心理学家亚伯拉罕·马斯洛（Abraham H. Maslow）发现，人们需要动力来实现某些需求，而有些需求总是优先于其他需求，这就是著名的马斯洛需求层次理论。

如今，马斯洛需求层次理论已衍生了几个版本，但早期的五层模型流传最广。从底部向上，这五层分别是：

生理需求，如吃饭、睡觉；

安全需求，如有钱赚、有房住；

社交需求，如有人爱；

尊重需求，如有人捧；

自我实现，有价值。

马斯洛指出，需求总是由低到高逐级形成并逐步得到满足的。

　　马斯洛需求层次理论不但在现代行为科学中占有重要地位，也成为管理心理学中的重要理论支柱。那么，对于我们日常工作而言，它有哪些实操应用呢？

1. 用于管理团队

　　管理者可以针对不同人员的需求层次，提供不同的满足机制，使不同员工的需求都能得到满足。比如营造良好的职场氛围，以保障良好的团队关系和员工归属感等社交需求得到满足；对于那些有尊重需求的员工，可以给予更多关注；而对于那些希望自我实现的员工，则可以安排其完成社会意义更大而非企业价值最大的工作（如企业公益，而非产品销售），他们会比别人更负责。

2. 挖掘消费市场的需求

　　经济学上有一个规律：消费者愿意支付的价格等于消费者获得的满意度。企业要占领市场、要赢得用户、要提升营收水平，就可以针对不同层次客户的需求提供不同的产品价值。比如，可以通过强化产品功能价值来满足用户的生理、安全需求，可以通过提升产品的附加值来满足用户的社交、尊重需求等。

3. 更好地理解人们的行为

　　马斯洛需求层次理论还可以帮助我们理解不同的人的行为或

同一个人在不同阶段的行为。当然，要想"更好地"理解他们的行为，除了该理论本来的顺序，我们还需要补充特殊情况：

（1）个体需求差别很大

每个人在每个层次上的需求量并不一样，甚至差别很大。比如，对财富安全感需求很大的人总会觉得钱不够，虽然已经赚得盆满钵满，仍然会痴迷敛财，甚至不惜铤而走险；而对社交需求很少的人，有两个真心朋友就满足了。

（2）会出现跨需求层次的满足

不是所有人都会按照马斯洛需求层次理论逐级上升的，有些人会"跨层次"满足自我。比如，饿着肚子的艺术家，卖掉房子的旅行者，裸辞的打工人，自己条件不好还要帮朋友的兄弟，宁可睡客厅也不给老婆道歉的男人。

（3）一种行为可以涉及多个层次需求的满足

一种行为往往涉及多个层次的需求。一个人选择打工挣钱来满足自己的生理需求，但同时也会希望这份工作能为自己赢得一定的社会地位，这就涉及了尊重需求。此外，他还会关心这份工作是否能够提供足够的安全感，如稳定性、工作环境等，这就又涉及了安全需求。另外，有些人会认为，在某处打工挣钱的过程也是能与某些人交往、融入某个具体圈子的过程，这又涉及了社交需求。再如，当一个人做了好人好事来满足自我实现需求时，往往也会期待得到对方的感谢和他人的认可，这又涉及了归属和爱的需求。

（4）低层次满足度下降并不妨碍高层次追求

对于有些人来说，即使低层次需求受到冲击，也不会影响他对高层次的持续追求。比如在灾害前线奋斗的军人、医护人员和志愿者等。他们在自我实现以下的所有需求层次都会受到冲击：又饿又累，面对危险长期不能回家，甚至不被某些人理解和尊重，但这都不会让他们的意志产生动摇。当然，这里面也有所谓的"责任"，但更多的是"本可不去，但一定要去"的高尚情操，是"如果要去，我必先去"的奉献精神！

当然，马斯洛需求层次理论对于研究人的整体普遍性仍具有很大的参考价值。我们也会因为理论之外的这些特殊情况，而感叹人类内心之丰富、复杂的"算法"远远超越一个理论所描述的范围。这也许就是人类最有魅力的地方。

心理账户

—— "金钱"是金钱，"价值"是价值

行为科学教授理查德·塞勒（Richard Thaler）指出：人们会把金钱的支出和收入，在心理上划分到不同的账户里，这就是心理账户（Mental Accounting）。它是人们对经济行为进行编辑、分类、预算及评估的过程。由于心理账户的存在，人们对金钱的价值，会有计算差异。换句话说，我们有时会"算不明白账"，并因此做出一些非理性决策。

影响心理账户的因素

心理账户的计算差异是由多个因素造成的，包括收入差异、支出差异、用途差异、规划差异和观念差异等。下面举几个例子分别说明。

收入差异：同样是 1000 元的收入，如果是辛苦赚来的，我们会将其归于工作所得账户，会不舍得花；如果是收的红包，我们会将其归于意外收入账户，会比较舍得花。

支出差异：同样是 1000 元的领带，如果是平时看到这样的

领带，不太舍得买，因为我们将其归于日常穿戴账户；如果是在面试前或者参加重要会议前，我们会买得很干脆，因为这笔支出我们会将其归于投资未来账户。

用途差异：同样是 10000 元的高性能电脑，如果考虑用它来看剧、打游戏，我们将其归于娱乐消费账户，会觉得贵；如果考虑用它来完成一些影视创作、开发程序，我们会将其归于生产力工具账户，就不再觉得它贵了。

规划差异：同样都是劳动所得，如果收入 328 元，我们会将其归于零花钱账户，随手就能花掉它；如果收入 10000 元整，我们会将其归于储蓄账户，去银行存起来，一分都舍不得花。

观念差异：假设有概率获得 1000 元的奖励，如果我们觉得这奖励是应得的，那么得到时也不会特别高兴，但若损失了就会很难过，因为我们已经将其归入已收入心理账户；如果我们觉得这奖励未必能拿到，那么得到时就会非常欣喜，若没得到也没那么难过，因为此时我们将其归入了未收入心理账户。

以上这些同样的收益、支出，如果被划分到不同的心理账户，就会产生不同的消费或储蓄行为，这就是心理账户对人起到的作用。

如果我们不那么严谨地给心理账户分类，那么它可以有基础温饱开支、日常生活开支、娱乐开支、关系维护开支、投资未来开支、风险规避开支、意外收入、劳动收入、大额收入、零散收入、随机收入、持续收入、整钱账户和零钱账户等。这些心理账户之间可以通过情绪、态度和观念进行转换，但彼此都是独立的，并不能相互共享，也就是说，每个账户都是独立计算的，不能混为一谈。

每个人都有很多不同的心理账户，人们会受到当下条件、过往经历、生活环境、文化习惯等的影响，而对各种支出、收入有不同的看待标准，其中过往经历带来的影响很明显。

当家长对孩子说："虽然咱们家里条件不好，但爸爸妈妈仍然愿意把最好的都给你。"同时，孩子也能看见爸爸妈妈舍不得吃舍不得穿，懂事的孩子会感受到沉重的心理压力，因为他们的心理账户将这钱归为父母的"血汗钱"。这导致他们特别不舍得花钱，甚至觉得自己的某些正常消费都是一种"对不起父母"的罪过。这对孩子的成长多少会有些不利影响。

另一种对心理账户的应用的情况，是为了劝自己的父母别不舍得花钱，就把自己获得收入所做的工作说得更加轻松一点儿，这样可以让自己的父母"更舍得花"一点儿，别太委屈自己。这都是观念、经历对个人心理账户产生影响的典型例子。

心理账户的成因

之所以每个人都能产生这种心理账户，我认为最大的原因在于人们通常将"金钱价值"与"金钱的感受价值"分开看待。

什么是"金钱价值"？面值为100元的钱的实际价值就是100元，这是从客观角度理解的价值。"金钱的感受价值"，则是这100元背后所付出的辛苦程度。辛苦程度不同，这笔钱的感受价值就不同。这是从主观角度去理解金钱的价值。

不同的人对于相同的100元会有不同的感受价值。有人睡一觉，账户里就多出来1万元的"税后收入"；有人熬一宿，才能多赚 100 块的加班费。两者在支出 100 元时心态就会不同，这源于他们有不同的金钱感受价值。

即使同一个人，在不同时期或通过不同途径获得相同的 100 元，也会有不同的感受。例如，他会认为"这个"100 元是中奖得来的，可以请朋友吃顿饭；而"那个"100 元是辛苦赚来的，不能借朋友花。这两种 100 元的感受价值也是不一样的。

与收入相应，对相同面值金钱的支出存在差异，也来自个人对感受价值的预计。有的人认为周到的服务可以给自己带来舒适的体验，这对自己很重要，他就认为花这笔钱很值；而观念相反的人则不会用这笔钱换取舒适，而是去购买保险，去买一份安心。

综上所述，金钱面值相同，收入时的感受不同（支出时预计感受不同），这笔钱的感受价值就不一样。这就是心理账户之间存在差异的原因。

心理账户的应用

基于心理账户的特点，我们可以利用它来切换人们的心理账户，从而实现自己的目标。

1. 实现消费目标

商家可以通过改变消费者对开支用途的认知，促使他们更愿意消费。

用途切换："相当于每天一杯奶茶""它更是一种身份的象征""它是孝敬父母的好礼品""这不是玩具，是孩子的童年"……

时间切换："现在消费就是投资未来""一次消费能终生获

益""一本万利"……

无论切换用途还是切换时间，目的都是让人觉得这笔花费更值得。反过来，如果你作为消费者，想让自己的钱包瘪得慢点儿，就需要重新摆正自己的心理账户，思考一下确实是自己消费的目的错了，还是商家在套路自己。

2. 实现储蓄目标

当然，我们也可以通过主观切换心理账户，重新看待收入和支出，让自己有所积累。

收入切换："这次的意外收入来得轻松，相当于一个月的工资呢"，这会让我们珍惜所得。

支出切换："吃一次某大餐相当于在家吃了 10 次火锅呢"，这会让我们谨慎消费。

3. 实现管理情绪的目标

如果我们能理性地看待未得、应得和已得之间的差异，就能保持乐观的心态，减少很多负面情绪。

得："我没有得到一等奖，一等奖就不是我的，这并不算损失，我只是没有得到。"这样会减少痛失感。

舍："这东西给你，你就拿着，反正我也用不上，如果你不收，我就扔掉了，这样太可惜了。"在给别人东西时，这样说既不会让对方产生心理负担，对自己也会有所交代，赠予别人总比扔掉更好。

4. 先予后取实现目标

如果想让对方接受一样东西，可以先让对方默认已经获得（实际并没有真的获得），在心理上让它成为已得的东西。这能激发对方的"损失厌恶"，使对方为保护自己的东西而完成支付。

假装给你："屏幕前的你，看到了就是你的了，现在不下单，就被别人抢走了！""你的同桌一定和你关系最好！你给帮忙带个话……"

真给你："先体验再付款""先使用再付款""照片先拍给你看，你不要我就删了。"

假装给你，是让你看到它的好；真给你，是让你感受到它的好。

5. 先取后予实现目标

先设定一个固定的预期心理账户，再为这个账户提供额外的收益。

某豪华品牌的销售服务：首次交易完成"钱与货"的交换，使消费者的这笔支出固定为消费这个商品的心理账户（实际包含了后期服务的费用），后期再提供尊贵的保养服务、持续性关怀、更高标准的维修保障……会让消费者感到服务超出心理预期，感受价值大于预期价值，对这个豪华品牌的好感度持续提升。

降低对方预期的社交高手：在 100% 的基础上输出 80% 的实力，保持弹性，步步为营，可以在必要时为对方创造惊喜，可以在职场稳步高升，使关系持续升温；这要比在自己已付出 100% 的基础上，还夸夸其谈自己的能力为 200%，最后被发现德不配位，总是掉链子，要好得多。

心理账户能帮助我们更清晰地认识自己的消费心理和行为，理解"金钱收支"与"感受价值"的关系，为消费做出更理性的判断。然而我们需要知道，心理账户本身不具有指导消费的作用。因此，不要知道了"心理账户"的存在就开始怀疑自己，并开始改变自己的消费观念。做这种改变前，我们可以再问一问自己：我之所以通过多年养成了这些"观念"，背后是否有原因？比如，这些观念在我经营生活的漫长过程中，是不是没有导致太坏的结果，或者大部分的结果是"好的"或者"不坏的"？

否定自己前，先肯定"一部分"的自己；怀疑自己前，先相信"一部分"的自己。在受到新观念的冲撞时，首先你要先相信一下自己，否则过度"反思"只会徒增烦恼，甚至破财、坏事。

前景理论

——避害大于趋利

你我的心里都有一杆不准的秤，会让我们"心甘情愿"地吃亏。

心理学家丹尼尔·卡尼曼（Daniel Kahneman）和行为科学家阿莫斯·特沃斯基（Amos Tversky）发现：人们决定做什么事，不仅看决定后的结果，更看结果与展望（内心预期）之间的差距。它类似于"这事儿对我好还是不好，看我和谁比"这种心态。这就是前景理论（Prospect Theory），也被称为展望理论或视野理论。在这一理论的影响下，人并不总是选择对自己更有利的，而是会选择他"心里认为"对自己更有利的，这个"心里认为"就是那杆秤，它在计算收益和损失的时候有点儿不准。

前景理论真实还原了人们在面临风险决策时，因初始状况（参考点）的不同而产生的心理状态差异。它强调人在决策时，心中会预设一个参考点，并以此去衡量决策的结果与这个参考点之间的差距。

举个例子：职员小张准备跳槽，这时正好收到了另一家公司的邀请，他们开出的条件是原公司的 1.5 倍薪资。

参考点 1：小张原本就很自信地认为自己能找到一个 1.5 倍薪资的公司。此时他收到邀请感到很平静，并打算再找一找看有没有更理想的选择。

参考点 2：小张发现很多之前离职的同事找不到比这家公司更好的工作，于是他不打算再找其他公司，并打算接受这家公司的邀请。

参考点 3：这时小张发现其中有一个和他差不多的同事，半年前就跳槽到这家公司了，得到的薪资是自己的 2 倍，于是打算拒绝这家公司。

参考点 4：小张发现自己弄错了，实际上那个同事的薪资是自己的 1.2 倍，而不是 2 倍，于是他欣然接受了这家公司的邀请。

尽管 1.5 倍薪资的绝对价值始终没有改变，但因为小张对比这个结果的参考点总在变化，所以有了前后不同的心理反应，并一直影响他的决策。这就是前景理论中所描述的"每个人基于初始状况（参考点）的不同，对风险会有不同的态度"。

在这个理论出现之前，主流经济学认为人们在做决定时都是"理性"的（准确计算收益和损失），可这一理论无法解释许多"非理性"的现象。前景理论弥补了这一不足。

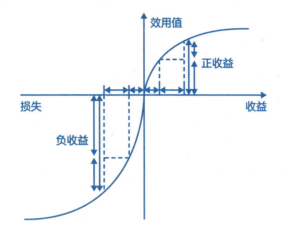

该理论还包含了几种典型的心理效应。

1. 确定性效应

如果有两种选择：第一种，有 100% 的概率收益 100 元；第二种，有 51% 的概率收益 200 元，但有 49% 的概率无收益。多数人会选第一种。在确定收益面前，人们不愿意冒风险。

2. 反射效应

如果有两种选择：第一种，有 100% 的概率损失 100 元；第二种，有 51% 的概率损失 200 元，但有 49% 的概率无损失。多数人选第二种。在确定的损失面前，人们通常心存侥幸。

3. 损失规避

白捡 100 元的快乐难以抵销丢失 100 元的痛苦。研究表明吃亏的负效用至少是获利的正效用的两倍，也就是丢了 100 元，至少要白捡 200 元才会平复心情。

4. 小概率迷恋

尽管人们知道，小概率的大事件很少发生，但还是热衷于买彩票和保险。

5. 参照依赖

如果有两种情况：第一种，其他同事月薪 6000 元，自己月薪 7000 元；第二种，其他同事月薪 9000 元，自己月薪 8000 元。往往第一种情况会让人更"爽"。

这些都是受到前景理论影响的心理效应。虽然这是几个不同条件下的不同反应，但它们都源于你心里那杆不准的秤。怕损失、怕风险、想获利是这杆秤上的三个秤砣。

三者的实际分量并不相同：**怕损失 > 怕风险（有损失 + 有利益）> 想获利**。比如：

确定效应是，虽然想获得更多利益，但我们更怕不稳定的风险，这是怕风险＞想获利；

反射效应是，面临确定的损失，我们更想冒险拼一把，这是怕损失＞怕风险；

损失厌恶是，相比占便宜，我们更讨厌吃亏，这是怕损失＞想获利。

无非这三点。

心细的读者会发现，如果是这样，"小概率迷恋"是不是就不成立了？既然怕损失，为什么那么多人还去花钱买彩票呢？不买不就避免损失了吗？其实可以这样看：人们会把买彩票这类小而零的钱，归到日常花销的心理账户，心里会认定这点儿钱，不在这方面花掉也会在别的地方花掉，是一种不可避免的固定损失，所以面临确定的损失，我们更想冒险拼一把，去买张彩票。

热衷买保险也一样：买保险是为了避免未来出现小概率的巨大损失，在条件允许的情况下，我们不会为了省这点儿保险钱而去冒风险，把一生平安寄托给不确定的命运。这都是怕损失＞怕风险。迷恋小概率事件更像是反射效应的特殊情况。

为什么工资涨不过同事也不高兴呢，第二种情况确实比第一种情况多了 1000 元呀？其实，"被同事超过"是另一种吃亏。我涨 1000 元的"利"不如同事比我多 1000 元的"害"。这还是可以看作怕损失＞想获利。参照依赖也可以看作是损失厌恶的衍生版。

以上情况都符合"怕损失＞怕风险（有损失＋有利益）＞想获利"这杆不准的心理秤。

在利益面前，人人都是守财奴；在损失面前，人人都是冒险家。人离不开趋利和避害两个本能。避害的效用总是大于趋利的效用。因为趋利是让人活得更好，但避害会决定人能不能活。只有活下来，才有机会逐利。

另外，人们的情绪价值也是重要的参考标准。对于大部分人来说，稳定的利益可以让自己心理更轻松，不用承担过大的压力。不稳定的利益，会让人产生负面情绪。即使表面上没有实际的损失，但在意识中，这种负面感受会被解读为已经遭受了"损失"。因此"损失厌恶"只是表象，深层的原因在于人们需要在"潜意识"中权衡各种"金钱之外说不清又道不明"的利弊。这可能是导致人们更加厌恶损失的原因。

我们不要因为这杆秤"不准"而认为自己的很多决策是错的。人之所以有这杆不准的秤，正是源于我们长期生活经验的积累传承，和对自己实际情况的清醒认识。拿死工资（也就是甘愿获得较少的确定收益）或许就是那些冒不起风险的人的最优选择；而对于"底子"更厚的人来说，别人眼中有风险的失败，在他们眼中却是有概率的成功。退一万步讲，彩票何尝不是失败率极高的低成本投资项目呢？普通人都能玩几把，因为它够便宜嘛。再进一万步讲，对于财力雄厚的投资人，面前一个个创业者的项目又何尝不是他们眼中的彩票呢？

损失 > 风险 > 获利。这种经验在很长一段时间保护了人们可以安全生存到今天。不要把这种可以"保命"的观念当成"低级认知"和"穷人思维"。

再强调一下：前景理论是解释现象（告诉你为什么）的理论，而不是指导行动（告诉你怎么办）的理论。理论是正确的，但如果用理论的"正确"不合时宜地否定自己"正确"的行为，那将是彻头彻尾的"错误"。

框架效应

——做框架，帮你引导他；知全貌，防人诱导你

针对同一件事，使用不同的表达方式，可能会让人做出完全相反的决策。

框架效应（Framing Effect）是心理学家丹尼尔·卡尼曼和行为科学家阿莫斯·特沃斯基共同提出的一种认知偏误，即人们会根据相同问题的正面或负面的描述，而产生不同的决策行为。它建立在前景理论（以及认知理论和动机理论）的基础之上。

1981 年，丹尼尔·卡尼曼做过一个经典实验——用不同的框架描述同一件事，听者做出了相反的决策。

假设美国正在准备应对一种罕见的疾病，这种疾病的暴发可能会导致 600 人死亡。这里有两种框架，对各方案实施后产生的后果估算如下：

> **正面积极框架：**
> 使用 A 方案，将有 200 人生还；

> 使用 B 方案，将有 1/3 的概率 600 人生还，2/3 的概率无人生还。
>
> **负面消极框架：**
>
> 使用 C 方案，会有 400 人死亡；
>
> 使用 D 方案，会有 1/3 的概率无人死亡，2/3 的概率600 人死亡。

卡尼曼发现，在正面积极框架描述下，人们普遍选择规避风险的选项，即方案 A，而在负面消极框架描述下，人们普遍选择风险大的选项，即方案 D。实际上，方案 A 与 C、方案 B 与 D 导致的结果是相同的，不同的只是描述的方式。

框架效应的根源是"趋利"和"避害"

"趋利"和"避害"是人最基本的两大特质。依托于此，框架基本分为"得利"与"失利"或"受害"与"避害"两种属性。上述例子中，正面积极框架所描述的"生存"被人们视作"利益"，在面对两个有关"利益"的选项时，人们倾向于选择"确定的收益"，而非"有概率的获得（不获得）"；相反在负面消极框架中描述的"死亡"被人们视作"损失"，在面对两个有关"损失"的选项时，人们倾向于选择"有概率的损失（不损失）"，而非"确定的损失"。

无处不在的框架效应，会引导人们做出特定决策！

在购物的过程中，人们喜欢购买满减、打折、有赠品、可试用、先用后买的商品。以满减为例，因为在正面积极框架下，满减的金额在购物过程中被消费者视作"利益"。消费达到一定金额，就一定可以获得这一确定的收益。这样，"趋利"的特性就会让人在购物时弱化对商品价格、质量、服务的关注。

还是购物。人们也喜欢购买带运费险、七天无理由退换货、包教包会、终身售后等服务的商品。因为在负面消极框架下，消费者被提示了自己的商品可能有损坏、用了不合适、买了不会用等被视为"损失"的情况。虽然这种"损失"只是有可能发生的，但在反复网购的行为下，这种情况仍然可以被视为"一定会发生"，是一种确定的"损失"。这样，"避害"的特性就会让人在购物时避免遭受这种确定的损失。

其他例子还有"杀菌效果 99.9%"要比"只有 0.01% 的细菌"更好卖，"负增长"要比"下降"更好听，"又瘦了 10 斤"要比"现在还是有点儿胖"更让人高兴……在事实不变的情况下，框架效应告诉我们，怎么说比说什么更重要。

框架效应无处不在

从客观角度来说，它是信息在传递过程中受到限制而形成的，无论是主动限制还是被动限制！信息是我们了解世界的重要途径。在信息传递过程中，信息会因各种原因被筛选、加工（主动或被动），从而形成框架效应。

信息加工、传递的过程受到三个方面的限制：**客观信息暴露的有限性、主观观察信息的有限性和个人表达转述的有限性。**

方面 1：由于事物发生和展现的方式各异，导致向外传达的信息受到限制，形成了客观信息暴露的有限性。这种有限性意味着我们只能获取到部分事实，无法全面了解事物的全貌。（对得

失的展示有偏差）

方面2：由于观察事物的手段、角度不同，我们能够获取的信息是有限的，这就是主观观察信息的有限性。如果我们对于事物的认知存在一定的局限性，就会忽略一些重要的细节。（对得失的关注有偏差）

方面3：由于信息传递者自身的认知水平、信息整理能力以及表达手段的差异，所能够传递的信息是有限的，这就是个人表达转述的有限性。这种有限性可能导致信息在传递过程中出现失真、遗漏或误解的情况。（对得失的理解有偏差、表达不全面）

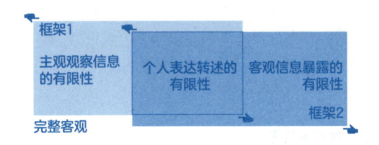

主动制造有利的框架效应

通过对框架效应的根源和其形成过程的了解，我们可以主动制造框架效应，也就是通过有技巧地描述利害关系（当然不是编造作假），引导对方做出对自己有利的决定。

前面说，通过加强对确定收益的描述来促使消费者做出购买决策，是最常见的框架效应的应用。除此之外，如果是合作，强调彼此合作更加明确有利的前景和合作收益（如流水、销售额、交易量等），减少说明风险概率的不确定，会更容易促使合作的达成。

我们应该知道怎么利用框架效应，也应该知道怎么防止自己受到框架效应的影响。

框架效应是在信息传递过程中受到限制而形成或造成的，那么相反，只要避免信息受限，就可以跳脱自我或对方的框架引导，平衡得失，做出正确的决策。

比如，作为买家，我们要学会货比三家，比较不同店铺内相同或相似商品的价格，或者比较相同店铺不同时间段内的商品价格变动，这样就可以更好地了解商品实际的价值和价格走势，降低框架效应中不同描述带来的影响。如果是合作，在双方合作之前对项目本身进行更多的资料积累、行业普查或对合作公司进行背景调查，了解更多合作可能产生的问题，以此大幅度降低合作潜在的风险。

为了避免掉入框架效应的陷阱，我们应该更加重视独立思考和批判性思维的运用，尊重数据调查和客观事实。了解事物越全面，即知道的信息越多，就越清晰利害得失的关系。

有时候"全部真相""事实全貌"并不容易得到，所以我给大家一个实用建议：当面对一个可能造成框架效应的信息时，我们可以切换一下信息的表述方式，以创造另一个"框架"，然后让自己在这个框架下重新决策，以对比前后决策是否一致。回到最初卡尼曼的试验，当我们面临 A、B 两个方案时，可以试着把它们换成 C、D 两种说法，再选一次。这样就能知道自己是否被框架效应所影响，也能更接近事实的"全貌"。

跳出框架，衡量框架，制造框架，使用框架，才能发挥框架效应的最大价值！

卡尼曼双系统

——练到成为本能，才能成为高手

心理学家丹尼尔·卡尼曼研究发现：人脑存在相互独立的两套系统，分别是直觉系统和理性系统。

直觉系统是无意识的快速反应，它的优势是不费脑子，主要负责处理简单的问题，不需要经过深思熟虑就可以给出答案。这个系统被称为系统1。理性系统是有意识的思考和分析。它的特点是能耗高，但能够解决更复杂的问题。这个系统被称为系统2。与直觉系统不同，理性系统需要人们投入更多的注意力和精力来思考问题。

在《思考，快与慢》中，卡尼曼强调，这两个系统是他杜撰出来的，实际上并不存在，它们并非标准意义上的实体，也非大脑中的某个固定部分。然而这种杜撰却对我们理解自己的大脑提供了很大帮助。我们需要通过这两个系统清楚自己的大脑活动会对我们的决策产生怎样的影响。

系统1是直觉的、轻松的、不自觉且不间断的，可以依托于情感、记忆和经验做出快速反应，同时也会因此产生许多认知偏误，让判断变得不准确（系统 1：准不准咱先不说，你就说我快不快吧！）；系统 2 是严谨的、费脑的、有意识的且需要调动的，可以依托于理性分析解决问题，优势是不容易出错，缺点是懒、容易累（系统 2：我累了，没啥事儿别找我）。

这两个系统都会在人决策时发挥作用，有时甚至会相互配合共同完成决策。然而由于系统 2 懒惰，很多时候系统 1 会占据主导地位。因为系统 1 的直觉反应有时会导致偏差和失误，所以卡尼曼建议我们应该多调用系统 2 去参与重要决策。用"慢思考"去弥补"快思考"，这有利于提高我们的决策质量。这也是这个思维模型的核心主张。

可能会有人担心：处处开启慢思考不会让人耗神费力且效率低下吗？

会的，但不能全然从这个角度去看待慢思考。首先，慢思考的确不适用于所有情况。处处调用系统 2 会让人累，这种对精力的过度消耗确实不利于后面应对关键性决策。因此，我们可以挑选值得调用系统 2 的事情去做决策。这一点，卡尼曼也在他的著作中强调过。其次，沿着卡尼曼的这条建议，我们可以更进一步地思考：我们可以通过系统 2 来大量练习、反复锻炼某项技能，吃透某种知识，使之转化为扎实的记忆和经验，成为系统 1 中的一种本能（或者尽量靠近它）。也就是说，让系统 2 的深度思考成为"因"，让系统 1 的快速反应成为"果"，从而实现提效。

系统 1 才是拉开人与人之间差距的关键。尽管系统 1 容易受到各种环境、信息框架等的影响而犯错，但"系统 1"并不等于"犯错"。相对于普通人，得到某种针对性训练的人是可以在专业范畴内做出优于常人的反应以及更准确的判断的。从这一点来看，人与人之间的差距就比较普遍地存在于这个（系统1）地方。也就是说，当你需要思考一会儿才能做出的决策方案，你需要实践一阵子才能养成的技术水平，对方可以不假思索张嘴就来、上手就做。

比如，刚学会开车的人，需要思考如何挂挡、踩油门、刹车、开转向灯和雨刮器，但对于经验丰富的老司机来说，这些动作已经成为本能反应。再如，在考试中，刚掌握知识点的人还需要花费时间计算，但有些考生通过大量刷题，凭借"题感"就能选出正确答案。还有，与口才好的人吵架，你可能需要思考如何表达最具攻击力的言辞，而对方可以张嘴就来。

世间大部分问题只要给足时间，人与人之间的差距都可以抹平。比如，手机上看到一个交通事故的视频，按下暂停键或者多看几次重播，很多人都能给出和老司机一样的判断。考试时，如果能给予足够多的时间，一些答题速度更慢的学生也能取得与学霸差不多的高分。争吵时，即使我当时吵不过他，但只要躺在床上用一晚上的时间，就能想出许多漂亮的话来回击。你看那些网络键盘侠之间的对喷往往势均力敌，其中一个重要原因是键盘能够弥补一些人在反应上的不足。只要时间足够多，差距就足够小。

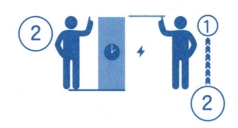

　　然而，一个事实需要我们明确，很多事情并没有足够的时间给我们思考。在很多时间不够的情况下，本能反应更优秀的人，就会展现出明显的优势。

　　请不要灰心。因为我们也能明确另一件事实：对于大多数人来说，他们在某方面的反应优势并不是天生就具备的，而是通过系统 2 的大量练习，使之优化到（或接近）系统 1 中而得来的"后天本能"。每天多练习，反应速度也会上来，包括开车、考试、辩论等。

　　只要给够时间，每个人都可以通过费力的系统 2 达到完美和卓越，但谁能使自己的系统 1 优化得更好或者说把某些技能优化成后天本能，谁才能在不太理想的实际情况下（比如外界干扰多、时间紧迫等）交出令人满意的答卷。那些深邃的、顶尖的，我们看了、懂了，不代表就行了。我们还需要让它彻底穿过我们的身体、融入我们的灵魂，这样才能减小我们与强者之间的差距，甚至让我们成为新的强者，而实现这一目的的关键，就是"练习"。

　　欧阳修在《卖油翁》中如是说："无他，唯手熟尔。"

峰终定律
——两点高度决定直线高度

当你手里只有两块糖，选择在什么时候给出去，才能让对方更开心？

2002 年，诺贝尔经济学奖得主、心理学家丹尼尔·卡尼曼提出了一个价值连城的概念——峰终定律（Peak-End Rule）。峰终定律，是指人们对体验的记忆，不同于当时的实际体验。记忆中的体验主要由两个时刻决定，即"高潮"和"结尾"。如果这两个时刻让人感到愉悦，那么大脑就会形成一种积极的印象，从而使我们觉得整个体验都是愉悦的。也就是说，人们对体验的评价，往往取决于体验中的峰值和终值，而不是整个体验的平均值。

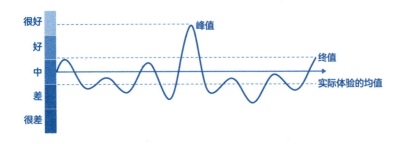

举个例子：如果你在深夜爬山，只要能在山顶看到美丽的日出，并且在下山后能买到便宜又好吃的山货，那么即使在攀登过程中经历了口渴、疲惫和腿疼等不适，也会觉得整个旅程是美好的。

峰终定律是一个伟大的发现，它揭示了人类在认知方面的一个偏差：由于人的精力有限，我们只会把它放在有限的记忆点上，而"高潮"和"结尾"这两个时刻总是很关键，这使得我们容易忽视整个体验中的其他细节。

峰终定律还告诉我们：谁都可以利用这个认知偏差去设计一个让人难忘的体验。

逛家居店时，如果你在各种家具搭配方案中获得灵感，结账后还买到了便宜的冰激凌，那么，即使中间遭遇了诸如找不到店员、货还得自己搬等不爽体验，也会被峰值和终值好的体验感覆盖，你还是会感觉拥有了一个愉快的购物体验。

当你去餐厅用餐时，如果能够享受免费美甲、擦鞋、演唱生日歌、递送热毛巾和眼镜布等服务，并且临走时还能得到免费的小零食，那么，你会更容易忽略门口排队、声音嘈杂，甚至担心小哥哥的拉面会甩到自己脸上等体验，而认为整个用餐过程都特别美好。

峰终定律是一个揭示人性的概念，"人性"的方方面面几乎都可以用峰终定律来配置资源、设计体验，诸如人际关系、市场营销、经济研究、战略决策、企业管理以及客户服务等。之所以本文开头评价峰终定律"价值连城"，就是因为它在"资源有限，怎么做才能让客户满意"这个问题下，给了无数企业、品牌、商家一个最优解。

如果你只有两块糖，就在对方最需要时和最后分别时给他（她），那么他（她）的整个回忆都是甜的。

峰终定律是一个从心理学角度出发实现经济利益最大化的概念。明白这一点，我们就可以更好地理解为什么一个"心理学家"能够获得"经济学奖"。

前面提到，峰终定律是一种认知偏差，我们可以利用它来影响人对某种体验的评价。那么同样，别人也可以利用它来"引导"我们的决策和判断。因此，有些情况下，我们需要警惕并避免自己陷入别人设计的"峰终陷阱"中。

比如，在商店购物时，关注点不应该放在美女（帅哥）店员的身上，盲目听从她（他）的推荐，虽然这样表面感觉购物体验很棒，但实际上可能会花很多冤枉钱。再如，企业在选才任用时，不要只看重员工的高光时刻，那些兢兢业业、不抢风头的人更可能有稳定而出色的表现。

既然峰终定律既"价值连城"，又是"思维陷阱"，我们应如何正确看待它呢？如果你想谈一次轰轰烈烈的恋爱，就"用"好峰终定律。毕竟我们都想在资源有限的情况下，给彼此最好的体验。如果想看看他（她）能不能与你搭伙过日子，就"弃"掉峰终定律。冷静下来好好回忆，在大多平淡的日子里，你们是否真的合得来。

攻则用，守则弃，才是正确对待峰终定律的姿态。

首因效应与近因效应

—— 一头一尾，都很深刻

1957 年，心理学家洛钦斯（A. S. Luchins）明确了一个心理学效应——首因效应（Primacy Effect），主要是指人会根据最初接收到的信息形成一种不易改变的印象。首因效应又叫第一印象效应或第一刻板印象效应。

假设你入职新公司，刚开始时表现得非常社恐，即使与同事熟识之后打开了话匣子，他们也会认定你比较内向，你的所有交往动作都是被迫迎合。如果你头几天就像个自来熟，与周围同事打成一片，即使之后你不怎么说话，他们也会认定你是一个外向的人，不说话只是工作认真或有心事。这就是第一刻板印象。它会直接影响人们对关于你的更多信息的解释。

同年，洛钦斯又通过实验发现了近因效应（Recency Effect）。所谓近因效应，是指当人们接触一系列事物时，最新出现的刺激会影响人们对这些事物的印象。

比如在这样的句型中：

你各方面条件都很好，就是有时候……

你的成绩非常理想，不过这个小地方……

你聪明、善良、英俊、潇洒、小心眼……

人们往往会因为这种表达方式的顺序，而把注意力放在最后出现的"有时候""小地方""小心眼"上，从而轻视了"各方面都很好""成绩非常理想"以及"小心眼"前面的"聪明""善良""英俊""潇洒"这四个优点的分量。

生活中，我们经常受到首因效应和近因效应的影响。很多时候，两个效应会同时起效。那么，"第一眼"和"最后一眼"，哪个对人的影响更大呢？

心理学家自然也对这个问题充满疑惑，他们不断进行实验探究其结果。1959 年，心理学家米勒（N. E. Miller）和坎贝尔（D. T. Campbell）通过实验发现：首因、近因孰强孰弱，与两者的刺激间隔时间和反馈评价时间有很大关系。

说个例子比较好懂：公司开总结大会，你和同事依次汇报。

1. 如果流程是在整体汇报后让领导马上对大家的总结进行评价，那么首因效应和近因效应效果差不多，若想给领导留下印象，选第一个或最后一个汇报都可以；

2. 如果汇报结束后，搁置一周再让领导评价，那么首因效应会更有效，此时你选第一个汇报会给领导留下深刻印象；

3. 如果每天由一个人汇报，一周后才轮到最后一个人汇报，并在最后一个人汇报后马上由领导做出总体评价，那么近因效应更有效，你选最后做汇报会给领导留下深刻印象。

上面三个情况反映了"首因效应与近因效应"和"刺激间隔

与反馈快慢"之间有着这样的关系：

1. 首次刺激和最后刺激发生后，马上进行反馈，首因和近因的效用相同；

2. 首次刺激和最后刺激发生后，延迟一段时间再进行反馈，首因效应影响更大；

3. 首次刺激发生后，延迟一段时间发生最后刺激，并马上进行反馈，近因效应影响更大。

如果用图形表达，会更好理解。

首因效应反映的刺激曲线更像一个直角梯形，而近因效应反映的刺激曲线更像一个直角三角形。这里圆点是评价点。

1. 二者比较靠近时（刺激间隔时间短，反馈时间点近），高度一样（二者效用相同）。

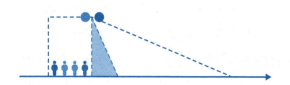

2. 二者比较靠近时（刺激间隔时间短，反馈时间点远），梯形高（首因效应影响更大）。

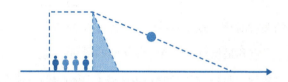

3. 二者间隔变远时（刺激间隔时间长，反馈时间点近），三

角高（近因效应影响大）。

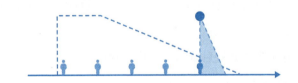

后来有心理学家通过实验得出结论：认知结构简单的人更容易受到近因效应影响；认知结构复杂的人更容易受到首因效应影响。比如，一个简单直接的老板，看你这次表现好就会对你大加赞赏，你下次表现差就会满口指责，下下次，他还会根据你的优秀表现再对你大加赞赏；而一个复杂的老板，面对一个信得过的人，即使对方偶尔失误一次，也不会影响他对这个人的基本看法，而面对一个没给他留下好印象、只是最近表现好的人，老板还需要再观察一阵才能对其做出新的评价。

还有学者发现：与熟人交往时，近因效应作用大；与陌生人交往时，首因效应作用大。比如，一向爱干净的你今天没洗头，很快会被同事发现并被问起缘由（近因效应）……新认识不久的朋友，今天看到他行为举止大大咧咧，但你还是会对他在与你第一次见面时的礼貌举止印象更深，所以会觉得"这个绅士今天有些放飞自我了"。

看到这里，你有没有一点儿似曾相识的感觉？这两个效应像不像峰终定律？峰终定律指出，人们对体验的记忆只集中在体验过程中的关键时刻。这些关键时刻通常包括峰值和终点。峰值即体验的最高点和最低点；终点，即体验的最后一点。

首因效应、近因效应与峰终定律是有些相似的。那么它们之间有什么联系？这里分享一下我的看法：

在峰终定律里，首因效应（第一印象）可以作为它的一个"初始偏见系数"。

如果第一印象为"正"，即最初印象良好，那么这个偏见系数会放大这个人的精彩，缩小他的糟糕。相反地，如果第一印象为"负"，即一开始就讨厌这个人，那么偏见系数会放大他的糟糕，缩小他的精彩。

总体来看，第一印象很重要，但并不是影响一个人在他人心中最终印象的决定性因素。如果不能逃离首因效应（第一印象不好），后面就需要付出更大的努力，创造无法被人忽视的精彩，来弱化偏见系数。

至于近因效应，对应的就是终值体验。最后一眼、最后一次、最后一点，这些本身就有非凡的意义。

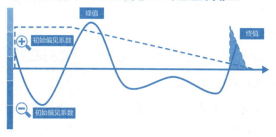

以上二者对比，只是笔者的粗浅理解，并不能算一个"答案"，但它至少可以为我们心中那个小小的疑惑暂时提供一个"解释"。如果脑海里总有一个不解的疑问，谁都会不舒服，所以让问题假装有个答案，心里就不慌。等得到了真正的"答案"后，再替换原有的"解释"就是了。

放大镜和缩小镜
——先放平心态，才能冷静做事

当大环境不好时，多数人会抱怨时运不济，但也总有人能在低谷中抓住机会，实现逆袭。除了头脑和运气的影响外，还有一个更为关键的因素，就是心态。"放大镜和缩小镜"，就是控制这种心态的思维。

放大镜思维，是指将具体事物放大，以观察其中的细节。在"放大镜"下，那些看似简单平常的事物，背后隐藏的深层道理可能并不简单。同样地，那些看似复杂棘手的问题从微观层面来看，导致其出现的原因可能很简单。

缩小镜思维相对于放大镜思维而言，是指当我们难以理解或看不清当下的现象或问题时，将时间拉长、将视野拉远，把过去的背景、现在的场景以及未来的前景都纳入视野中。这样或许能够从宏观层面找到答案。

简言之，**放大镜是"微"观，是拆步骤、分条理、抓细节；缩小镜是"宏"观，是阅古今、览天地、上格局。**

使用单一的放大镜思维、缩小镜思维都能获得不错的效果，而两种思维如果同时使用，其效果还能更上一层楼。这也是我将这两个模型放在一起讲解的原因。

放大镜思维可分为主动放大和被动放大。主动放大是主动切入，是积极解决问题；而被动放大的意思则是人会本能地夸大事物对自己的消极影响，扰乱自己的心智。因此，对于被动放大，我们需要警惕并保持清醒。那么如何保持清醒呢？这就需要运用缩小镜思维。

缩小镜思维要求我们将事物放在历史长河里，放在大背景下来考虑。通过这种方式，我们可以发现"太阳底下无新事"。这有助于我们从过度焦虑的状态中冷静下来。

比如职场中，当上级交给你一项任务时，他会对你一再强调其重要性，并告诫你不要掉链子。这会让初入职场的你感到压力很大，你会担心自己把事情搞砸。这时候任务的难度就会被你夸大（被动放大），并影响到你的心境，进而影响你的行动力和判断力。

这时候，你就可以运用缩小镜思维来考虑：你是团队中的一员，你所完成的工作只是众多任务中的一环；经验丰富的领导在排兵布阵时，一定会把重要的事情交给能力强、经验足的人；如果你是新手，你不是团队里最重要的人，你的任务也不会如你想的那般至关重要；即使你真的掉链子了，整个任务受影响也不会太大，至少不是致命的。这样一想，你就能明白，领导说你的任务很重要，目的是让你将工作重视起来，而不是让你慌乱、崩溃。

当你冷静下来之后，再使用放大镜思维观察任务，做主动放大，拆解步骤，明确细节，然后一步步去完成就可以了。

在执行过程中，如果再次遇到问题、被动夸大困境，就使用缩小镜思维，尽量减轻内心压力。你可以告诉自己：由于缺乏经验，感到害怕是正常的。心态安定后，再使用放大镜思维，主动分析问题，找出导致问题出现的关键细节，找到突破口。接下来，再使用缩小镜思维来看全局，打开思路，看看上级是否有可用的资源，身边的同事是否能够提供帮助，过去的经验中是否有类似的解决办法，附近的现有事物是否可以组成替代方案……办法总比问题多。心态安定，思维缜密，你就能顺利完成任务。

跳出职场的例子，请再用缩小镜看一眼，在百年大变局中，什么人会说：我们这行完蛋了，恶性竞争更重了，传统思想没用了……又是什么人能坦然面对，洞察局势，分析趋势，摸清优势，冷静地寻找新机遇。

《大学》里有这样一句话：**知止而后有定，定而后能静，静而后能安，安而后能虑，虑而后能得。**可谓有异曲同工之妙。

10+10+10 旁观思维模型
——站在未来，回望当下

像"一着不慎，满盘皆输""一失足成千古恨""一步错、步步错"这些耳熟能详的话，不知道承载了多少人的悔恨。那些穿越回历史、重生的网文之所以那么火热，一个很重要的原因是满足了人们"开上帝视角走人生"的希求。

世上最大的痛苦就是没有后悔药，它让遗憾成为永恒。人生漫长，如果我们能够站在未来的一个点上去回顾过去的某个决定，会发现一些明显的错误，并减少这种遗憾。

虽然世界上没有后悔药，但不妨碍人们通过"模拟"后悔，来实现相同的功效，它就是 10+10+10 旁观思维模型。

这个模型的大意是：我们在做一个决定时，需要想象一下，在 10 分钟后，自己会怎么看待现在的决定，会不会后悔；在 10 个月后，自己会如何思考 10 个月前做过的这个决定；在 10 年后，自己又会如何看待 10 年前做过的这个决定。

这个思维模型可以应用在临时判断、大事决断、未来发展等事情上。比如，一个高中生陪朋友一起去考艺术学院，自己却被星探看中，他是该回去继续按部就班参加高考，还是要走上从艺道路呢？这种情况，就可以使用 10+10+10 旁观思维模型来思考。再如，你和某个人吵架了，可能都不需要 10 个月，10 分钟后，你就会后悔自己的冲动行为，既然如此，那不如现在就不要"逞口舌之快"；或者你决定戒酒，在决定现在向家人宣布戒酒时，想象一下，10 分钟后你可能会后悔，10 个月后你会很难受，但 10 年后你不会在 ICU 痛恨自己当初为什么没有坚持下来，这样就能更加坚定自己的决心。10+10+10 旁观思维模型可以为我们提供一个在宏观历史背景下看待问题的上帝视角。

不过这个模型对一部分难以想象自己未来的人来说，使用起来会有难度。或许因为他们对自己当下的稳定性没有信心，也不确定未来自己会有什么样的心智改变。10 分钟还可以，10 年就很难了。

如果是这样，你也可以反过来回顾过去。想一想：你 10 分钟前做了什么决定，现在是庆幸还是后悔？ 10 个月前又做过什么决定？哪些决定你当时并没重视，但现在对你影响很大？哪些决定你当时下了很大决心，现在看"也就那么回事儿"？ 10 年前的那些决定呢？

回顾过去，能让你看透自己，给未来做参考。这样再反过来看现在要做的相似决定，对未来有什么影响，以及你自己会在未来以多高的心智看待这个决定，是不是会更清晰些？ "回顾过去设想未来"可能与"直接预设未来"有些差别，但比起无法想象，这个替代办法还是具有可行性的。

10+10+10 旁观思维模型可以看作是"缩小镜思维"的一部分。它似乎并没有缩小镜思维那么丰富的含义，它只是单纯缩小了未来的时间，但实际上，相比缩小镜思维，10+10+10 旁观思维模型却能够在具体问题上提供更为确切的指导和操作。这就像不管你多么理解"一个工具的使用原理"却仍然不如直接给你一个工具本身更加实用。

当然，10+10+10 旁观思维模型里的 10 分钟、10 个月、10 年不是确定的，你也可以将其改为 10 天、10 个星期或者数字上用 9、8、7 代替 10，都可以。

这个思维模型的核心逻辑是在时间尺度下"跳脱情境"。身处"现实中"的我们很容易被"现实的条件"所束缚。我们虽然不能做到物理层面上的真正"穿越"，但 10+10+10 旁观思维模型却可以让我们实现心境层面上的假装"脱离"。这种跳出来"旁观"的做法，会让人关注的重点从"决策本身"转移到"决策结果"（近期、短期、长期的结果）。当"脱离"的思想回归到现实，我们就会发现现在的自己所做的决策都能产生哪些未来的可能，从而让那些未来导致遗憾的选项，被现在的自己排除于未然。

遗憾嘛，是我们认为自己"应该做到、想要做到或可以做到却没有做到"的事。如果有办法能让自己把该想的现在都想到了，该做的现在都做了，那未来也就不会那么遗憾了吧。

总观效应

——站在高处，俯视人间

登山小天下，贯宇平波澜。当我们见识到更辽阔的世界，便不再局限于狭隘的视野。

总观效应（Overview Effect）也叫概观效应、全景效应，最早是由作家法兰克·怀德（Frank White）提出的概念。他发现，经历过太空飞行的人在飞行前后会有明显的认知转变。因为从太空中俯瞰地球，会产生"世界之大而人类格局之小"的感慨。总观效应最大的特点是，将看待事物的视角，从微观的角度拉升至宏观层面上进行审阅，从而产生认知跃迁。实际上，总观效应也可以看作"缩小镜"思维在"空间属性"上的体现。

请注意：不是原来的问题变小了，而是你看到的问题更广了。

总观效应的特性：见识决定认知

在总观效应中，前后见识的反差构成了认知转变的基础。它不只在太空旅行后发生，也可以在很多人生阶段中产生（或产生类似的感受）。

比如，小时候，我们习惯性地认为完成作业就是生活的全部；如果作业完不成或没带作业，就觉得天都要塌下来了。长大后，我们习惯性地认为眼前的另一半就是生活的全部；当她（他）离开自己而没有一丝留恋时，就觉得天都要塌下来了。工作时，我们习惯性地认为稳定的工作就是生活的全部；当行业受到冲击，导致我们失业时，就觉得天都要塌下来了。

然而，作业一定会有人忘记写；每天都会有人经历分手、失业，这些在另一些人眼中并不是问题，因为他们见过的更多，人生格局也更广阔。当人们在宏观层面获得更多认知后，便不会纠结于微观层面遇到的问题。最终，人们发现天不仅没塌，还变得更"大"了。

总观效应的作用：让人戒骄戒躁

人们对困难程度的判断会因为心态失衡而出现偏差，这是"骄"；浮躁、愤懑的心态容易让人们看不清真相，这是"躁"。总观效应可以让人戒骄戒躁。

比如，一个通过自身努力获得成功的人，容易夸大努力的作用而忽视客观机遇为他的成功做出的"贡献"。他们会变得盲目自信、刚愎自用，忽视成功背后所隐藏的危机。这是骄。

另外，一个工作、生活长期不顺的人，更容易受到负面情绪的影响，陷入自我否定的泥沼中。这种消极的情绪会让他们夸大问题的难度，对事物做出极端的判断。这是躁。

总观效应能够帮助我们戒骄戒躁，将微观视角转变为宏观视

角，从而让较大的心理波折回归平静。我们可以采用以下两种方式，把格局拉高，把人生拉长。

成功时，用总观效应戒骄，避免得意忘形。我们可以将格局拉高一些去思考："看，像你这样的人有很多""其实成功多是时势造就""还有很多问题没有解决"……

不顺时，用总观效应戒躁，避免慌乱焦虑。我们可以将人生拉长一些去思考："人生几十年呢，现在算啥？""这算什么困难啊？""过了这个坎就好了。"……

不以物喜，不以己悲，能达到另一种认知境界。

主动触发总观效应

虽然大多数人没有机会像宇航员那样，通过太空航行触发总观效应，但我们仍然可以在许多特定的情境中获得类似的感受。

1. 创造环境

我们可以通过主动创造环境来触发临时的总观效应。

相信很多人都有类似的感受：播放自然纪录片时，看到几百万头野牛迁徙千百公里，我们会叹息生命的力量；看到非洲部落古老的捕猎手段时，我们又体会到野蛮与文明的冲撞；看到太平洋深海，我们会惊叹百万条鱼竟能用整齐划一的动作来对抗天敌；看到庞然鲸落万物生时，我们又会在时空生态变化中领悟生命的意义……从秦始皇到汉武帝，从十字军东征到十月革命……这些人物和事件推进了人类历史的发展。王朝更替、时代兴衰，也让我们感叹不已。当我们回归现实，就会有一种恍若隔世的感觉，仿佛我们被代入了很多不同生命的进化历程，穿过了千百年的沧海桑田，又同时存在于世界的每一个角落。

这种经历让我们不再局限于自己的个体视角，而是拥有了更宽广的理解尺度，包括种群、族类、全球和古今。这样的体验让我们能够更好地理解和接纳不同的观点，更加冷静地应对生活中的挑战。以后再面对同伴、同事甚至同类的竞争，心态会更加平静。

除了看纪录片，爬山看海、饱读史书等也都能够形成类似总观效应的体验。这也是为什么古代诗人喜欢感叹山河之壮阔，怅惋历史之波澜。

2. 增加阅历

增加自我经历，形成长期的认知改变。

从山海壮阔、历史波澜之中重新回归现实后，过一阵，视角也总会从"总观"重新回归"微观"。除了通过"外部手段"获得临时的总观效应，我们还可以通过"内部积累"来实现长期的认知转变（长久的总观效应体验）。我们可以通过多种方式拓展人生的广度和厚度，包括多感受情绪的变化、多见识事件的进程、多历练自己的能力以及多了解别人的故事。

人生就像一场旅行，只有经历过无数的风景，我们才能深刻地感悟到生命的真谛。每个人的经历都是独一无二的，我们无法复制别人的旅程，但可以从他们的旅程中汲取经验。通过倾听别人的故事，我们可以更好地理解自己的人生，让自己不断成长，变得坚强和成熟。

逆向思维

——站在终点，引来路

> "不要想着去做什么，而是想着不做什么。"
>
> "不要想着如何成功，而是思考如何避免失败。"

这两句非常经典的话，可以解释什么是逆向思维。逆向思维可以帮助我们看到完全不一样的世界。在实际应用中，它能帮我们开山，能帮我们破局，能帮我们发现新物种，能让我们在变革中不至于沉沦于过时的传统。

逆向思维，也称求异思维。据说，是查理·芒格的成功秘诀之一。它是"反其道而思之"的思维方式，是从问题的对立面或相反面来探索答案。很多人都知道逆向思维的强大作用，认为它很好用，但为什么好用，却很少有人能说明白。

人生处处有岔路。我们要达成一个目标，会遇到很多干扰因素，会出现很多节外生枝的环节，导致我们走偏路、走弯路，甚至走错路，如下页图所示。逆向思维，可以让你站在终点，去反看起点。这样正向推进时遇到的那些岔路，自然就看不见了。

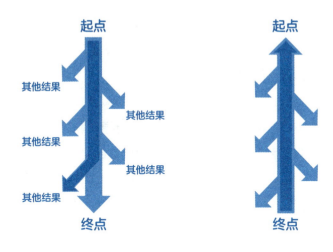

人生岔路

　　当你在一个陌生的地方（起点），有人带你去另外一个陌生的地方（终点），怎样可以更容易找到回到起点的路？一般人会说"记住路标"。对我来说，有一个比记住路标更好的办法，那就是离开时去回头看离开的路，或者归来时倒着走（多回头看），来回忆你离开时的景色。这也是逆向思维在现实生活中的一个很好的体现。逆向思维，更像是翻转看世界，用相反（或相对）的视角，减少陈旧（开拓创新），离开原地（探索改变）。

　　理解了逆向思维的本质，我们就可以运用得更加自如。你想快速提高考试成绩，与其研究如何多得分，不如探讨如何少失分；你想提升自己，与其盲目拓展知识面，不如给自己的知识体系查缺补漏；你想做个好人，与其想自己该干什么，不如先弄清楚自己不该干什么。如果想与爱人白头到老，比知道该做什么更重要的是知道不该做什么。因为感情能够长久的原因，往往不是彼此做过多少感动对方的事，而是很少互相伤害……

不过，也不是什么时候都必须"反过来想"。一般遇到以下几种情况时，可以考虑使用逆向思维：

当你面对的问题难以用传统思考方式解决时；

当你对正推得到的答案并不满意，想要寻找新的解决方式时；

当你已经得到一些答案，但不确定是否全面，想要查缺补漏时……

这样你会避免被正向的岔路干扰视线，并在逆向的道路中发现隐藏在正向"死角"中的新答案。

有人会问：从终点看问题就不会看到岔路吗？会不会存在逆向思维的岔路呢？

这是一个很好的问题。万事万物之间都存在着错综复杂的联系。整个世界就像一张巨大的网，假设任意两个点之间都有一条通路，那么从你的终点到你的起点，也一定会看到逆向的岔路。同时，我们也要清楚这样一个状况：既然是"逆向"的岔路，那么这条岔路中的起点就不是你所在的原来的起点了。我们不必考虑逆向角度的岔路，因为我们根本不在那儿。它与你无关。如果那个地方也有一个人，那么对于你来说的这条岔路，则会是在那个起点的人的正路。你在终点能看见岔路上的他，只是说明你们的境遇不同，但设定的目标相同罢了。他需要结合他的境遇和条件（起点），做出与你不同的选择（正路），最后才能与你顶峰相见（终点）。你们是殊途同归，如下页图所示。

俗话说，成功的道路不止一条。站在不同的起点，拥有不同的资源，具备不同的认知，自然会有不一样的路径可以选择。我们只需要规避正向推进中的岔路即可。

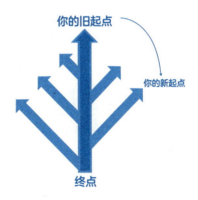

当然了，如果你的起点可以改变（你的前提条件或者初始环境可以改变），你也可以通过某个逆向岔路，把自己调整到一个更适合的新起点，如上图所示。然后从新的起点出发，去实现自己原有的目标。

中间态放松模型

——滑动身心的开关，以得放松

　　每到节假日，我们总是感觉越休息越疲劳。其实单纯地"休息"并不是获得"轻松"的正确"姿势"。"中间态放松"模型可以直观地表达获得"轻松感"的正确方式，并让大家学会利用这个方式，主动获得更多的轻松感。

　　在这个模型中，"轻松"被表达为一种"中间型"状态。它不与"辛苦劳动"相对，也不等同于静止与休息。它是摆脱上一个"长期不变的状态"后，在切换到下一个状态的过程中所获得的一种愉悦感受。

　　不管是运动状态还是休息状态，只要长期处于一种固定不变的状态，人都会累，而只要摆脱一种常态，人就会轻松。比如，当你获得足够休息之后，如果继续"休息"，就会让"休息"进入一种常态，轻松的心情就会开始被无聊、重复、厌倦、空虚所消磨。游戏打太久、手机刷太久、网剧看太久、睡觉睡太久，甚至在床上躺太久，也都会有这种感觉。这时换一换做别的事，哪怕在床上翻个身，都会感觉轻松。

在家待久了，就出门逛逛街、跑跑步、打打球、冒冒汗，切换一下状态。当然切换成新状态，并继续保持不变，迟早还会重新感受到疲倦。一直跑步、打球，就变得像运动员日常训练一样又累又无聊。然而大多数人并不会有这种常态，因为如果明显感受到很累，人自己会停下来。就像工作这种常态，它本来就是一种"高消耗"行为，更容易累，所以在工作时间人们会很自觉地直直腰、走一走、打一杯水，切换状态。

毫无疑问，在做容易变得更累的事情时，不用别人提醒，人们自己会休息，反倒是那些表面看似可以让自己获得放松的事情（比如上面提到的打游戏、刷手机等）具有一定的迷惑性，人们以为自己是在"休息"，实际上越休息越累，还不清楚问题在哪里。

好在通过这个模型我们可以知道：**轻松这种状态本来就很短暂且不稳定。**我们要接受一个现实：人不可能长期处于一种轻松的状态。换一种说法，轻松，就是一个处于两种状态之间的"过渡"，是一种"中间态"。只有当我们摆脱状态 A 滑向状态 B 或者摆脱状态 B 滑向状态 A 时，经过两种状态的中间地带，才会有轻松感。当然还要增加一个前提，就是上一个状态，必须持续一定时间进入"常态"，否则频繁在状态之间切换也不会得到轻松感，而只会得到忙碌与焦躁感。

人们常把"放松"和"愉悦"关联起来，但它们不是一回事。我们常犯的错误就是把放松当成愉悦，或是通过追求愉悦的行为来获得放松的心情。我们可以从放松中得到愉悦，比如"运动中的休息""加班中的偷闲""下班后的打游戏"；反过来，从愉悦中我们未必能一直获得轻松，就像刷手机、玩游戏，每时每刻都会产生新刺激，但时间久了，会越来越累。

总之，不管做什么，只要长期处于一种状态不变，或者过度依赖一种看似休息的状态，疲惫就会随之而来。"一直的懒"一定会让我们更累，"偶尔的勤劳"反而会让我们获得一点儿轻松。这一切取决于你如何滑动身心的"开关"。

成长型思维

——我命在我不在天

"我命在我不在天"源自东晋时期道教理论家葛洪所著的《抱朴子内篇》中的一句，表达了人不屈服于天数命运的精神。大部分人都希望自己天赋异禀，但大部分人也都平凡得不能再平凡。那么，一个微不足道的无名小卒如何才能大放异彩呢？或者说，一个不足挂齿的平凡之辈能不能走出一条熠熠生辉的人生路呢？

当然能。心理学中也有和这种精神相类似的思维——成长型思维。它常在个人成长、亲子教育、人际关系、职业发展等方面发挥积极作用。据说它让很多曾经自认平凡的人取得了非凡的成就。

成长型思维，是由心理学家卡罗尔·德韦克（Carol S. Dweck）在《终身成长：重新定义成功的思维模式》一书中提出的概念。德韦克多年研究发现：决定人与人之间差异和成败的关键因素是思维模式。她认为，人们对能力的认知存在两种不同的思维模式：固定型思维和成长型思维。

　　拥有固定型思维的人认为，人的能力是不变的，天赋是自带的，成长的过程就是不断证明和展现自己天赋和能力的过程。拥有成长型思维的人则认为，人的天赋只是起点，人的能力可以通过锻炼而提高，只要努力就可以做得更好。

　　基于这两种认识，在面对各种挑战时，二者也有不同的表现：拥有固定型思维的人更倾向于回避，他会认为挑战是超出自己能力范围的事情，硬做只会搞砸。拥有成长型思维的人则表现积极，甚至会很兴奋，认为挑战是一种探索新边界的机遇。

　　除了面对挑战，拥有不同思维模式的人在对待成功失败、他人评价、学习成绩、新鲜事物等方面都有截然不同的表现。

　　起初，我认为思维本身并没有好坏之分，而是要看使用的时机、条件等实际情况。然而，德韦克对于固定型思维和成长型思维的描述似乎并不那么中立，而是带有一定的情绪在"一踩一捧"。另外，她似乎并不是在描述思维，而是在向我们强调一种处世观念、生活态度。

　　这是怎么回事呢？

　　提出这个理论的书是 *Mindset: The New Psychology of Success*。其中成长型思维对应的英文是 Growth Mindset；固定型思维对应的英文是 Fixed Mindset。Mindset 这个词虽然可以翻译成"思维模式"，但它也可以翻译成"心态"。思维和心态，在中文世界的表达侧重点是不同的。思维更客观，而心态更主观。

　　虽然主流翻译将其视为思维模式，但我认为将其翻译为心态更为贴切。当我们将"思维"替换为"心态"，并将成长型心态和固定型心态进行对比，就会发现她的描述变得更加自然了。

　　成长型心态：一种积极面对困难和挑战的心态，是相信命不由天的心态。

　　固定型心态：一种消极面对世界和自己的心态，是相信命中注定的心态。

　　如果将两种心态赋予本土化描述，Growth 就是积极向上，Fixed 就是故步自封。这样再看德韦克对两种心态的褒贬，也就显得理所当然了。

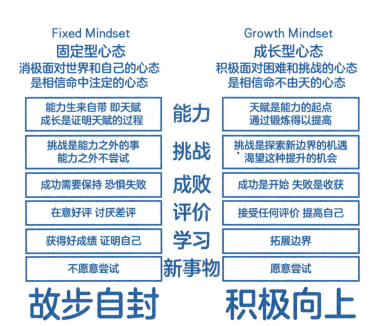

　　德韦克提出这个理论，旨在让人们认识到心态对于成长的重要性，摆脱听天由命的观念和故步自封的状态，建立一个积极而开放的向上心态，从而吸收更多、获得更多，实现个人成长。

下面，我将从这一理论中获得的启发分享给大家：

1. 成长型思维不否认天赋的存在

成长型思维强调能力可以通过努力得到成长，但它并不否认天赋的重要性。这一点，该承认也要承认。这种承认并不代表坦然接受自己的"无能"，而是通过接受现实来更加准确地看待自己的成长。

2. 暴露短板能获得成长的机会

在别人面前更自然地表现自己，这个过程可能会暴露自己的短板甚至无知，但这件事并不可怕。在成长型思维看来，这也是在创造学习的机会，补充自己的空白。要知道：错失成长机会要比暴露无知更可怕。

3. 失败是经验包

在成长型思维里，失败只是收获的代名词，是你成功路上的"经验包"。失败时或者遇到坎坷时，应该对自己说"这只是一种体验""这是宝贵的经历"，并且思考在这个体验里能收获什么。这样，成长就会更快点。更重要的是，这种想法也更容易让你从失败的阴影中走出来。

4. 将自己当作成长的标杆

判断成长不应该以别人为标杆，因为每个人都在成长，每个人的成长都时快时慢，甚至还有倒退。如果你判断自己是否成长，是去对标一个也在不停变化的别人，那就会产生与实际不符的错觉：当遇到一个与你共同进步的团队，你会错认为自己在原地踏步，并因此沮丧放弃；当你身处一个因故步自封而不断倒退的群体，你会错认为自己在成长，并因此沾沾自喜。别人的进退与你无关，你是在你的轨道中奔跑。马拉松要发挥最佳的成绩，不是靠别人加速你也跟着加速，而是靠始终保持适合自己的节奏。

从成长型心态中的"心态"一词可以看出，你的成长不应该受到环境和他人的影响，而是要跟着自己的心走。成长是自己的事。

沉没成本

——是否"沉没"，取决于你

有时候，我们会因为对某件事付出了太多而问自己到底该不该继续坚持。如果在这种犹豫的状态下，旁边有一个人告诉你"你之前所有的付出都是沉没成本"，那么当你听到"沉没成本"这四个字的时候，是不是就不想坚持了呢？

好像大部分人在听到有人说"沉没成本"的时候，都能读到一种"劝止"的意图。这里先说一下结论："先别听劝！"我们需要弄清楚"沉没成本"到底是怎么一回事。

沉没成本（Sunk Cost），是指以往发生的，但与当前决策无关的费用。它是一个经济学术语，后来引申为我们在过去已经发生的、不可收回的各类付出，包括金钱、时间、精力等。它告诉我们，当面对未来或当下的一件事情，某些事物是"沉没"的，是不需要被考虑的。现实生活中这样的沉没成本有很多，例如，已经付过钱但不好吃的饭菜、投入一半的感情、奋斗多年的岗位……

面对沉没成本的两种反应

沉没成本会引发一种心理效应：投入的沉没成本越多，对这个成本越痴迷，越停不下来，越难回头！比如：

点的菜虽然难吃，但已经花了钱，不吃完就浪费了。

恋人虽然不合适，但相处了这么多年，还是继续凑合着吧。

工作虽然没发展，但干别的还得从头再来，算了还是接着干吧。

当我们了解了这一效应之后，再面对类似上面的情况而徘徊不定时，只要被人提醒这是"沉没成本"，我们就会马上停止投入！如果继续，就是不听劝，就是执迷不悟，就是不见棺材不落泪。"沉没成本"四个字就有了"劝止"的魔力：

菜如果难吃，我就该果断撂下筷子，别再干咽了，因为那是沉没成本！

恋人如果不合适，我就该果断分手，别再折磨自己了，因为那是沉没成本！

工作如果没发展，我就该果断骑驴找马，弃暗投明，因为那是沉没成本！

两种极端不足取

于是，面对沉没成本我们会出现两种思想："无法自拔的继续投入"和"立刻停止的'明智'之举"。不知是沉没成本时，思想偏向前者；知道是沉没成本后，思想会滑向后者。要小心！在沉没成本理论中，两者都是被"点名"的极端思想，是被极力反对的危险念头。

我们再回顾一下沉没成本的概念，不难发现它只是一个描述成本属性的词，它并没有否定事情的正确性，也没有附加让人停止的劝导。沉没成本只是不可回收的，而不可回收的意思是你"继续"或者"不继续"都不要考虑它，而不是直接劝你"不要继续"。

至少目前为止，"沉没成本"这个词总是被我们用来"劝止"一件被认为"不值得继续"的事情。长此以往，"沉没成本"就等于"劝止"了。沉没成本是以往发生的与当前决策无关的费用，同时我们也要清楚，这个"当前决策"虽然不能改变"以往发生"，但它可以影响"未来状况"。这些"未来状况"可能是：

饭菜不好吃，就撂筷子了，而你下午上班还得饿着肚子。

有了点儿矛盾，就觉得现在的恋人不合适了，结果错过了一份珍贵的感情。

大环境不好，就觉得自己的公司没前途了，结果离职没多久，形势好转，全员加薪了。

我们不该因为有沉没成本的存在，就预设事情是不正确的或行为是该停止的。事情对不对要看事情对未来的影响。这道理很明显，但不得不承认，很多人就是会被沉没成本"催眠"。

任何事情，坚持或者放弃都有可能导致结果的好或者坏。马上停止，它未必是"及时止损"，也可能是"功亏一篑"。继续坚持，只有看到结果失败了，那才叫"执迷不悟"，而如果最后成功了呢？那就是"不负韶华"了。因此坚持还是放弃，不看成本是否沉没，而是看我们有没有充分观察事实状况，更看我们自己有没有能力把别人做错的事情做对。

有人劝你坚持，可你清楚你没有他的那种能力，你最好别听劝。有人劝你放弃，可你知道你比他能力更强，那你最好也别听劝。因为在不同能力的人眼里，有些成本，并不一定就沉没了。

沉没成本的界定

如何界定沉没成本呢？最关键的一点就是之前的投入是否对未来还有影响。如果对未来有影响，那么当下的决策就应该考虑这种投入过或者正在投入的"成本"。也就是说，这种对未来能够产生影响的成本不算是沉没的成本。如何判断这一成本是否能对未来产生影响呢？与两个因素有关：一是你对客观情况的了解，二是你处理客观状况的能力。

举个例子：

一艘船，在行驶过程中出现了故障。水手们做了一定的补救工作以避免它沉没，但是这艘船仍然在下沉。是弃船逃生还是继续补救？大家都在等待船长的决断。

假如你是这艘船的船长，以你对目前客观情况的了解，认为它已经不值得补救或者你自己也没有更好的办法补救，那么这艘船在你眼中就已经"沉没"了。之前的补救工作就是沉没的成本，继续补救会造成新的浪费，没有意义，不如抓紧时间携带财宝弃船逃生。你和船上的水手不应该受到过去的补救工作和对这艘船的感情影响，而继续"执迷不悟"。

相反地，倘若你经验丰富，能够发现水手们之前的补救工作非常及时到位，尽管看起来船还在沉没，但继续补救还是可以挽回的。依托水手的补救加上你丰富的经验，船就不会沉没，那么之前投入抢修所产生的成本就不算沉没成本，因为它还会对未来的结果产生积极影响。

因此在同样的局面下，个人对客观状况的判断不同以及个人主观能力的不同，会决定之前付出的成本（对于你来说）是否为沉没成本。能力到位，别人眼里的"沉没"不见得就是你的"沉没"。

吃不下的饭菜虽然不能继续硬撑着吃完，也不是非得扔掉。你发现一个客观状况是自己一会儿还要回去上班，而公司楼下还有可爱的小狗要去喂一喂。这样你就可以把饭菜打包喂给小狗，让自己省下买火腿肠的钱。

公交车半个小时不来还要不要继续等？你可以运用一点科技手段，比如打开地图 App 先看下公交车的定位再做决定，否则可能你打车走了没到一分钟，公交车就来了。

曾经培养的技能，当时看似已经无用，但它也可能在未来的某一天帮助更高水平的你领悟新的技巧，你将感谢曾经那个没有半途而废的自己。

关于事实与正确的思考

我们也知道，很多时候我们难以对一个客观状况了解得非常全面，甚至对自己实际能力"几斤几两"也不够明确。因此有些成本它是不是沉没成本也只能事后看结果再判断了：

船最后沉下去了，如果你当时继续补救了就是浪费，如果没有补救就是你不作为。

　　船最后没沉呢，如果你继续补救了就是多此一举，如果没有补救就是不知防患。

　　水手（大家）对船长（你）有这种"里外不是人"的想法，其实与一个因素有很大关系，就是他们都认为你"能力不足"。你如果能在某个领域成为权威或者有话语权，甚至哪怕你有一个"充分的理由"来为自己的选择和当时的状况做出有力解释，那你怎么做都可以是"正确的"。那艘船到底出了怎样的故障，故障严重程度如何，可能没有人比你这个船长更了解事实"全貌"。这种状况下，船长可以解释："虽然最后还是沉了，但是它在沉没之前我始终没有放弃，在它沉没的最后一刻之前，我始终有机会把它救回来。""它当时没有沉并且最后能安全回来，不是因为它的故障不足以导致沉没，而是因为我英明的决断和专业的技术。"沉与不沉，船长都做得对，因为船长告诉大家的事实就是如此。

　　到底什么是事实？什么都是，也什么都不是。所谓的"事实"大多只是能被我们看见的那一部分，而不能被看见的那部分就只能听人描述了。既然一部分"事实"会变成"说什么是什么"，那么当时的决策不就"怎么做怎么对"了吗？这种时候，如何解释"事实"也是全在己心，全凭德行了。

吸引力法则

——不是它被吸引，而是你在前行

吸引力法则有人非常相信，有人保持怀疑，但不管相信还是怀疑，很多人都没有足够深刻地理解它。

吸引力法则（Law of Attraction），又叫吸引定律，是指思想集中在某一领域时，与这个领域相关的人、事、物就会被"吸引"而来。简言之，想什么来什么。它的神奇效果，曾一度被传得神乎其神，许多人也表示它非常好用。

吸引力法则到底对不对，好用不好用？我的答案是，**它不对，但好用！**

说它不对，是因为它并没有"吸引"。它只是一种由一系列心理与行为催生出来的表面现象；说它好用，是因为除去一部分迷信和运气成分，它确实可以让人在一定程度上增加获益效果。然而，笔者认为，获益的原因是人们用对了隐藏在这个法则之下的三个重要的内在因素：态度、角度和进度。

态度：改善思想的出发点

曾经一个好朋友对我说，他感觉自己好幸运，每次遇到困难时，好像全世界都在帮他。他问我为什么会有这种感觉。我回答他："那是因为你为人善良，懂得感恩，你善待身边人，他们也会还以友善。"

其实我们很多人的性情并不固定，面对不同的人，都有不同的表现。我们会因为甲贪小便宜而对他更加小气，因为乙处世豁达而对他更为大度，因为丙傲慢无知而对他爱搭不理，因为丁温和善良而让自己在他面前像个话痨。我们面对甲、乙、丙、丁是这样，其他人面对甲、乙、丙、丁也会这样。因此在甲、乙、丙、丁四个人眼里，就有了四种不同的世界。甲觉得世界很苛刻，乙觉得世界很宽容，丙觉得世界很冰冷，丁觉得世界很有趣。

一个人面对世界（周围的人）的出发点不一样，世界（周围的人）给他的回应也不一样。一个高傲的人慢慢放下身段，那他身边愿意给他提供帮助的人也会多起来。

这是态度。

角度：切换观察的新方向

我们周围的每个人每件事都是以多种角度存在于这个世界上的。我和朋友说想去某个地方旅游，他说他恰好刚去过，并分享了很多攻略给我。后来我坚定了旅游的想法，更多朋友跳出来说他们也想去。真是不提则已，一提同道中人一大群！不只是旅游这样，得了个病，也能"炸出"一堆表面健康、实际同病相怜的病友。要想创业，身边的很多细节也都会显露出商机。想要恋爱，你看适龄异性的眼神儿都不一样了。当你有了明确的目的，你会不自觉地释放出这种信息，周围人会对你产生回应。即便没有释放这种信息给外界，你自己也会不自觉地改变看待周围事物的角度，发现它们的新价值，让它们变得可以为己所用。

"屁股决定脑袋""手里拿着锤子，世界都是钉子""想做成一件事情，就要把心态放到已经做成这件事上去思考"，这些说法都很类似，其原因就是你的新目标帮你切换了新角度，发现了新机会。

这是角度。

进度：强化行动的内驱力

有人会说，我并没想具体的东西，但它主动来了。其实这背后有两个原因。

一是随机性，包含一定的运气，但因为你很关注，所以它来的时候会让你感觉出一种"刻意"。这点可以对比一下你喜欢的人和普通异性向你打招呼时，你大脑活动的差异。

除了随机性，另一个原因就是你不自觉的行动。比如，你感到孤单、无聊了，于是你跟着一个朋友参加了一场派对。在这里，你碰到几个新朋友。你对其中一个很有好感，你和他（她）聊了两句，于是你遇到了知己。再如，你困惑、焦躁。你想安静地看会儿书排解一下，你随便拿了一本书翻看。你觉得这本书的内容很有意思，你继续翻，恰好找到了一段可以解决目前困惑的文字。

看似它们是被你的大脑里一直萦绕的渴求吸引而来，实则是你自己在往前走，你自己在做动作，奔向他（她、它）去。这就是"**心有所期，行有所动**"。当你自己走到了一个新地方，你就会发现一些新的风景。你在主动接近对方，但你以为自己是"静止"的，这看起来可不就像对方在接近你，像你"吸引"了对方吗？

这是进度。

总结一下：

改善思想的出发点，是改善你的初始态度，世界会为因为你的改变而改变，这体现了一种世界观。

切换观察的新方向，是切换你的看待角度，它们会变成你服务目标的价值，这体现了一个价值观。

强化行动的内驱力，是强化你的行为进度，与身边的人、事、物主动建立联系，这体现了一条方法论。

这就是吸引力法则"有用"的原理。

墨菲定律

——专注一种正确好于提防一百种错误

　　什么是墨菲定律？只要有风险，就一定会发生。担心会出错，就一定会出错。简言之，怕什么来什么。然而它只是一个心理效应，并非客观事实。这就是墨菲定律（Murphy's Law），它似乎无处不在。

为什么墨菲定律无处不在

　　我们总会感觉到这个世界充满了墨菲定律。笔者认为其背后的原因，是墨菲定律所揭示的现象很容易引起我们的共鸣。这种"集体共鸣"形成了我们对客观事实的认知偏差。

　　重新审视一下这句话：只要有风险，就"一定"会发生；担心会出错，就"一定"会出错。冷静地思考一下，它是真的那么"一定"，还是更像一句携带情绪的牢骚或气话？

　　曾经你所担心而并没有发生的，最后你还松了口气的事情，在客观实际中也是大量存在的，但它们"有惊无险"，并不能让我们产生深刻的印象和长久的记忆。反倒是上面说的"只要担心，就真的发生了"这种情况，更让人印象深刻。随着时间的推移，那些"有惊无险"的事情不断被淡忘，而那些"印象深刻"的事情不断被记忆所保留。这样，我们的"回忆素材"就会有所积累。这种积累造成了我们对事件结果的认知偏差，让我们对未来的客观现象产生偏见。

不仅如此，这种"巧了，我也是，一旦这样，就一定那样"的事情，也会激起人们相互倾诉。你说给别人听，你也听别人说，这又进一步"验证"了墨菲现象无处不在，并进一步加深了记忆，强化了共鸣。

有惊无险的记忆容易遗忘 ⟶ 怕啥来啥的记忆印象深刻 ⟶ 相互表达形成强烈验证

据说，墨菲定律起源于一名叫墨菲的空军上尉对某位总是修不好飞机的同事开的一句玩笑。运气不好时，人都有更重的情绪，留给自己的印象也会更深，也更容易引起同样感到运气不好的人的共鸣。

那么，为什么我们总是不走运？又为什么不走运的人那么多？因为"走运"本来就是一件不允许有任何意外的低概率事件。因此"不走运"的人很多，所以"墨菲现象"容易获得共鸣。

共鸣的对象，仅仅是相对一致的观点，但一致的观点，并不等于事实。

远离墨菲定律的办法

虽然在"自我回忆偏差"和"相互印证强化"的影响下，我们确实在心理上夸大了墨菲定律。然而话又说回来，我们也不得不承认身边确实有一些实在的体验，就是"我一旦开始担心了，失误率就会偏高一点儿"。

墨菲定律**"始于心理，作用于行为"**。这句话的意思是，人在心理层面开始"反常"后，就会导致行为上的"不平常"，进而导致我们所担心的问题更容易发生。也就是说，在一个"平常"的心理状态下，行为不会出错，但只要你的心理变得"不平常"了，行为就会出错。

始于心理 —— 作用于行为

平常 —— 不 出错

不 平常 —— 出错

一个心理素质差的员工，在关键时刻，领导不提醒他还好点儿，只要提醒了，他就掉链子。事后领导还会想："你看看你，只要担心你，你就会出错，这回又被我说中了不是？"其实这种事情不说还好一点（虽然好不到哪儿去），但一说出来（表达担心），他的表现就会更糟。他听领导这么一说，压力就会更大，做事缩手缩脚，就失去平常心了。

　　墨菲定律的触发机制对自己也起效。当自己失去了平常心，所有的行为都可能变得不平常。就像高山滑雪、轮滑、骑车之类有一定难度和复杂度的运动，平时玩一玩（在平常心的状态下）表现比较稳定，但在比赛时突然担心起"自己可不能摔倒、不能撞到那个杆子，控制身体平衡、手脚配合要注意……"大脑想着"摔倒"，眼睛盯着"杆子"，都是在告诉身体如何避免不平常的意外，而不是如何延续自己的平常。结果什么样，想想就知道。

　　关于墨菲定律，我们可以这样理解它：因为心理暗示而导致注意力和行为反常，使得风险更容易发生了。也就是平常不出错，不平常就出错。因此，专注一种正确，比提防一百种错误，更好一点儿。

课题分离

——不闻不问，无忧无虑

    生活中很多人都会有烦恼，但你有没有想过自己"为什么"会烦恼？是因为想控制自己根本控制不了的事，还是因为总替别人操心，要照顾别人的情绪，抑或过于依赖从别人的评价中寻找自己？

    现代心理学之父阿尔弗雷德·阿德勒（Alfred Adler）认为一切烦恼都来自人际关系。这些烦恼又会导致我们出现精神内耗。精神内耗就像我们精神世界里有两个"小人儿"，他们的观点相反、理念不同，会不断互相拉扯。在这个过程中，我们的心理资源就会被大大消耗，我们也会感到烦恼不断。

    不过，阿德勒还给我们提出了一个减除烦恼的"灵丹妙药"，叫作"课题分离"。意思是，你要分清楚自己的事和别人的事。因为人与人之间的矛盾大多起于对彼此的过度干涉。**如果将自己与别人的人生课题隔离开，自己不干涉别人的课题，也不让别人干涉自己的课题，烦恼就会减少很多。**

    比如，朋友找你借钱，你不想借，但又怕影响关系、怕对方说你见死不救，你就会烦恼。如果用课题分离理论来思考的话，你会发现：他怎么看你是他的课题，与你无关。如果你去关心他的课题，你就会烦恼。而要不要借给他、该不该帮助他、怕不怕他赖账，这些才是你的课题。当你把关注点放在自己的课题上，心情就不会受他人影响。

再如，有人对你的评价不够好，你可能会沮丧，甚至会怀疑自己的人品。同样用课题分离理论来思考，你会发现，别人如何评价你，那是他们的课题，是他们在用自己的标准来看待他们眼中的你，与你无关。你要关心的是，你是否清楚什么是好的、什么是坏的，自己应该坚持什么、摒弃什么，而这些都与评价你的人无关。

职场中，有同事不喜欢你，那也是他的课题，你控制不了，也不需要为此操心难过。该工作就工作，该配合就配合，把项目做好，领工资拿奖金，这才是你的课题。当他有求于你时，会表现出对你的喜欢，你也不需要考虑他是不是真心的，因为那是他的课题。你的课题是你愿不愿意帮他，如果你不想帮他，他表现出对你的愤怒，那也与你无关。

此外，课题分离不仅能用于减除烦恼，还能让膨胀的人冷静下来。当别人夸你，你也可以分离一下：他表扬我，是他觉得我很厉害，这是他的事情；而我对我自己的表现是否满意，才是我的事情。经常这样想一想，就能避免迷失自我，被别人暗中捧杀。

简单来说，课题分离理论分为两步：

第一，区分一件事是属于谁的课题；

第二，拒绝掌控和介入。

这让我想起来一句流行语：世间万事大多都可以用两句话解

决，一句是"关你什么事"，另一句是"关我什么事"。这与课题
分离理论异曲同工。

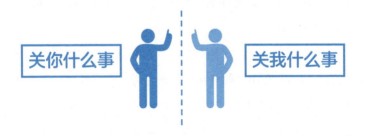

有人会说，这样为人处世，会让人很讨厌，但是，这关我什
么事呢？

课题分离是我们在处理人际关系时实用价值非常高的一种心
理学工具。《被讨厌的勇气——"自我启发之父"阿德勒的哲学课》
中指出：有被讨厌的勇气，才能拥抱自由的人生。

有人在实际应用中曾感受到，课题分离理论并不完美。比
如，你要纠正自己合作伙伴的错误，虽然改不改是他的事，但结
果与你们的合作发展是密不可分的。还有家长引导孩子学习、管
理者提升团队业绩等情况下，都不是那么容易将自己和对方的课
题隔离开的，因为对方的课题结果会直接影响我们自己的课题。
这该怎么办？

其实也没关系，你只需要用课题分离来分离"课题分离"就
可以了。课题分离用好了，确实可以减除我们的烦恼，不好用的
话，就保持现状；用了可能有惊喜，不用也没什么损失。毕竟在
自己的课题下，最后的结果是什么，也不都是自己控制得了的，
不是吗？

达克效应

——用行动的尺度体验成长的难度

邓宁 – 克鲁格效应（Dunning–Kruger Effect），简称达克效应。达克效应反映了人的一种认知偏差：能力不足的人反而更自信，他们不仅认识不到自己的不足，而且还会低估他人的能力。

用模型表示这种现象，如图所示。随着自身水平的提高，人们的自信也会在不同阶段上下浮动。

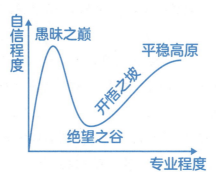

达克效应模型图

这个模型来到中国后，自信线上的拐点也被赋予了优美的地貌名称：愚昧之巅、绝望之谷、开悟之坡、平稳高原。

这个效应最初是怎么出现的呢？

1995年，一名美国男子在光天化日且没有任何伪装的情况下，明目张胆地抢银行。他出门时还嚣张地朝着摄像头笑了笑。之后，他被警方轻松逮捕。调查发现，该名男子并没喝酒，精神也没问题。那他为什么会做出这种不可思议的愚蠢行为呢？

原来，这个人发现柠檬水可以被当作隐形墨水使用。他感觉自己打开了智慧之门。在这个"知识点"上，他"举一反三"，把柠檬水涂在自己脸上、身上，以为这样就可以隐身。他其实是有思考的：首先，他知道涂满柠檬水需要晾干了才能隐身；其次，他还知道只要不靠近热源，柠檬水就不会失效。

这事件引起了康奈尔大学心理学家大卫·邓宁（David Dunning）的注意，他决定拉着研究生贾斯廷·克鲁格（Justin Kruger）一起来研究这件事。

1999年，他们邀请众多受试者做了一个实验，实验大概是这样的：

首先，通过一些逻辑能力测验，区分每个人的逻辑能力水平。然后选择其中一部分，做进一步拔高训练。过段时间后，他们请所有人再做一套测试题。答完题的人，需要预测自己的排名。经过多轮实验，邓、克二人发现，逻辑推理能力更差的受试者往往对自己的排名估计更高，而受到过训练、逻辑推理能力更好的受试者则低估了自己的排名。邓、克二人进一步探索，并在人类行为的很多方面都发现了类似现象。最终，他们总结了能力更差的人的四种表现：

1. 他们总是觉得自己很有水平；

2. 他们不了解有水平的人到底多有水平；

3. 他们在被评价说自己没水平的时候并不承认；

4. 当提高自身水平后，他们会知道自己之前确实没水平，也会发现有水平的人是真有水平。

在日常生活中，达克效应很普遍。据测试，80% 的人都认为自己的车技高于平均水平。特别是新司机，学会开车 3 个月后会感到非常自信，但这样的心态反而更容易出事故。一旦出现事故，司机又能重新认识自己的水平。还有，好学生认为自己与学霸之间的差距，往往要比学渣认为自己与学霸之间的差距更大。然而学渣们会在好好学习之后发现，从前提高 30 分很容易，现在提高 3 分是真难，原来每 1 分的差距并不相同。

既然达克效应如此普遍，我们该如何规避这种认知偏差呢？很简单，我这里总结了"十二字法则"：多听劝，别嚣张，闭上嘴，迈开腿。

当我们觉得一个技术上手很容易时，要多听听别人对我们的评价，听听别人对这个技术难易程度的评价（多听劝）；当别人觉得难，而我们觉得简单的时候，先别觉得自己很牛（别嚣张），观察一下说难的人是不是比我们的水平更高（闭上嘴），并用实际行动来检验自己的这一认知（迈开腿）。

请用行动的尺度，来体验成长的难度。

元认知
——认识你自己

元认知（Metacognition）是心理学家约翰·弗拉维尔（John H. Flavell）在他的《认知发展》一书中首次提出的概念。弗拉维尔发现：普通人很努力，但成长缓慢；而在同样时间里，优秀的人却成长飞快。产生这种差距的原因可能就是元认知。

在书中，弗拉维尔将"元认知"表述为"个人关于自己的认知过程及结果或其他相关事情的知识"以及"为完成某一具体目标或任务，依据认知对象对认知过程进行主动的监测以及连续的调节和协调"。

这段表述很抽象，如果说得简单一些，元认知就是对自己思考过程的认知、理解和调节。再说得简单些，元认知就是对认知的认知。

说起元认知，它并不是什么新鲜理论。早在2500多年前，孔子就暗示过他的弟子子路："由，诲汝知之乎！知之为知之，不知为不知，是知也。"意思是说：子路啊，我告诉你对待学问的态度吧！知道就是知道，不知道就是不知道，这才是真智慧。

也就是说，你既要知道自己知识的边界在哪儿，也要知道自己无知的程度。知道自己知道什么，知道自己不知道什么，就是元认知。

那么，元认知与认知有什么区别呢？

在与人交流的过程中，有的人会听懂对方说了什么，有的人却可以品出这些话语背后的含义；当一个人表达想法时，有的人仅仅是表达想法，有的人却会反思自己为什么会有这样的想法。也就是说，具有元认知的人会比一般人多思考一步、多追问一下。简言之，**元认知可以让人学会洞察别人，反思自己。**

然而，这只是元认知的作用，并非元认知本身。对元认知本身更准确的理解应该是产生追问的方法。就是你不仅会追问，还知道自己用什么方法来追问。比如，在与人交流中，**知道**自己需要通过剔除对方无用的牢骚，还原他夸张的表达，观察他的情绪和感受，才能提炼出对方的真实目的，"知道如何把对方想要表达的观点和诉求抓取出来"这套方法，才是元认知本身（方法），但这也只是一部分；"**知道**人与人之间的交流会存在误解，需要想办法找到误解的部分"，这也是元认知（检查）；同时"**知道**认知方法有时并不完全管用，需要具体问题具体调控"，这同样是元认知（优化）。

联系前文弗拉维尔对元认知的表述，我们更加确定：元认知不是追问的动作，而是追问的方法。或者说，元认知是认知的方法，以及对这个方法的检查和优化。

　　根据弗拉维尔及后续学者的研究与补充，元认知主要包含三个方面，分别为元认知知识、元认知体验和元认知监控。为了更容易理解这三个方面，我们举例阐述。

　　比如，在面对某些问题时我们提供了一套解决方法，或者看到某种现象时我们得到了一些启发，要在此基础上，进一步追问自己三个问题：

　　1. 我为什么有这种方法（想法）？

　　2. 这种方法（想法）对吗？

　　3. 如果不对，我该怎么办？

　　在这里，第一个问题中"为什么"背后的原因就是元认知知识；第二个问题中，感觉"对"还是"不对"就是元认知体验；第三个问题中"我该怎么办"就是元认知监控。

　　这三者之间的关系是：运用元认知知识可以带来元认知体验，而元认知体验又会激发元认知监控，对元认知知识进行检查并优化。当再次使用新的元认知知识时，便可以提升元认知体验……进入一种循环。简单来说，就是运用认知方法、检验认知方法和调控认知方法；甚至可以对方法的运用、检验和调控本身再进行检验和调控，也就是对追问进行追问（元认知的元认知）。

这个过程可以无限深入（元认知的元认知的元认知）。这就是元认知中"元"的内核。如此运作，便有了元认知的迭代，认知效果也可以大大提升。

那么，我们该如何提升自己的元认知呢？

我运用"观察概念自身的结构以得到它自身的答案"这一元认知知识得到一套方法。元认知的概念结构是元认知知识 + 元认知体验 + 元认知监控。因此提升元认知的方法：

第一，积累元认知知识，追溯更多本质规律，举一反三，在陌生领域尝试迁移。

第二，提升元认知体验，增强认知回路，多检验自己元认知知识的准确性。

第三，增强元认知监控。这里分为两个方面，一个是从时间维度进行，经常向后回顾，如复盘、反思、内观、自省；另一个是从空间维度进行，为自己构建一个第三方视角（或者叫上帝视角），监控自己的所思所想、所作所为。比如，有人讽刺你，你自己的直接感受可能会愤怒，而如果站在第三方视角（上帝视角），就会对对方产生新的认知：对方只是在用讽刺手段试图激怒我这个人而已。这时，你就不会那么愤怒了，甚至会思考对方如此这般行为背后的原因是什么。这就是元认知的功劳。

总之，理解元认知，可以帮我们建立追溯本源的习惯：对思考进行思考，思考你的思考方式对不对；对判断进行判断，判断你的判断标准全不全面；对理解进行理解，检查你的理解方式合

不合理；等等。

　　它可以帮助我们指数级提升自己的思维方式和行为模式，从而更好地掌控自己。

第 2 部分

认知世界: 探究人性、洞察世界的模型

这一部分可以帮助我们看清世界运转的基本规律。我们可以运用这些规律,实现目标、达到目的,或者减少困惑、保护自己。

马太效应

——好的越好，坏的越坏

> 凡有的，还要加倍给他，叫他多余；
>
> 没有的，连他所有的，也要夺过来。
>
> ——《新约·马太福音》

　　这句话可以描述一种社会的失衡状况：好的越好，坏的越坏；多的越多，少的越少；强者越强，弱者越弱；富人更富，穷人更穷……这就是马太效应（Matthew Effect），又称为两极分化现象。它就像一个横置的沙漏，在某一个短暂的时刻，保持着脆弱的平衡。一旦这个横置的沙漏被任何微弱的波动影响，沙子就会朝着更重的一端移动，并逐渐增多、加快。如果不及时干预，这种不平衡会进一步加剧，最终导致平衡被彻底打破。

　　这种失衡状况在人类社会也"普遍"存在。具体例子这里不着过多笔墨，相信大家都能观察到或者亲身感受到。值得一提的是，其中一些人在了解了"马太效应"之后，便经常引用它来表达社会资源分配对自己的不公，以及无法改变这种"普遍"现状的无奈。这就过于消极了。我们反过来想，既然它总是"损不足以奉有余"，那我们是否可以成为"有余"的一端呢？

马太效应描述的是"好的越好、多的越多、强者越强、富人更富……"这类现象，我们忽略了造成这类现象的前提是前面的那个字："好""多""强""富"。

"更好"只是"好"的结果，"好"才是"更好"的前提。

这意味着，在两极分化现象开始前（在马太效应发挥作用前），那些在失衡后获得"更好"的人，早就通过某种方式具备了比其他人"好""多""强""富"这些前提条件。那么，我们在愤慨不公之前，是否可以研究一下，如何让自己变成"好"的一方、"多"的一方、"强"的一方、"富"的一方？为下一次的"马太效应"做好积极准备？成为更有利的一方？

马太效应是一个长期存在的现象，过去有，现在有，未来还会继续存在。这一次马太效应的结果，也会成为下一次马太效应的前提。我们不能期待它会自行消失或被轻易改变，更不能被动地接受它带来的消极影响。要避免一直处于劣势的一方，就得在自己能力范围内，积极主动地改善，摆脱当下的马太效应。理解这一点，将成为我们（包括个人、团队和企业）成长、发展、改变的关键。

如何主动改变呢？这里分享一套方法，分三步。

1. 发掘强项

我们可以通过"柯林斯三环思维"深入分析自己的天赋和喜

好，开发新的优势；可以运用"能力圈"明确自己的能力范围，避免冒险；可以利用"成长型思维"为自己建立信心（"柯林斯三环思维"和"能力圈"思维模型后面都会提到）。

总之，就是找到自己的起始优势，或比人好的，或比人多的，或比人强的，或比人富的。当然这里面的富并非只指"有钱"，也指代内心感受、经历经验的丰富。很多时候，精神富有是更大的优势。

2. 切换赛道

我们不能沉溺于弱势赛场上的竞争，而需要基于新优势开辟新战场，制定新规则，成为新规则下马太效应的获益方。

为此，我们可以运用"长尾效应"重新组合自己的新优势，定义新规则；可以运用"波特五力模型"找到更多可能的竞争对手，保持竞争优势；可以运用"3C战略三角模型"持续关注对方的需求和竞争者的变化（这些思维模型后面也会提到）。

同时也要提醒自己：在新赛道上的竞争也是充满变化的。马太效应只是理论描述，不会计入更多实际情况下的更多变数，所以要想让自己始终处于马太效应的获益一方，就不能忽视效应之外的环境、人的变化。

3. 反哺弱项

我们可以用擅长方面收获的经验，去理解和学习不擅长的领域。当你在某个规则下获得了来自马太效应的"福利"，就可以及时"反哺"自己原来的（或其他的）弱项。这样即使规则又发生了变化或者又被竞争者拉回旧规则下，我们依然可以保证一定的优势地位。

举个例子：你自己并不善于表达和撰写高质量内容，所以你只能做一做幕后工作，帮同事打下手，比如帮他们美化一下 PPT 报告等。你感到这样下去自己难有出头之日，这时可以换个思路。你发现自己对 PPT 的视觉表现有足够的兴趣和独到的见解，便可以利用这一优势多接触一些来自上级领导的报告、其他企业的高质量内容，通过美化他们的 PPT，吸收里面的优秀内容。当你在这个过程中获得了一定的心得体会，就可以启发自己"撰写像他们那样的高质量内容"，这样你也可以写出完整的方案或者汇报材料了。之后就可以找机会把自己的优势呈现给你的老板。当你的老板发现了你的新优势，他可能会带你参加一些重要峰会。对你来说，这又是一个学习演讲和表达的宝贵机会。你可以观察你的老板如何利用你帮他写的 PPT 来完成自己的精彩演讲以及其他企业家的演讲。你可以从中学习更多，比如临场应变、情绪感染力、舞台表现力等。这也是你作为优势一方，让"马太效应"在你身上起效的证明。

总体来说，我并不希望一个普遍存在于社会中的现象，只沦落成被大多数人用来吐槽社会的工具。"普遍"本身就是一种价值。如果可以从中挖掘出原理，找到它的规律，我相信它回馈给我们的价值，也是不可估量的。

80/20 法则
——世界不是均衡的

世界的真相是什么？

1906 年，经济学家维尔弗雷多·帕累托（Vilfredo Pareto）公布了关于社会财富分配的研究结论：20% 的人口掌握了 80% 的社会财富。这就是 80/20 法则（80/20 Rule），也称帕累托法则、二八定律、巴莱多定律。

1951 年，管理学家戴克（H. F. Dickie）将其推广为 ABC 分类库存控制法（Activity Based Classification），用于库存管理。之后，质量管理大师约瑟夫·朱兰（Joseph M. Juran）又将其引入质量管理中，用于分析质量问题。1962 年，管理大师彼得·德鲁克（Peter.F.Drucker）将这一方法推广到全社会。至此，80/20 法则成为一种普遍的管理方法。

人们在生活中发现的很多不均衡现象也都可以用 80/20 法则来解释。例如，20% 喝酒的人会喝掉 80% 的酒；20% 的玩家会贡献 80% 的游戏充值；20% 的员工完成 80% 的业绩；20% 的网友会打出 80% 的弹幕；20% 的重大变革会推动 80% 的历史进程；在一段人生中，也仅有 20% 的那几年会决定 80% 的命运……除了人，事和物也存在这样的不均衡现象。比如，一本书，80% 的重要信息只集中在 20% 的页数中；一辆车能开起来、一栋楼能盖起来，80% 都依赖于那 20% 的发动机和承重结构。再如，那些成熟的办公工具有 80% 的功能我们基本用不到，经常使用的只有其中 20% 的功能，但 80% 的人却连这 20% 都用不好，而那 20% 用得好的人，帮领导写了 80% 的报告。当然这部分人也有 80% 的概率获得提拔和重用，成为企业里最优秀的 20% 的员工。这些人当上管理者以后，每天只用 20% 时间来把 80% 的工作安排下去就好了。

80/20 法则并不特指确定的 2∶8，它主要表达一种"不均衡"。即使是 3∶7，或者 1∶9，也都可以归于 80/20 法则所描述的那种"不均衡"。20% 和 80% 只是一种"大概率""大多数"的数字化比喻，如果我们用 80/20 法则仅仅去表达一种不均衡、描述一些不公平的现象，就狭隘了。进一步分析，80/20 法则还为我们透露出三条重要的信息：

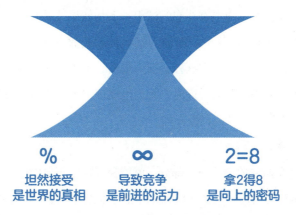

%　坦然接受　是世界的真相　　∞　导致竞争　是前进的活力　　2=8　拿2得8　是向上的密码

1. 不均衡是世界的真相

80/20 法则大多是一种自然、已然的客观现状。处处重点就是没重点，处处关键就是不关键，人人优秀就是平庸。重点、关键、优秀并不取决于定义它们的标准，而取决于它们存在的比例。优秀不是你的能力有多强，而是你比 80% 的人强。富有不是你具体有多少钱，而是你比 80% 的人有钱。这就是世界的本来面目。

2. 不均衡是人类前进的活力

人人有饭吃是人类前进的动力，而有人吃得更好才是人类前进的活力。这就像挤公交车，没挤上去时就想让车内的人往里挤一挤，自己上车了就想让车外的人别挤了等下一趟。下面的人都不想让上面的人有更多财富，同时也不希望更下面的人分走自己的财富。大多数人都有这种心态，就一定会形成 80/20 结构。

这种结构造就了一个有趣的发展规律：你爬得越往上，就会用越少的时间换越多的财富。即到了高层，有钱又有闲。不然上下都一样，谁还向上奋斗呢？试想一下，如果世界是公平的，遵循"五五定律"，每个层次的人拥有的财富都一样，人向上走、向下滑结果都一样，那么社会活力如何，可想而知。因此，怀揣人人平等的心是对的，同时，我们也要理解不均衡能给我们自己以及世界带来一定的积极影响。

3. 拿二，得八

只要抓住关键的一小部分，就能拥有自己想要的大部分。成功，是有窍门的。其实 80/20 法则的别称已经告诉我们这个道理，这些别称有：关键少数法则、不重要多数法则、最省力法则。关键的细节只有那几个，多数的因素都不足以影响结果；我们只需抓住关键的"二"，就能拥有想要的"八"。

接受不均衡，因为这是世界的真相；理解不均衡，因为这是前进的活力；利用不均衡，因为这是成功的密码。

长尾效应

——不够高，不见得不够多

在宇宙中，人类无法直接感知的物质和能量（暗物质、暗能量）超过 95%。在地球上，我们看不见的陆地（被海洋覆盖的）占据了 71%。在海洋里，我们没吃过的螃蟹还有 4000 多种，而在我们吃过的螃蟹中，有些螃蟹（帝王蟹）的"蟹腿"才是精华。这些现象有一个共同的名字，叫长尾效应（The Long Tail）。

长尾理论是由美国《连线》杂志主编克里斯·安德森（Chris Anderson）提出的，说的是，商业和文化的未来不在热门产品或需求曲线的头部，而是在那条无穷无尽且不断延伸的长尾上。

现实中，企业会过度关注少数的大客户，而常常忽略低消费但体量大的普通客户。个人也会过度关注少数重要的事，而常常忽略对自己仍有影响的大量琐事。"长尾理念"提醒我们不要忽视那些需求低、利润少的广阔市场。相对于在竞争激烈的主流市场中争得头破血流，企业或许可以转向非主流市场，那里可能会有更大的作为。你看这片长长的尾部区域虽然高度不足，但面积上可能不输主流市场。我们需要对尾部区域施以同等程度甚至更重的关注。

不关注不见得它不存在，不够高不见得它不够多。

道理懂了，但整合又有难题了。关注这条"长长的尾巴"说起来容易，具体做起来却很难。长尾效应本来就是在"市场规则"下自然形成的宏观现象：少量产品在市场竞争中因为自身本来的优势冲向头部成为主流，而大量产品也会因为自带的各种问题在竞争中被边缘化。这些长尾产品，几乎它们每个问题都不一样。过度关注这些零零散散的小市场，往往会透支精力，推高成本，使企业深陷泥潭。长尾现象本身就是竞争后的结果，被淘汰也本就是它们的宿命，还如何起死回生呢？

我们不妨回归问题本身来寻找突破。重新看一下上面的这句话，"长尾效应本来就是在'市场规则'下自然形成的宏观现象"。思考一下，这句话中的"市场规则"是谁定义的？我们可不可以尝试用一个新的定义来摆脱现在的规则呢？甚至在新规则下，原来自身的各种问题是否会成为同一种优势呢？

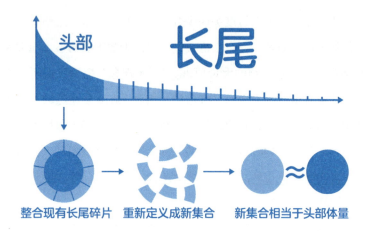

整合现有长尾碎片　重新定义成新集合　新集合相当于头部体量

　　我们完全可以找一个新的切入点，去重新定义现在的长尾部分，建立一套全新的规则。在这个新规则下，过去的长尾可能会变成新的头部。转换新战场，甚至能与现有头部的竞争者（竞争产品）相抗衡。例如，不符合大众口味的各类食品，可以重新定义为"怪味尝鲜大礼包"，在味觉探索的新规则下成为新的头部产品；造型奇特、实用性低的家具，可以重新定义为"个性家具设计"，在创新搭配的新规则下成为主流产品；从不实用的"大容量水杯"到喝水健身两不误的"健身房吨吨桶"；从不受欢迎的"中药凉茶"到受人追捧的"养生饮料"……在旧的规则里我值不值不重要，只要能在新的规则中找到我值得拥有的地方就够了。

　　在旧规则下"不值"的长尾，想要重新变成"值得"的头部，核心之处就在于重新挖掘长尾中"值得"的地方，并围绕这个"值"重新设计一套规则。那些在生活中不值得被我们重视的大量琐事，原本看起来是阻碍我们完成值得重视的重要事情的

"绊脚石"，是一种精力上的牵扯，但换一个角度看，它们也许可以成为我们在处理要事的过程中，用来获得中间态放松的调剂品，收拾收拾屋子、洗洗衣服、看看落下的剧集，换个常态来避免自己陷入疲惫。在这样的安排下，这些"长尾"又可以成为我们长期保持高效节奏的休止符。

黄金圈法则

——从为什么开始，更合人性

说到黄金圈法则，大家都不陌生。很多人甚至将之视为思想的灯塔，奉为圭臬。

黄金圈的模型结构非常简单，三个同心圈由内而外分别是Why-How-What。如下图所示。

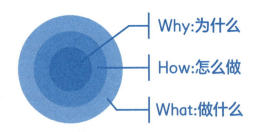

Why，是黄金心，代表心中的价值、观念、目标；

How，是黄金脑，代表头脑中的方法和技术；

What，是黄金眼，代表看得见的现象和结果。

　　黄金圈法则的提出者是一名作家，叫西蒙·斯涅克（Simon Sinek）。他表示，绝大部分人的思考、行动和交流都是从现象开始，即从 What 开始，由外向内。然而卓越的人则喜欢从 Why 开始，由内而外地思考。由于这种思考方式能产生如"黄金"一般的价值，这个法则被称为黄金圈法则。

　　大部分商家做产品宣传时会说："我们的产品很厉害，采用了什么技术，达到了什么水准……"这种说辞很难打动消费者。另一些品牌则采取了完全不同的模式，比如乔布斯（Steve Jobs）会说："（Why）我们一直坚信，我们所做的每一件事情都非同凡响，生而不同。我们一直在挑战传统，打破常规。（How）我们在产品设计、工业制造和用户体验上花费了巨大精力，都是为了让我们的用户获得极致体验。（What）我们所有的产品都遵循这一规则。那么，你会买一台吗？"当你感觉自己也认可这种"生而不同"时，你的购买欲望就被激发出来了。乔布斯的做法正是站在为什么的层面来打动我们，让我们产生购买的欲望。

　　几十年前，大众甲壳虫也这么做过。它在一则报纸广告中，以《次品》为标题，向消费者展示了一张汽车图片，并配文说明（大意）："尽管您可能没看出来，但它就是次品。（Why）我们绝不容忍任何次品流入市场，以免给您带来困扰。（How）我们的检查工人比每天生产的车还多，他们会检查每道工序，（What）以确保每一个产品的质量。"这则广告文案也因其卓越的创意和成功的效果而成为教科书级的经典案例。

为什么黄金圈思维模型这么有效？这可能是因为它与人类大脑的构造和运作方式相吻合。黄金圈内部的"为什么"（Why）和"怎么做"（How）对应大脑内侧的边缘脑。边缘脑是我们进行所有行为和决策的核心区域。它还负责处理信任、忠诚等情感。通过这一层，我们可以深入探究问题的原因和解决方案，并激发他人共鸣。黄金圈外层的"是什么"（what）对应大脑外侧的新皮层。这是我们理性思维和分析的关键区域。通过这一层，我们可以理解和掌握事实。

边缘脑和新皮层最大的不同就是边缘脑更容易"感情用事"。它会让我们做出一个决定或者行为，可又很难解释清楚为什么这样做。因此我们总会让新皮层"代劳"，为自己"没有原因"的感性决策找出理性客观的理由。

当你从"做什么"开始和别人进行交流时，就是对着别人的

"新皮层"说话。虽然这时候他能够接收到大量的来自你的信息，但是因为大脑新皮层不负责行为和决策，所以他可能不会采取行动，除非他自己在脑中把你表达的"是什么""你有什么"等信息主动转化成对他有好处这一认知，但谁愿意为一个陌生人花费这种精力呢？

当你从"为什么"开始与对方沟通的时候，就是直接对着他"边缘脑"说话。边缘脑控制决策。你让他先对你产生好感，有了选择你的倾向，这时再告诉它"你是谁""你有什么"这些理性信息，对方才会听得进去、愿意行动。

这个思维逻辑在面试沟通、商务谈判、陌生拜访，甚至是相亲现场等多种场合都有着重要的作用。比如你去相亲、去谈合作，如果对方先入为主地不太看好你，后面的合作基本上也是失败的结果。即使你摆出了更多的优势、开出了更好的条件，即便对方当时没有完全拒绝，但在之后的合作中，对方也会用更挑剔的眼光审视你所有的表现，合作起来举步维艰。

黄金圈法则给我们的启示是：在与陌生的对方首次沟通合作时，首先需要与对方建立同频情感，双方在价值观、做事方式上能够产生共鸣。无论这是出于真心还是策略，这种做法总是更加

高效。

除了沟通之外，运用黄金圈思维也可以让自己在工作时更加游刃有余。比如分配任务时，大部分人通常都清楚这个项目的目标并知道按照流程自己应该做什么（What），但会有一少部分人能够迅速掌握其中的诀窍，知道如何更轻松地完成任务（How），还有更少的一部分人会选择在接受任务时主动去了解整个工作的全局情况，知道自己是什么定位，是什么角色，这样更能把握好做事的度（Why）。下面举一个具体例子。

上司安排你跟随一个具有不同专业背景的人做项目。上司的意思是让你向对方学习。普通人可能会观察这个人做了什么，然后整理这些信息，勤学多问（What）。聪明一点儿的人会努力去学习他的思维体系、办事逻辑，即分析他的思考方法和行动方式，并了解他的经验和背景，以便能获得同样的处事能力（How）。拥有黄金圈思维的人则会先思考："为什么老板选择派自己去而不是别人？"经过分析，他发现此行的主要目的并不是向他学习，而是要替领导观察这个人的能力。跟他学习只是幌子，这时候做好自己该做的，领导才会满意（Why）。

普通人听话时，通常只关注对方表达了什么，而高手却会深入了解对方想要表达的真正意图，更高明的人则会直接回应对方的根本诉求。这就是不兜圈子的黄金圈，是深入人心的思维工具。

诺依曼思维

——复杂是简单的组合

　　约翰·冯·诺依曼（John von Neumann）是一位杰出的数学家、计算机科学家和物理学家，被誉为"现代计算机之父"和"博弈论之父"。他在解决计算机体系结构问题时，采用了一种思维方法。其含义是将复杂问题拆分成一系列小细节，然后重新组合这些小细节，形成具有特定意义的大问题。这就是诺依曼思维，是一种解决复杂问题的有效工具。

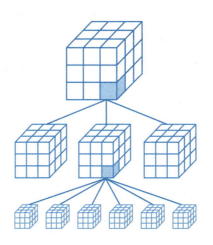

使用的方式

从诺依曼思维的含义中可以看出，它主要包含两个步骤：拆解和重组。

1. 拆解

解决问题的第一步就是拆解，将复杂的拆解成简单的，将庞大的拆解成微小的。

诺依曼思维能让我们把"对客观问题的主观判断"剥离掉（告诉人们问题实际并没有想象的那么复杂），使之变成理性的、客观的、可拆解的"结构"，让问题更加清晰有条理。

以撰写一套年度整合营销方案为例。某个职场新人小张对撰写这类方案并没有太多经验。对于他来说，完成这样一套方案是有难度的。运用诺依曼思维，他可以对方案先进行拆解。比如，"这样一套方案需要包含哪些部分呢？哦！有背景、目的、市场分析、核心策略、具体执行计划，等等。"拆解成这些板块，但仍然不知道如何下笔，那就继续拆解。"背景有哪些呢？哦！有宏观的、微观的、过去的和未来的……目的还有根本目的、直接目的。哦！市场分析还有经济、政策、文化、竞品等不同维度呢……策略的推导步骤有哪些？具体执行计划又包括什么板块？……"将它们进一步拆解，就会得到一些更具体的信息了。再看看拆分到这种程度后是否可以将方案完成。如果还是不行，就继续细分，甚至可以细分到："竞品分析中有哪些品牌，这些品牌有哪些产品，什么价格，这些产品有哪些优点……以上这些信息我可以通过什么方式得到？"如果得到的信息自己无法判断是否"合格"，那就继续向下拆解。"所有这些信息碎片是否有其他类似的案例可以借鉴？"好了！到这一步。对于那个经验不多的职场新人来讲，似乎可以搞定了。接下来就是一步一步地把这些合格的信息碎片"借鉴"来。

2. 重组

仅仅是拆解当然不够。拆解并不是目的，解决问题才是。在将复杂问题分解为小细节并逐一解决之后，还要将这些小细节重新组合成一个完整的解决方案，从而真正解决我们想要解决的问题。

小张完成"借鉴"后，将这些"合格"信息开始进行重组。网上搜索到的相关行业背景和竞品资料做了整理，从类似方案中拷贝过来的市场分析方法做了微调，从其他优秀案例中借来的策略参考按照月度特点穿成全年线，从公司活动资料库中摘出与这个策略相关度较高的单个案例……把这些信息重新按照之前分解的过程层层反推、重新组合。背景、目的、市场分析、核心策略、具体执行计划……最后，一套完整的年度整合营销方案就完成了！尽管并不完美，但至少可以交差。对于没有经验的职场新人小张来说，能第一次"合格"地完成它，这已经算很好地解决了眼下问题。

使用的误区

在使用诺依曼思维时，尤其是在拆解复杂问题时，人们非常容易犯错。具体来说，错有两种。

1. 拆解不足

有些人做了一次"拆分"发现还是不能解决这个问题，就对这一思维产生怀疑。还以年度营销方案为例，如果小张只是将它拆分为"背景、目的、市场分析、核心策略、具体执行计划……"面对着这些不太理解的大板块，他当然无从下手。"拆分"不等于"拆解"。拆解的重点在"解"，是将问题"拆分"到能够"解决"的程度。如果到这个程度自己还不能理解它、解决它，就要继续拆分，直至能"解"。

2. 拆解过度

过度地拆解也能导致问题变得更复杂，同样不利于解决。如果把那个营销方案，分析拆解到每一句话、每一张照片……那收集信息就非常令人头疼。他需要从不同的案例中摘取不同的照片，从不同的方案中拷贝不同的句子，还要进行合理组合，那就太麻烦了。再"过度"一点儿，它还可以拆到每一个字，去咬文嚼字、抠字眼。再夸张一点说，还可以拆解到图片的每一个像素点，直至逼近诺依曼计算机中的"0"和"1"，它还是可以拆的，但是这种程度已经没有意义了。当然也没有人那么傻。我这么说只是为了强调一个道理：拆解问题需要适度，不要纠结细节。

拆解的程度

拆解到什么程度最好呢？简单说，就是能解决问题 + 能简单做到。

所有的拆解都是为了解决问题，因此我们需要将其拆解到能够解决的程度。然而，这个程度并没有明确的标准，因为不同的问题对于不同的人有不同的难度。这就需要看解决"这个"问题的"这个"人的能力。我们只要参照自己的能力，去逐步向下拆解。觉得自己还不能解决，就是拆得不够细，要继续拆。不小心拆得过细了，解决倒是可以解决，但会感觉非常麻烦、浪费资源

（时间、精力、人员等），所以我们需要一边拆、一边试，直至找到"恰好"的度。

在诺依曼思维中，我将这种"恰好"的程度定义为"最小有意义单位"。在拆解问题时，只需要拆解到"最小有意义单位"即可。这是诺依曼模型理论与实践相互取舍的最优结果。

重组的意义

初看诺依曼思维，大部分人会惊叹于它前半段解决问题方式的巧妙，却会忽略它后半段对于自我提升所带来的潜在影响。重组的过程实际上是一个从量变到质变的过程。

当我们把复杂问题拆解成一个个"最小有意义单位"时，我们不仅最终解决了复杂问题，还额外收获了这些"最小有意义单位"。这些"最小有意义单位"不仅对于这个复杂问题有意义，而且会对很多其他问题有意义。它们就像构成（某类）问题的基本元素，我们不仅可以用这些"最小有意义单位"来解决最初的问题，还可以用它们来解决由这些"最小有意义单位"构成但未被拆解的其他问题。比如，用搞定年度方案的技巧（借鉴优秀案例）去搞定其他类型的方案。

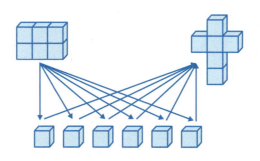

这样，我们可以从一个问题的解决扩展到一类问题的解决上，实现从量变到质变，实现能力的提升。这才能充分发挥这一思维的价值。

汉密尔顿定律

——在变化中平衡取舍

　　韩信将兵，多多益善！在管理上，可不是管理的人越多越好。

　　管理学上有两个基础概念，"管理幅度"和"管理层次"。"管理幅度"是指管理者能够直接管理（领导、指挥和监督）的下一级人员或部门的数量；"管理层次"是指组织或机构中从最高管理者到基层人员之间的层级数目。管理幅度和管理层次都是有限的，二者是相互制约的关系。也就是说，你直接管理的人越多，那么你能顾及的层次就越少；你直接管理的人越少，那么你能顾及的层次就越多。这就是组织管理中的汉密尔顿定律所表达的主要观点。

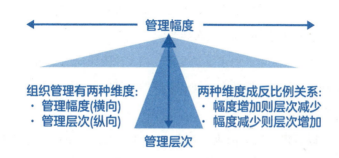

管理幅度与管理层次的影响因素

什么情况会导致管理幅度增加，又或者什么情况会让管理层次变多呢？这会受到不同维度中的多种因素影响。

1. 在管理人员维度中，管理者对权力的驾驭能力／管理偏好带来的影响

如果管理者偏好集权，喜欢事必躬亲，就会使自己的管理层次增加，相应的管理幅度就会减少。相反，如果管理者偏好分权，关注重大决策，就会使自己的管理幅度增加，相应的管理层次就会减少。

2. 在工作性质维度中，工作的复杂程度带来的影响

工作复杂程度越高、变化越大，则越需要集权管理，让管理者把控关键细节，这就会导致管理幅度变小，管理层次随之增加；而工作越稳定越常规，就越可以使工作规范化和流程化，这样就可以放心地分权管理，使管理幅度增加。

3. 核心组织成员关系以及公司业务特点带来的影响

比如，家族企业偏向在重要岗位集权，让家族核心的几个成员拥有更多决策权，以降低公司经营风险。这就会使得管理幅度变小，层次变多。拥有多元生态业务的公司，通常需要通过分权来把握不同业务的发展方向，并缩短上传下达的行程，提升反应效率。这样幅度会变大，层次会变少。

另外，社会生产力水平的变化、相关政策风向的变化、文化风俗习惯的不同，以及企业处于不同的发展阶段等，都会影响组织的管理幅度与层次。

可以看出，影响因素形形色色，维度也各有不同。究其本

质，都是管理者对"权力分配方式"的一种选择。管理就是管权力。把权力集中或把权力下放，看自身意愿也看客观需要。集权偏向减小幅度、增加层次，分权则会增加幅度、减少层次。一头增加，另一头就会减少。因为资源、能力或精力的边界总是有限的，所以汉密尔顿定律实际上是"权力分配"和"精力有限"双重影响下的表现结果。

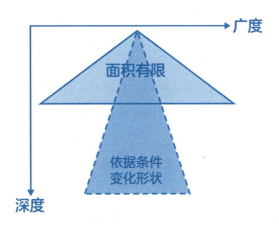

汉密尔顿定律的启示

汉密尔顿定律的启示是：

1. 承认条件的有限性

幅度大则层次少，层次多则幅度小。二者制约关系的可视化表达，就是一个面积不变但形状可变的三角形，如上图所示。三角形的面积，象征着我们的能力、资源、时间、精力的有限性。不仅管理，做任何事我们都会因为条件的有限性，而很难做到二者兼顾。照应得多就只能浅尝辄止，涉入得深就不能包罗万象。

如果想双向兼顾，结果就是哪一个都不够突出。"三角形"的面积就那么大，我们必须接受这一点。

2. 顺势调控自己的"有限"形状

把管理幅度和管理层次这两个概念从管理学中提炼出来就是"广度"和"深度"。我们可以借此获得更多启发。应用到个人成长中，"广度"和"深度"就是"学得多"和"学得深"；应用到吃喝玩乐，"广度"和"深度"就是"吃和玩的项目多"和"品尝体验得充分"；应用到人际关系，"广度"和"深度"就是"广交朋友"和"深交知己"。方方面面，都有类似的"广度"和"深度"。我们需要的就是调控好二者的关系，让三角形的形状更匹配你的需求和实际状况，从而让自己获得更好的人生体验。

3. 影响是复杂的，选择的依据不能单一，选择也不是一成不变的

因为影响管理幅度与层次的因素很多，所以企业决定怎么管理不能单看一种维度的一种因素。与此同时，发展阶段也是变化的，我们也要根据变化而变化。引申到个人成长，决定你这个阶段应该学得"更多一点儿"还是学得"更深一点儿"，应该相时而动、因势而变。人生很长，变化也多，不一定非要一以贯之。

定律，是相对稳定的规律，是解释客观事实的一把钥匙。汉密尔顿定律所揭示的客观规律正是在有限性的前提下，在变化中平衡我们的"取舍"。

汉密尔顿法则与汉密尔顿定律

汉密尔顿法则（Hamilton's rule）是由英国博物学家和种群遗传学家 W. D. 汉密尔顿（William Donald Hamilton）设计的一个数学公式（rB>C），大致的表达是：亲缘关系越近，动物彼此合作的倾向和利他行为也就越强烈；亲缘越远，这种表现就越弱。

汉密尔顿定律，据说是源于一位名叫"汉密尔顿"的英国军事家所说的一句话："组织上级所辖人数应在 3—6 人之间，3 人已使上级相当忙碌，6 人也许每天忙碌 10 个小时。"

汉密尔顿法则与汉密尔顿定律听起来非常相似，但实际上是两个完全不同的概念。当提到汉密尔顿"法则"，指的就是生物学领域的亲属关系与利他行为之间的差异。当提到汉密尔顿"定律"，则指的是管理学中"管理幅度"与"管理层次"之间存在制约关系。

请读者朋友注意区分。

多环集合思维模型

——既然难以兼得，如何明确取舍

多环集合思维模型，是一个帮助人们捋清思路的直观思考工具。它以一个具体课题为中心，通过展示不同属性或维度的集合，来揭示集合之间的逻辑联系和规律，帮助人们推导出课题的最优解。

多环集合思维模型是基于"维恩图"（Venn Diagram）而来的，或者可以说它是维恩图的一种具体应用。维恩图（也叫文氏图）是用于显示集合关系的图形工具，由英国数学家约翰·维恩（John Venn）在 19 世纪发明。它通过使用圆形或椭圆形的重叠部分来显示多个集合之间的共同元素和差异。其中比较有代表性的就是柯林斯三环思维，如下页图所示。

　　这是由管理大师吉姆·柯林斯（Jim Collins），针对企业如
何卓越发展而研究出的一套理论。简单来说，该理论要求企业
在热情、擅长和赚钱这三个方面探索自己的答案。只有同时具
备这三个要素的答案，才能成为企业未来的发展方向。在个人
发展方面，同样可以使用柯林斯三环思维来得到答案。你喜欢
什么？擅长什么？能赚钱的是什么？这三个方面分别代表着个
人的兴趣、能力和价值。找到三者的交集就找到了个人的发展
方向。

　　多环集合思维模型是一种非常有用的工具。它通过形象化
的方式把抽象问题变得具体，使我们更清晰地理解问题、厘清
思路。此外，多环集合思维模型还有另一个重要作用，就是在
寻找最优解的过程中，它教会我们要懂得取舍。鱼和熊掌不可
兼得，我们需要明确自己更倾向于选择哪一个，而不是试图占
有全部。

　　例如：我作为甲方，应该选择什么样的乙方为我提供服务？
我们可以采用多环集合思维模型思考这个问题。

首先，根据甲方比较常规的三种需求——服务反应速度快、服务品质高、价格低廉——画出三个属性集合，如图所示。

通过将每个集合两两交叠，我们可以得到三个新的集合。这些新集合分别同时拥有两边集合的属性，即它们要么同时具备快速响应和高质量，要么同时具备高质量和低价格，要么同时具备低价格和快速响应。无论是甲方还是乙方，无论是供应商还是消费者，如果你有一定的经验就会明白，想要获得更多的好处，就必须付出相应的代价。

根据上面提到的三个集合，我们可以得出以下结论：

1. 又快又好的服务通常很贵，因为它们需要更多的资源和人力。

2. 又快又便宜的服务通常质量较差，因为为了降低成本，供应商使用了较差的原料、不专业的人或缩短了工期。

3. 又好又便宜的服务通常响应速度慢，因为又好又便宜的东西注定是少的，所以需要花时间去寻找它们；即使找到了也会有僧多粥少的局面，需要花时间排队；即使轮到了自己，可由于服务好又利润低，服务人员不会太积极，这也会导致服务速度跟不上。难找、排队、不积极，都导致了又好又便宜的服务"很慢"。

这样集合就变成了下图所示的样子。

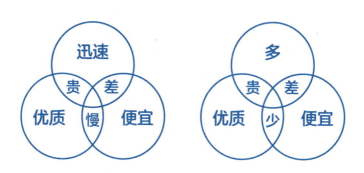

有些人可能会反驳：我就找到了既便宜又好的服务，而且响应速度也不慢。果真如此，我会建议这些人再重新调查一下整个市场并仔细检查这个服务本身。也许这个服务并非真的快速或优质，它可能存在一些被隐藏的问题。如果这种服务"真的"存在并且长久，那么要不了多久，其他商家也会马上发现其中窍门并跟进投入导致竞争加剧，从而让这个市场生态回归到它原来的样子。

所以从客观规律的角度看，"我全都要"是不行的。同时具备所有优点的事物几乎不存在，即使存在也很难维持：要么自己无法坚持而昙花一现；要么即使坚持下来也会被大众习以为常，重新归于平庸。

有趣的是，这种双优势集合背后的代价正好是非交集集合的对应词或反义词。也就是说，如果你选择了"优质"且"迅速"的双优势，那么你付出的代价就是没有被选中的"便宜"的反义词，就是"贵"；如果你选择了"迅速"且"便宜"的双优势，那么你付出的代价就是没有被选中的"优质"的反义词，就是"差"，以此类推。

这种规律也可以帮助我们认清一种选择背后的代价具体是什么。也就是说，如果你想知道既 A 又 B 的代价是什么，可以画一个韦恩图，找到另一个集合 C，并将这个合集 C 的反义词（C-）填进 A 和 B 的交集中，它就是又 A 又 B 需要付出的代价。例如，我想找一份钱多事少的工作可以吗？当然可以，但它一定有代价。代价是什么呢？画个韦恩图。一般最理想的工作是钱多、事少、好进。这样我们就可以知道，钱多、事少的代价就是"好进"的反义词——"入职门槛高""单位不好进"。其他同理，如下图所示。

从这个思维中我们还可以发现：**如果想多得一点儿好处，就要付出更多（或者更大）的代价。** 这是世界的基本规律之一。通过上面几个环的集合思维，我们可以形象地解释这个规律：

物美就不能价廉，价廉就不能物美。这是双环揭示的真相；

如果物美又价廉，它就难以长久，这就是三环揭示的真相；

又高、又富、又帅，它就特别稀少，普通人几乎得不到，这就是四环揭示的真相。

无论几环，它们所揭示的道理都是：想轻松得到某些优点，就必须放弃另一些优点；想更容易地得到某些好处，就难以得到其他好处。你可以通过韦恩图找到想要的最优解，不过这里的最优解有时候是取舍后的"最优解"，而非各项满分的"完美解"。

在这几个环中，你可以画出你的权重，表达你更看重什么。现在回到甲方选择乙方为其提供服务的三环模型中。如果你更需要品质，就将"优质"的权重标注为 50%；其次需要反应速度，就将"迅速"的权重标注为 30%；你对价格的要求并没有前两者那么高，就将"便宜"的权重标注为 20%。这样在选择服务供应商时，你可以更关注那些能够提供优质服务的候选者，并接受"为此支付更高报酬"的代价，如下图所示。

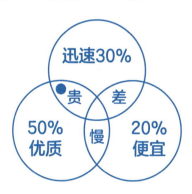

当我们清楚了这一点，以后只要知道自己更想要什么，做选择就没那么纠结了。

总结一下，多环集合思维模型主要有两个用处：一是明确方向，二是判断取舍。

用处一：明确方向

如果不知道如何定义集合，可以通过围绕课题的条件和目标进行拆解，从而得到集合的属性。

以个人创业为例，需要考虑创业者的优势条件、精神意志、创业方向的选择和创业周期的回报率等维度。利用多环集合思维模型可以将这些维度分别划定为四个集合：有优势的、有动力的、可变现的和可持续的，如下图所示。

接下来，通过在里面罗列各类项目，寻找同时满足四个标准（有优势的、有动力的、可变现的和可持续的）的选项。

用处二：判断取舍

在判断取舍时，可以通过补充集合中的缺失项或反义词来明确取舍的代价，从而选择出最优解。

还以创业项目为例。因为判断取舍的集合要素更多来自客观现状而非自我意愿，所以四个环需要重新定义为高利润、低风险、短周期和低门槛。这样，你需要在某个交集区中填写出不是这个交集的反义词来明确取舍的代价并帮助自己做出选择。例如，想找一个利润高、周期短的项目，那么它就很可能拥有很高的风险和门槛。

人为什么会犹豫？因为不清楚代价是什么。多环几何思维模型可以帮助我们明确代价，减少犹豫。只有清楚自己付出什么代价了，才会有选择的勇气。

第一性原理

——重寻根本，花开更盛

埃隆·里夫·马斯克（Elon Reeve Musk）说过："我思考问题通常都是从本质出发，而不是去和别人比较。如果你总是和别人比较的话，那么你只能产生细小的迭代发展；如果一层一层地剥开事物的表象，看到里面的本质，然后再从本质一层一层往上推，最后也许就能产生颠覆性的创造力。"这就是"第一性原理"，是他颠覆式创新的秘诀。由于马斯克极度推崇这一理论，如今这一理论已经广为流传。

什么是第一性原理呢？它最早的提出者亚里士多德是这样表述的："在每个系统探索中，都存在第一性原理，那是一个最基本的命题或假设，不能被省略或删除，也不能被违反。"换句话说，任何事物都有其根本，这个根本是不能够被撼动的。如果我们改变了它，那么这个事物就不再是原来的事物了。

基于马斯克和亚里士多德的描述，我更倾向于将第一性原理解读为"根本性"。第一性原理思维，就是从"根本"出发找出更合理的新方法的思维。

马斯克之所以总能做出具有颠覆性的创新，正是因为他善于发现那些人们长久以来觉得合情合理，但实际上并不正确或者需要完善的环节。在降低火箭和卫星成本的一系列事务上，他所采取的行为方式，其实是在不断自问：这个部件或功能是否必须存在？只要能确保火箭进入轨道，那些并不必需的东西是否可以省略？我认为他甚至可能怀疑过"上天是不是非得要用'火箭'""进轨道是不是非得用'卫星'"这一类问题。通过马斯克如今在科技领域所取得的成就，我们就可以看出第一性原理思维的爆发力。

在寻常处反转，于已知里逆袭。马斯克门外汉一样的颠覆性提问——"为啥一定要这样，为啥一定要那样"看起来显得无知，但产生了意想不到的效果。第一性原理的思维方式是一种在明确事物本质的前提下，运用批判性思维来审视和拆解现象中不合理的联系，解除它们之间的耦合关系，以便找到更合理的途径。

那么像我们这样的普通人，如何用好第一性原理呢？

有人认为，经过千百年的发展，人类文明已经达到了相当高的水平，世界上没有那么多不合理的东西让当今的普通人去颠覆，能真正改变不合理现象的机会和人都是很少的。果真如此吗？惊天动地的颠覆肯定不常发生，但谁的身边没有一些"鸡毛蒜皮"呢？从大量的琐碎里发现一些不合理，去颠覆它，让自己少一些烦恼，不是也挺好的吗？

举个例子：工作中常要制作表格，但一定得用"表格"吗？不一定吧。使用表格的主要目的是让对方快速理解其中的重点数据信息。那么，不是表格行不行？有"表"没"格"行不行？用图形代替表格表达相同的观点可不可以？当你有了这种颠覆性的思维，就会产生意想不到的效果。

再如，汇报就非得用 PPT 吗？用第一性原理来思考，判定"第一性"是工作效率，那么口头汇报行不行？结果不行。领导还批评我了。这是不是说明第一性不是效率，是逻辑表现呢？那我做一个漂亮又清晰的思维导图，打印出来给领导行不行？这总要比我做 PPT 快嘛！果然，这次行了。领导还夸我有创新意识。看来我这次对第一性的判断是正确的。这个领导比较注重内容的逻辑表现，但他之前只知道 PPT，于是只能用 PPT 来要求大家做汇报。第一性判断对了，依附在上面的一系列不合理（PPT 的模板更多、排版要讲究、配色要好看、字体要清晰、内容要全面等）也就从这项工作中"脱离"掉了。这样，你就能颠覆一个大家习以为常的工作习惯，还能让领导开心，让同事省心。

像我们这样的普通人，掌握第一性原理也很简单，只要时常问自己三个问题：

为啥这样呢？——寻求本质；

非得这样吗？——批判旧现状；

不能那样吗？——试探新方法。

当你习惯问自己这三个问题，你也一定会颠覆一些身边的不合理，找到属于你的创新路径。

路径依赖

——或顺水推舟，或逆风飞翔

你知道吗？火箭的直径是由两匹马屁股的宽度决定的。

火箭的制造场地与发射场地之间有很远的距离，要把火箭从制造场地运到发射场地大多要靠陆运火车或汽车，而陆运难免要经过一些隧道。隧道的宽度都是参照火车的铁轨宽度而定的，而国际标准铁轨宽度则参考了古罗马军队的战车宽度。古罗马的战车当年需要靠两匹马拉动，所以两匹马屁股的宽度就决定了战车的宽度，所以两匹马屁股的宽度也就决定了火箭的直径。这就是典型的路径依赖。

简单来说，人类社会中的技术演进或制度变迁都有类似于物理学中的惯性，即一旦进入某一路径，它就会对这种路径产生依赖。

路径依赖存在于人类生活的各个方面。从基因演化到自然变迁，从人生选择到企业发展，人们每做一种选择，都会或多或少地受到之前的选择，直至最初的选择带来的一系列影响。路径依赖可以看成一连串的"因果链条"。环节上的每一次选择都是上一次选择的"果"，同时又是下一次选择的"因"。

一般来说，有几种情况会形成这种"因果链条"。

第一，发展进化的短视。很多事情，人们总会仓促地提出一个并不完美的方案来解决燃眉之急，却忽略它带来的长远影响。

第二，沉没成本的出现。人们发现自己已经这样操作了很久，已经习惯了，虽然有一点儿麻烦，但至少没太大问题。如果彻底改变，要比继续凑合带来的麻烦多得多，"所以我们就先这样吧"。

第三，形成了网络效应。就是某一个个体"先这样"以后，大家也跟着"这样"了，并产生了更为便利和成熟的默契配合（配套设施、相关产业链等）。如果再新来一样事物，也不得不结合现有的默契，结果就都跟着"这样"了。

第四，转换成本高。意思是大家"都这样"了，你不想"这样"就必须承担巨大的转换成本。如果这个成本难以负担，索性就不换了，"还得这样"。

第五，思维固化。这也是最低级、最普遍的原因，即懒于思考、懒于改变。大家怎么做我就怎么做，大家一起麻烦就不算我自己麻烦；大家一起吃亏，我就不算吃亏。

路径依赖成因以及破解方法

发展短视	沉没成本	网络效应	转换困难	思维固化
长远考虑	敢于放弃	独树一帜	开拓创新	独立思考

知道了路径依赖的形成原因，我们就可以寻找破解方法了。一般被普遍提及的破解方法包括长远考虑、敢于放弃、独树一帜、开拓创新、独立思考等。这些大家都懂，但我认为这么做之前，一定要先正视"路径依赖"。

大部分人提到"路径依赖"四个字总会伴随一种无奈，并把它理解为一种难以挣脱的消极状态。其实，出现路径依赖并不都是坏事。它会带来坏结果，也能带来好结果。路径依赖的事情处处都有，可以表现为一种正态分布。在这种分布下，大多数的依赖结果都是不好不坏的；在时间维度上，结果还会"时好时坏"呢。就像一个人，过去在一个领域内越走越深，所积累的当时看起来"过时"的经验，说不定会在不断变化的未来某一时期，重新创造价值。因此不要一听到这是"路径依赖"就要"颠覆创新"。

如果一定要颠覆，也不必颠覆整个路径。我们只要摸一摸这条路径上其中一个（或最早的那个）不合理的环节就好。改善这一环节比颠覆整个路径要容易得多，性价比也高。

只有"颠覆路径的收益"大于"颠覆带来的风险与路径依赖带来的麻烦的总和"，尝试颠覆才值得。我们没必要一提到"路径依赖"，就远离、挣脱、突破。还是那句话，路径依赖并不都是非常不合理的。有时候，享受路径依赖带来的便利就是目前性价比最高的选择。颠覆性创新的风险很大，成功毕竟是少数。顺势改良、部分调整，往往比全盘颠覆更长寿。

最重要的是，当在面对不合理的现状时，我们先明确它当年出现的来由（初始的因），清楚它历史传承的缘由（因果链条），理解它依然存在的理由（最终的果），才能知道面对它，我们到底应该顺应而改进，还是颠覆而创新。

飞轮效应
——万事只是开头难

    你是否有过这种感觉：在接触一项新技能或开始一个新项目时，似乎每一个步骤和细节都充满了困难，但推进一段时间后，你又会产生畅快飞起的感觉。这就是飞轮效应（Flywheel Effect）。

    "飞轮效应"是吉姆·柯林斯在《从优秀到卓越》一书中提出的。他发现一流的企业都有属于自己的"飞轮"式业务体系或战略体系，其中尤以"亚马逊飞轮"最为著名。

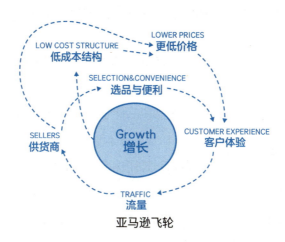

亚马逊飞轮

飞轮原指一种在旋转运动中用于储存旋转动能的机械装置。想要让静止的飞轮转动，我们需要先给它一个持续性的力量。刚开始飞轮转动比较慢，每让它转动一圈都很费力，但每一圈的努力其实都不白费。随着时间的推移，储存的动能越来越大，飞轮会转动得越来越快，此时需要的力量也不会像以前那么大了。飞轮效应，就是描述这样一种现象。

我们进入新的领域都会经历这一过程。简单来说就是，刚开始都很费力，以后跑起来就好多了。老祖宗说的"万事开头难"就是飞轮效应的核心思想。

飞轮效应可以分为四个阶段：

1. 确认目标

这个阶段需要确认自己做事的方向是对的，也就是确认发力角度。这需要借助优秀的洞察力，保证方向和角度的正确。

2. 打基础

这个阶段的特点是花大力气却看不到明显效果。我们需要耐心和毅力，不断积累和夯实基础，为后续的加速转动做好准备。

3. 持续发力

这个阶段的要点是"不要停"。因为此时已经取得了一定的成效，但不稳定，稍稍放松就有可能前功尽弃。很多人通常都停在这个阶段，总以为是方向错了、角度不对，才导致收效甚微，于是开始泄气、退缩。这个阶段千万不要怀疑自己，要给自己鼓劲儿。只要持续努力，就会有与付出相匹配的回报。

4. 起飞

进入这个阶段，以前做的功才会出现明显成效。巨大的惯性会让飞轮自己转动，即使偶尔稍松油门也没关系，甚至稍稍加把力就能让它转得更快。这个阶段的特点是：自有惯性，卸力不停，加力更快，容错率也更高。你需要的仅仅是保持惯性，偶尔修正就好了。

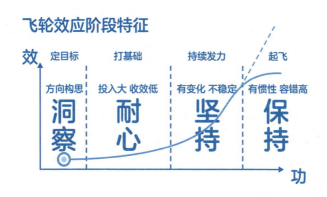

飞轮效应来自增强回路的逻辑，并表达了一种复利型思维。

一个成功的创业历程存在"飞轮效应"。开始只要确定方向对了，坚持就好。前期打基础并不容易产生效果，只有当发展期形成规模，拥有了核心竞争力，到这个阶段，企业才会逐渐稳定，扭亏为盈，持续获利。这时，即使在某些时候懈怠或迷茫，也不会全盘皆输。

一个品牌的建立过程存在"飞轮效应"。只要策略对了，可能前期投入费用高且收效不明显，但只要中期持续发力、保持耐心，让品牌深入人心，后期就可以通过品牌溢价获利。此时即便遇到一点儿公关危机，也不会产生太大影响。

一个地区的产业发展存在"飞轮效应"。开始规划对了，前期建立生态时看不出明显效果，中期只要坚持完善体系、优化营商环境，后期当产业链成熟后效果就出来了。此时，即便偶尔遇到危机，有成熟体系的支撑也很容易渡过危机。

个人学习提升也存在"飞轮效应"。前期打基础时，看起来很艰苦，成绩往往没什么变化，中期坚持阶段成绩时好时坏，不过只要积累到一定程度，量变就会引发质变，进入后期就会稳定在一个高水平的位置上。这时，只要稍稍关注一下最新知识、前沿成果，就可以在领域内持续保持领先地位。

在我看来，飞轮效应并不像其他思维模型那样，能为我们解决什么具体问题，但是它能指导我们如何看待问题。就是当你感到坚持做一件事情又难又没效果的时候，可以想想这件事未来能不能形成"飞轮效应"。这种看待问题的方式，能让人更坚定、有耐心、能坚持。

相信飞轮效应，它是努力后的加速器，无望时的一缕光。

大冰山模型

——万物皆有表里，观其表也要见其里

1895 年，西格蒙德·弗洛伊德（Sigmund Freud）在《歇斯底里症研究》一书中提及了"冰山理论"，用来解释人类心理活动的三个层次：表面层、中间层和深层。表面层包括我们外在的行为、情绪表达，是我们能够看到的部分；中间层包括我们的态度、信念和标准，是我们能够意识到，但是不容易改变的部分；深层则是我们的潜意识和无意识，是我们自身都难以察觉的部分。这个理论提醒我们：不要只看到表象，要从更深层次的角度去理解和分析人类的行为和心理活动。

后来，心理治疗大师维吉尼亚·萨提亚（Virginia Satir）也借用冰山作了一个隐喻。她指出一个人的"自我"就像一座冰山。我们能看到的行为只是自我中很少的一部分，而更大一部分的内在世界却不为所见，恰如冰山。它们包括行为的应对方式、感受、观点、期待、渴望和自我。这是萨提亚家庭治疗模式中的理论，也被称为萨提亚冰山。

1973 年，心理学家大卫·麦克利兰（David C. McClelland）

提出了"冰山模型",试图用来描述一个人的全面价值要素。这个模型将人的个体素质分为"冰山以上部分"和"冰山以下部分"。其中"冰山以上部分"包括知识、技能、经验,是外在的、容易被发现的部分;"冰山以下部分"则包括社会角色、自我概念、特质和动机,是内在的、难以被测量的部分,它们不太容易被外界影响改变,但对人的表现起着关键性的作用。

冰山模型是一个了不起的自我认知模型和人力资源管理模型。它对内适用于自我了解、自我改变和自我成长,对外可以了解你的朋友,洞察你的客户,评估公司的人才。

当然,冰山模型的作用不止于此。延展开来,我们几乎可以将所有与人类有关的事物都划分为表面、浅层和深层的认知结构。虽然不敢说一切事物都与冰山模型有关,但很多与人有关的事物都存在着冰山模型的影子。

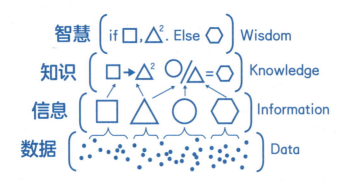

DIKW 智慧层次结构模型就是一种冰山模型。简单说,它就是一个从低级到高级的层次结构。它反映了人们对事物的认识过程。

在这个模型中，数据（Data）是基础，信息（Information）是在数据的基础上产生的，而数据和信息是表层；知识（Knowledge）是在信息基础上形成的，是浅层；智慧（Wisdom）则是在知识的基础上得到的，是深层。我们需要通过数据和信息，来摸清潜在的规律（知识），参透背后的本质（智慧）。

与人有关的市场营销也是一种冰山模型。产品销售表现是表层；背后看不见的营销手段是浅层；定位、文化、理念，甚至经济规律是具有决定性作用的深层。

甚至人的沟通表达也是一种冰山模型。我说"我累了"，字面意思（累了）是表层；背后意思（不喜欢做这件事）是浅层；说这话的真实目的（我想换一种生活方式）是深层。

我们常说的"看山的三重境界"也是冰山模型：看山是山是表层，看山不是山是浅层，看山还是山是深层。

人和人之间认知深度、处事态度、成熟程度、成长速度各有不同。从冰山模型这个维度来看，人的差距主要取决于冰山之下的部分。如果不弄明白表层以下的东西，不同的人会在表层上得到截然相反的答案。就像大唐上元节那晚，花萼相辉楼上的歌舞升平，有人看是颂扬盛世的华美乐章，有人看则是大厦将倾的最后狂欢。

像这种可以泛化到各个领域的冰山模型，我称之为"大冰山模型"。大冰山模型几乎可以解释所有你看得到且值得研究的复杂事物。顺着这个思路走你会发现：对思维的极致探究，都有可能把原来具有具体指导意义的工具，变成一种可以指导一切的智慧。

简单来说，大冰山模型是对"表"与"里"的划分，是对"表现"和"规律"、"现象"和"本质"、"结果"和"原因"的划分。它是一种普遍的认知观。我们能从中得到一种重要启示：眼见不一定为实，背后或许有一个截然相反的真相。

5W1H 六何分析法

——六个问题，问遍世间一切

1932 年，政治学家拉斯韦尔（Harold Lasswell）提出了"5W 分析法"，经过后人不断地运用和总结，形成了 5W1H、5W2H、7W3H 等模式。其中以 5W1H 最为有名。

5W1H 也称"六何"，全称六何分析法。它由 What、Why、Where、When、Who、How 这六个疑问词组合而成。通过这六个疑问进行思考、决策和行动可以保证严谨和全面。5W2H、7W3H 等版本与 5W1H 思维同源，所以这里只对 5W1H 展开介绍。

What、Why、Where、When、Who、How 这六个单词含义非常好懂，无须过多解释，大家也能独立使用这六个单词延展问题。实际上，将这六个问题组合成六何分析法后，它还有更加灵活多变的使用方式。下面说明一下它的几个用法和特性。

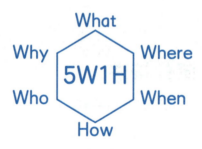

1. 六何法具有独立性

六何法能独立指导我们很多具体性工作。这是一个相对基础的用法，比如，思考一场会议如何安排，就可以用六何法：什么时间（When），在什么地点（Where）举办，什么人参与（Who），围绕什么主题（What），有什么环节（How），想达到什么目的（Why）；做一个传播投放规划，也可以用六何法：投放目标是什么（Why），对标什么人群（Who），选择什么形式（How）和渠道（Where），投放什么内容（What），在什么时段（When），投放什么点位（Where，可以围绕六个元素循环使用）。六何法还可以指导我们完成和完善各类执行规划、计划、方案和设计创作。

2. 六何法具有兼容性

六何法可以嵌套在其他模型中辅助使用，比如在 STP 市场细分战略制定过程中，我们需要明确产品优势（What）、有哪些值得挖掘的细分市场（Where）、具体的营销战略（How）和营销时机（When）等信息。嵌套六何法，我们就可以补充遗漏的一些分析板块，如竞争对手都有谁（Who），我们的战略目标（Why）等。另外，我们还可以在这些环节里进一步使用六何法完善信息。比如，在竞争对手都有谁（Who）这一环节中，我们可以按照如下方式收集信息：他们都有什么产品（What）？在这一细分市场中存在多久了（When）？它们能够持续存在的优势在哪里（Where）？他们是通过怎样的战略赢得了这个细分市场的（How）？他们为什么选择这块市场（Why）？除了商业战略分析，六何法嵌套在金字塔模型中也可以帮助分解一个核心问题，嵌套在 PDCA 和 GROW 模型中的行动（Do/Will）环节里也可以帮助丰富具体计划。

3. 六何法的普遍性

在日常生活中的许多方面，六何法都能给予我们一些提示，弥补思考疏漏。比如，领导发布任务往往就一句话："哎？那谁，你去把那什么弄了。"信息不全。怎么办？记住，这时候千万别马上就干。先利用六何法思考：领导为什么让我干（Why）？干这件事有没有更好的办法（How）？这到底是件什么事儿，我要完成到什么程度（What）？这事儿急不急（When）？我要去的地方远不远，需不需要用车（Where）？对接人是谁，有联系方式吗（Who）？多用六何法查漏补缺，干活就会"稳当"很多。另外，汇报、写作、表演、彩排，甚至侦查破案，都可以用六何法找到自己尚未意识到的信息缺口。

4. 六何法的延展性

为什么"六何"这么全能？因为在不同条件下，"六何"中的每个词都可以代表不同的概念，提出不同的问题。

何处（Where），可以是位置、地点、高度、深度、水平、级别，问题归于空间属性。

何时（When），可以是开始、结束、过程、频次、时期、周期，问题归于时间属性。

何人（Who），可以是主、客、发起人、接收人、中间人、问题归于人的属性。

是何（What），可以是项目、问题、现象、物件、形态、颜色，问题归于事物属性。

为何（Why），可以是原因、背景、目的、条件、状况，问题归于因果逻辑属性。

如何（How），可以是方法、行动、途径、进度、程度等一切人、事、物在时间、空间上的改变，问题归于运动属性。

你会发现，这里的每一个问题都具体指向一个方向，每个方向都归于一种属性。进一步说，**六何具有在六大属性下无限延展各种问题的能力。**

六何法无线延展的优势虽好，但也导致了很多可以熟练使用它的人，总感觉自己用不全面、驾驭不了。单一个 What 就可以分别对应不同的物事；单一个 How 也可以让你提出不止一个疑问。生活中即使知道问题的方向（问题的属性），也不一定能把问题问准、问全（属性下的具体概念）。这就会让使用者有种力不从心的感觉，总认为自己好像"差点儿什么没想到"。

没关系。做不到，莫强求。面对这种"没边际、无限制"的模型，只要你能利用它尽量挖出你需要的更多方向，找到更多的启发，就算有收获。

六何，来源于一个非常基本的思维认知：何处、何时、何人、是何、为何、如何。它们分别对应了空间、时间、人、事物、因果和基于以上属性的运动变化。说得夸张一点儿，我们几乎可以利用它去"认知"一切存在。这就是六何法看起来很基础，但又无所不能的原因。

这也让我不禁想到另一个"六合"。天地四方曰六，交接聚集曰合。此六合，也指天地之间的一切。以"六何"法问尽"六合"事，岂不妙哉？

机会成本
——所有选择都有成本

All choices have a cost, and all costs are ultimately opportunity costs。

所有的选择都有成本，所有的成本最终都是机会成本。

机会成本（Opportunity Cost，OC）也被称为替代性成本，是我们在决策时所面临的多项选择中，被放弃的价值最高的选项。奥地利经济学家弗里德里希·冯·维塞尔（Friedrich Freiherr von Wieser）认为，只要有选择、取舍存在，机会成本便存在。美国经济学家尼可拉斯·格里高利·曼昆（Nicholas Gregory Mankiw）也曾指出："某个事物的机会成本，就是为得到这个东西所放弃的东西。"

对于企业经营某项业务而言，机会成本是所放弃的其他业务机会中收益最大的；对于个人获得某种收入而言，机会成本是所放弃的其他收入选项中收入最多的；在做出某种选择时，机会成本是所放弃的其他选择中预期价值最高的。在任何选择中，那个被放弃的单项或多重选项中价值最大的，就是机会成本。

机会成本可以被主观判断也可以被客观衡量。主观判断的机会成本往往因人而异。例如，单身的小张选择了在今天晚上和朋友打球，放弃了观看一场球赛直播。在小张眼中，打球的价值高于看球赛，他打球的机会成本就是那场球赛直播，这是基于他的主观判断。然而球友小李和小王却爽约去看球赛，放了小张的鸽子。在每个人眼中，不同选项的性质不同，会导致他们眼中的机会成本不同。这是人对选项的定性评估。如果可以进行定量评估，那么机会成本就是客观可衡量的，例如，公司因人手有限只能完成一个项目，这就需要放弃其他相同性质的项目。想知道放弃的成本有多高，可以通过计算放弃项目的利润来得到。这种衡量的结果会比较一致，不会有定性评估的主观判断那么大的差异。

现实生活中我们对机会成本可能会产生错误判断。以下是值得注意的几种情况：

1. 成本评估过高

将所有选项的收益总和当作机会成本，就会导致成本评估过高。比如假期旅游，只能选择一个地方，你选择了去北京故宫，而放弃了去上海迪士尼、杭州西湖、西安兵马俑……此时机会成本不是将所有放弃的景点加在一起的价值，而是你第二想要旅行的景点。

2. 成本评估过低

只考虑表面的成本，而没有考虑隐藏的成本，又会导致成本评估过低。例如，在项目推进的关键时期小张选择请假去旅游，他以为机会成本只是几天的工资这种外显成本，但实际上还有可能损失关键项目的锻炼机会、全勤奖等内隐成本。只看到"耽误了一段时间"，没有考虑到所放弃的选项产生的其他影响，就容易对机会成本评估过低。

3. 机会评估失调

第一，有机会的选项才是机会成本。例如，小张想当飞行员，但由于身体条件不合格，只能无奈选择其他人生方向。很多年后，他已然把自己没有成为飞行员当成一种挥之不去的遗憾，每天感慨如今的人生没意义。实际上，飞行员并不是他可以选择的"机会"，所以并不能当作选择人生的"成本"。

第二，有概率的机会成本需要计算概率。例如，一个有买彩票习惯的人因某事耽误而没买这一期的彩票，他会感觉自己损失了 500 万元，但机会成本不是彩票的奖金金额（最高奖 500 万元），而是奖金金额乘以中奖概率。

用公式来表达这个道理：

> 预选择选项 A 收益 ×A 发生概率 > 预放弃选项 B 损失 ×发生概率
>
> （如收益 10 × 99% > 收益 1000 × 0.1%）

"很有可能的小"往往大于"很不可能的大"。机会成本告诉我们：人生是由无数选择组成的。只要有选择，就会有代价。想得到这个，同一时间你就必须放弃其他的。所谓遗憾就是过度关注了被你放弃的代价。不必感叹遗憾，人生都有遗憾。只要你此时的选择是你想要的，或者该要的，是即使未来会遗憾也感觉依然值得的，就好了。

合取谬误

——平凡也是伟大

如果一个导弹发射系统有 1000 个组件，每个组件的可靠率是 99%，那么这枚导弹成功发射的概率是多少呢？答案是0.0043%。不足万分之一。

1983 年，著名的心理学家丹尼尔·卡尼曼和行为科学家阿莫斯·特沃斯基在大量的概率判断和决策制定的研究工作中注意到，人们在面对多个条件时，倾向于将它们合取为一个单一条件来进行判断。这种做法会导致错误的决策。他们得出结论：在概率判断中，如果认为"两个合取项组成的合取事件的概率"大于"单一合取项的概率"就会产生合取谬误（Conjunction Fallacy）。这句话的意思是，几件事情联合发生的概率不会高于其中任何一件事情单独发生的概率。如果你判断几件事情联合发生的概率高于或等于它们任何一件事情发生的概率，就出现了判断错误。这里所说的合取，你可以大致理解为几个独立事件联合发生的概率。

合取谬误有一个表达公式：$P(A \wedge B) \geq P(A)$ or $P(B)$

换一种简单的方法表达它会更好理解：90% × 90% × 90% × 90% × 90%=59%（五个有九成把握的事件，最后一起发生的可能性是不及格的）。

我们本以为某件事很可能发生，它实际上"不可能"发生，或者本以为不可能发生的，它"很可能"会发生。进一步说明，当我们将很多问题综合在一起，却只考虑每个问题单独存在时的优势或风险，那么我们就会判断失误，产生不合实际的过度乐观或者过度悲观，总之就是主观判断与客观事实不符。

我们常听到的一句话叫"平凡也是伟大"。从某种角度来讲，它并不是给普通人的安慰剂，而是事实。"平凡"本身就是一种被人生中大量"风险"合取之后的低概率事件。

回顾一下这么多年来我们经历过的风险，有多少可能无法挽回？从小到大，我们做过多少铤而走险的事情呢？小时候，爬树、翻墙、野浴、打架；长大后，走路看手机、轻信陌生人、忽视健康习惯……一旦引发一些不良后果，可能就是人生大坎坷。我们历经成百上千次高高低低风险事件后依然健康平安，已经很不容易了。我们总是不愿接受自己的平凡，但从概率角度来看，这种平凡也同样是非常难得的结果。

生活中的合取谬误处处可见。抱怨生活不够美满，是高估了合取"美满"的概率；对创业过度乐观，是低估了合取"风险"的概率。**我们总是高估很多事情出现的可能性，同时低估它们背后的风险。**

什么样的公关营销活动才是成功的活动？外行人会说："让人印象深刻的、令人感动的、能让参与者产生共鸣的、刺激欢乐

的等。"然而内行人会说："不发生意外的，就是成功的。"哪怕
一个活动只有五个板块，哪怕每个板块有九成把握不发生意外，
整个活动成功与否依然难以确定。因为合取后的意外概率高达
41%。另外，活动中任何板块和其他板块联动时，也可能会有其
他意外发生，导致某个流程的延迟，甚至整个活动的失败。很多
活动不仅仅只有五个板块，甚至有的板块连九成把握都达不到。
因此才会说，没有意外就是成功。反过来，想要保证成功，我们
就必须为各种可能的情况做好充分的准备。

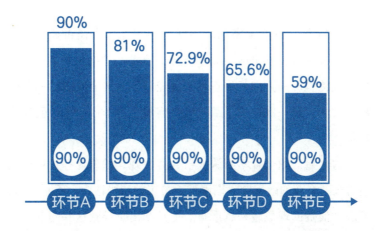

往大了说，我们的人生不也是一个长达几十年的"单人社
会活动"吗？在这个过程中，我们会遇到各种合取事件和很多
合取事件的合取。我们经历过的成长、经手过的工作、经营着
的生活，都是合取的结果。"一生平安顺遂"这本身就是一种
伟大。

请珍惜我们现在所拥有的，感动我们所坚持的，发现我们身
边被忽略的合取事件，让伟大发生。

帕金森定律

——越来越沉，越走越慢，越陷越深

1955 年，历史学家和政治学家西里尔·诺斯古德·帕金森（Cyril Northcote Parkinson）发现，某些企业在成长过程中会朝着机构臃肿的方向发展。他在《经济学人》上发表的一篇幽默短文中，第一次使用了"帕金森定理"这个俗语来说明这些现象。

这之后，帕金森不断深入研究并发现，随着业务扩展或战线拉长，企业的效率会逐渐降低，员工的积极性也会不断下降，资源被浪费的现象越来越严重。他总结出了导致这些问题出现的因素和规律，并将这些内容整理成了一本书，名为《帕金森定律》（*Parkinson's Law or The Pursuit of Progress*）并在 1958 年出版。

帕金森定律中有一个广为人知的例子：

假设某个岗位上有一个不称职的官员。

摆在他面前有三条路：一、隐退让位，让更有能力的人来接替自己；二、找一个比自己能干的人或者称职的人来协助自己工作；三、任用两个比自己水平更低的人当助手，并由自己发号施令。

这位官员会认为：第一条路万万走不得，那会让自己丧失权力；第二条路也有风险，那个有能力的人可能会成为自己的对手；只有第三条路对自己好处最大。于是，他任用了两个能力不如自己的人当助手。

按照这个逻辑继续推演，这两个助手也是不称职的。他们也会上行下效，各自寻找两个更平庸的人来协助自己。如此循环，就形成了一个机构臃肿、效率低下的管理体系。

在行政管理中，行政机构会像金字塔一样不断升高，行政人员会不断膨胀。因此，帕金森定律又被称为"金字塔上升"现象。在上升的金字塔里，每个人都很忙，但组织效率越来越低下。

针对这个例子，帕金森给出了一些对应的解决方案。例如：

对内提升：建立一种善于学习、不断进取的氛围和机制，以培养员工的才能，减少不称职的情况。

外部招聘：打开招聘渠道，建立专业透明的招聘机制，吸引更多具备足够能力和专业对口的人才。

自我考察：定期对组织内成员的投入产出进行调研，对内部流程和效率进行周期性评估和对比。

市场化管理：让每个部门对下游交付负责，对最终客户满意度负责，通过市场来驱动业务发展。

假设这些组织没有对这一现象提供解决方案，那么它会以怎样的速度膨胀呢？

$$X = [100(2KM + L)/YN] \times 100\%$$

这个公式可以给出一个答案。其中 K 表示要求派助手从而达到个人目的的人的数量；从这个人被任命一直到他退休，这期间的年龄差用 L 来表示；M 是部门内部行文通气而耗费的天数；N 是被管理的单位；Y 是上一年的员工总数。用这个公式就可以求出新一年职工的增长速度。因为不论工作量有无变化，用这个公式求出来的得数总是处于5.17%—6.56%，由此公式可以得出组织中的雇员总数 X 会以每年5.17%—6.56% 的速度膨胀。

这个公式揭示了各部门用人越来越多的秘密，正如之前提到的例子：部门负责人宁愿找两个比自己水平低的助手，也不肯找一个与自己势均力敌的下属；只要预算允许，组织的运营支出会不断增加，直至耗尽所有资源。也就是说，预算有多少，就会被用掉多少。

造成这一现象的原因是多方面的，但最重要的就是不称职的"领导"会希望下属数量越多越好。首先，如果没必要，他们不会主动解雇这些下属，以免得罪人为自己树敌。其次，官员们也会通过增加彼此的工作量来保持自己的地位和影响力。"谁都别闲着，或者至少看起来别那么闲。"

此外，帕金森定律还有许多其他的表述，如"官僚主义""官僚主义现象""官场病""组织麻痹病""大企业病"等。实际上，帕金森定律不仅仅是一个定律，它还包含了许多"子定律"，如"冗员增加原理""中间派决定原理""鸡毛蒜皮定律""无效率系数""人事遴选庸才""办公场合的豪华程度与机关的事业和效率成反比"等。这些子定律都从不同的角度揭示了组织内部的问题。

　　在前面，帕金森定律被说成是一个俗语、一个例子、一类企业病、一种现象、一个公式、一本书、一些子定律等。这可能会让很多人产生困惑：帕金森定律所描述的具体是个什么东西？如果这些都可以说成是帕金森定律，那么它们之间的逻辑关系到底是什么？许多人在学习它时也会感到困惑，它似乎只是描述了组织发展会导致"机构臃肿""效率低下""资源浪费"等结果，那么凡是能导致这种结果的"原因"或"症状"，是不是都可以被归纳到"帕金森定律"之中？

　　为此，我们梳理一下。

　　机构臃肿、效率低下、资源浪费：这是帕金森定律的结果，导致这种结果的原因很多，所以一些人因为转述篇幅有限并没有展开去说。各种原因所导致的结果比较一致，所以需要高度提炼帕金森定律的内容，就只能强调它带来的结果。

　　X=[100(2*KM+L*)/*YN*] × 100%：这是帕金森定律的公式，它明确了导致结果的各个因素之间较为理想和严谨的关系，但有一些晦涩难懂。

　　不称职领导招两个庸才下属：这是帕金森定律的代表示例，因为公式化表达难懂，解释例子能形成更广的传播性，只是这个例子不够全面。

　　不隐退、不树敌、不闲着：这是帕金森定律能够启动的原动力，揭示了例子背后"不称职领导"的心态，也是公式有效的前提条件，更是帕金森现象产生的原因。

《帕金森定律》：这是书的名字。若将帕金森定律的研究结果扩充为一本书，除了需要描述组织内部的复杂关系外，还需要加入许多其他导致组织不良后果的作用因素，因此导致原本的定律看起来很庞杂。

帕金森定律下的各种子定律：我们可将其理解为核心定律的衍生品，它是依赖于"趋利避害"的人性而衍生出的在企业管理中的种种行为，其源头与帕金森原动力相同。

官僚主义、大企业病等思想病症：这是帕金森定律的标签、代名词，它是不严谨的高度概括，能帮助人们理解帕金森定律，但是用它来解释帕金森定律会很难，因为你不知道它到底在说什么。

可见，这就是"帕金森定律"与其他"定律"相比最特别的地方。我们很难对这个定律一言以蔽之。若想快速理解它、简单描述它，我们就只能选择其中一个角度对其进行转述，而往往在转述过程中，转述者会挑选最能打动我们的"例子"和"代名词"，这就避免不了转述的片面性。之所以一些人总是对帕金森定律一知半解，可能也在于此。在转述者这种片面的转述下，另一端的"接收者"也很容易在片面中得到情绪上的共鸣，从而对整个定律给予如同真理般的认同感，并进一步成为"片面"的转述者，分享给其他人共鸣。这更加剧了人们对它理解的片面。

有人说，帕金森定律是 20 世纪西方文化的三大发现之一。我没有查到这种说辞的具体来源。不可否认的是，时至今日帕金森定律的影响范围仍然非常广泛。它之所以如此有名，很大程度上要归功于它在现代职场中强大的"社交"生命力：它能够以各种身份和角度来解释职场中形形色色的碎片现象。无论你是领导还是员工，无论你是"甩锅侠"还是"反思怪"，你都很容易在帕金森定律中找到组织要"完蛋"的迹象；找到自己不成事儿的原因；甚至还能找到这是上面的问题，同时也是下面的问题。

我希望我们能够理性看待帕金森定律的本身价值，而不是盲目地迷信它。虽然帕金森定律描述了许多关于企业发展、组织管理的问题，但这并不预示着所有组织的未来都存在着某种必然结果。正如帕金森定律本身所提到的，触发定律需要一些条件，例如，管理者不称职、不权威，以及组织还处在不断完善的阶段中等，然而有些组织并不满足这些条件。尽管如此，使用帕金森定律来警醒当下的自己（企业）也是有意义的，这样可以避免组织在未来走向低效和资源浪费。

需要注意，帕金森定律所描述的管理问题和组织乱象不仅会给组织带来危害，从另一个角度看，它也会给组织中的"个人"带来影响。例如，它提醒人们在这样的组织中可能会逐渐缺乏进取心、能力退化、为无意义的工作疲于奔命。这会导致我们被温水煮青蛙、被拖慢自己的成长步伐、逐渐与外界脱轨等。意识到这一点，我们就可以尽量避免自己在未来的发展道路中陷入被动。

彼得原理

——高处不胜寒还是不胜"任"？

　　管理学家劳伦斯·彼得（Laurence J. Peter）通过对美国工商、教育、军政等各个组织中的失败实例进行分析和归纳，发现了一个层级组织的管理规律：在这些具有层级组织的机构中，大家普遍遵循"若称职，就提拔"的规则，组织中的每一层人员最终都会在一个他不胜任的位置上。

　　换句话说，当员工在原职位上表现出色时，他们通常会被提升到更高一级的岗位。如果在这个新职位上仍然表现出色，他们将进一步被提升，直到他们不能胜任的位置。这个"不能胜任的位置"被称为"彼得高地"，如下页图所示。这将导致组织中的每个职位最终都被不胜任的员工占据，组织中的工作也由那些不胜任的员工来完成，那么这个组织将会走向瓦解。

一般情况下，出现彼得原理所描述的现象，需要以下几个条件：

1. 只要称职就升职；

2. 不称职不会降职；

3. 上级想维护自己；

4. 个别人沉迷挑战。

第一条和第二条比较好理解。第三条和第四条在一些企业中比较常见，在此解释下，第三条的具体情境是：某一个上级如果因为对某个下属的第一印象良好而选择提拔他，后来发现他能力平平甚至并不称职，但此时，上级往往会因为"爱屋及乌"或者顾及"面子"而选择继续"保护"这个能力平的下属。第四条描述的人不多见，但也有：这种人冲劲儿足，野心大，会在努力的时候不懂放松，表现时不会收敛，但这种人非常讨老板喜欢，会让老板抬高对他的潜在能力和成长速度的判断，借此冲到了他实际能力之上的位置，变得不称职。不从企业角度看，第四条对于"个人"来讲倒也没什么不好。第三条和第四条描述的人，有时会搭伴儿出现。

针对这四个前提条件，也是有应对策略的。

1. 区别本职能力与潜在能力：本职能力是对于现在的本职工作足够称职，而潜在能力是在上一级岗位还有发挥的空间。

2. 提供升职之外的奖励机制：奖金、假期、出国考察、培训机会等都是可以的，不一定非要给他升职。

3. 权衡公司利益识别假称职：以公司利益为基准，从岗位人员实际能力出发，能者上，庸者下。

4. 注意沉迷挑战导致不胜任："职场挑战王"虽然异常积极，但管理者要多多控制他们疯狂试探能力之外的岗位或项目，以免给企业的稳定发展带来隐患。

另外，不是所有"看上去"的彼得现象，都遵循"彼得定律"，因为定律本身忽略了一些其他情况。

1. 忽略了个人成长需要时间：每个人在新岗位中需要适应时间，而很多能力也是需要真正在这个岗位上才会得到培养或被激发。

2. 忽略了伯乐识别人才的眼光：除了表面的能力之外，伯乐也会看到他们的其他优势和有待被激发的潜在天赋，这些也需要被激活的契机。

3. 忽略了业务能力以外的其他因素：除了业务能力外，包括忠诚度、稳定性等在内的其他因素，对业务本身往往有更加深刻和长久的影响，而这些因素也需要得到关注。

4. 忽略了组织发展处于猛涨期：一些组织出现"无人可用，行你就上"的情况，是因为正处于发展的"猛涨期"，而非文化或观念有问题。

针对上面这些现象，有一定的应对方法：

1. 升职后给出一个考察期：让他有时间学习这个岗位的新技能，培养新能力。

2. 相信对人才未来的判断：不要过度怀疑自己看人的能力，与你同频的人才，比能力强于你却总和你作对的人更能发挥效用。

3. 关注业务以外的软实力：除了本身的业务能力，人才的身体健康状况、精力旺盛程度、组织能力、公关能力、表达能力等软实力也是关键。

4. 人才招聘和培训速度跟上发展：企业猛涨期最缺的就是人才，对外招聘和对内培训是供给人才的两大法宝，要同步跟上。

虽然说"彼得原理"被誉为 20 世纪西方文化三大发现之一（另外两个是帕金森定律和墨菲定律），不过可看出，其理论也并不是完美的（尽管后面也对原理作了补充）。有一些管理学理论的确会引起广泛共鸣，但并不能完美解决具体的管理者所面临的每个问题。最好不要相信它们是万能的，也不要过度怀疑自己的能力、潜力和判断力，更不要指望套用它们就能解决一切问题。

理论是服务于人的，面对这些理论，我希望它们的作用永远是"参考"大于"指导"。

NLP 理解层次
——换个新维度，解决旧问题

世界上任何一种事物都在不同的维度上以不同的样子同时存在着。NLP 理解层次模型可以很好地帮助我们领悟事物在不同维度上的本质。

NLP 理解层次也被称为 NLP 思维逻辑层次（Neuro-Logical Levels）。这个概念最初由格雷戈里·贝特森（Gregory Bateson）提出，后经过罗伯特·迪尔茨（Robert Dilts）的整理，在 1991 年正式成为一个理解事物、解决问题的思维模型工具。

NLP 分为六个理解层次，从低到高分别为：

环境（Environment）：包括个人本身之外的人、事、物、时间、地点等因素。

行为（Behavior）：包括人做事的行动、动作、习惯、路线、操作步骤、流程、方法等。

能力（Capability）：包括掌握的知识、技能、速度、效率、水平，以及做出的判断和选择。

价值（Values）：包括价值观、意义、信念、品质、观念、原则和对各种事项重要性的排序。

身份（Identity）：包括对自我的认知（我是谁、我在什么位置）、自我的认同（我行不行）。

精神（Spirituality）：包括使命感、期望感、责任感、我与世界的关系和看待世界的方式。

NLP 的六个理解层次

六个层次可以相互影响。

环境可以刺激行为（天冷穿棉袄，天热扇扇子）

行为可以提升能力（熟能生巧）

能力可以改变价值（艺高人胆大）

价值可以塑造身份（帝王将相宁有种乎？）

身份可以唤醒精神（既然来当兵，就知责任大）

这是自下而上的影响。

精神可以成就身份（胸怀大志，必有帝王之业）

身份可以引导价值（仁者见仁，智者见智）

价值可以延展能力（放低姿态，收获更多）

能力可以控制行为（能者多劳）

行为可以改善环境（打扫卫生）

这是自上而下的影响。

运用 NLP 我们可以更有效地解决一些问题。爱因斯坦曾说过一句话："这个层次的问题，很难靠这个层次的思考来解决。"NLP 理解层次解决问题的方法正遵循了这一理念。面对一个问题，我们首先应判断它属于哪个层次，然后尝试从另一个层次入手寻求改变。因为在产生问题的同一层次上很难找到它的解决方案，同时，每个层次的问题都受到相邻层次的影响。

"我近期学习成绩不佳"这属于能力层面的问题，仅仅提出"提高学习能力"这样的解决方案显得苍白无力。然而，我们可以从相邻的层面（如行为层面和价值层面）入手，寻找更有效的解决办法。例如，我们可以集中练习该科目，通过多做题、多做笔记等实际行动来提升学习成绩（行为层面解决）；同时也可以通过意识到学习对未来的重要性，来改变自己对学习的态度，从而提升学习成绩（价值层面解决）。这些都是可行的解决方案。

大部分人都推崇"自上而下"地解决问题。这么做的原因是自上而下的"作用力"大于自下而上。上层能量比下层更大，一旦人成功地实现了更高层次的改变，其主观能动性会产生巨大力量，让下一层更深入、彻底地改变。也就是说，上层能量对下层能量具有支配作用，而下层却难以对上一层起到决定性影响。

这里举个例子更好说明：你不喜欢读书（这是价值层面的问题），如果去图书馆（在环境层解决），你会很容易随手拿起一本书去翻一翻、读一读。若读进去了，这就是环境对人的改变。这是一种"被动"的改变。你此时此刻会享受读书带给自己的快乐，觉得读书挺好的（价值层面发生短暂改变）。当你离开图书馆，你还会回归到从前的状态，依然不爱读书（价值层面最终没有改变）。若你生在书香门第，还成了一名大学教授（身份层面），那么你的责任感、使命感等（精神层面）会有很大的不同。此时你读书的意愿度和迫切感会非常强（价值层面发生改变）。这是"主动"的改变。然而，谁又能凭空就成为一名大学教授？有多少人能正好出身于书香门第？就算你"催眠"自己，把自己硬生生地扮演成"读书人"，但潜意识里仍然难以让自己对"假扮"的身份产生认同。

自上向下、自下向上的辩证关系

在解决问题时，层次越高的解决方案，对问题的改变会越彻底，但对个人主动性的要求就越高，需要个人付出的改变也越大。这通常比较困难。相反地，层次越低的解决方案，对个人主观性要求越低（甚至被动接受），个人需要做出的改变也越小，相对也越容易实现，只是改变问题的程度也很有限。

交通拥堵的问题是行为层问题。如果从行为层本身出发，让每个司机都倒一倒车是很难解决拥堵问题的。最容易解决交通拥堵的办法是把这段路改成立交桥或者设成单行线、调控信号灯时间（环境层改变）。这样大家只要正常沿着路去行驶就好了。从司机的角度出发，这很容易（主动性要求低），但是这样解决程度很有限，比如没有立交桥的地方一样会拥堵。

想要更加彻底地解决拥堵问题，有一个办法是让所有汽车联网并连接城市交通大数据，让行车电脑提前预判路线拥堵状况并给出出行建议（能力层）。这会好很多，但这么做相比"设成单行线"难度就高起来了。再往上，价值层、身份层、精神层……会更难。如果让每个司机都认为自己是一个关心城市发展、有责任共建文明城市的市民，让他们在交通出行时主动文明礼让，开车不着急、不加塞。遇到堵车，所有人也都能清楚自己的位置，并在没有交警指挥的情况下自觉相互配合、相互体谅，从而实现对道路的疏通……这样一定能从根本上解决交通拥堵问题。然而，要让整个城市的市民改变观念是非常困难的，这一点我们都清楚。

无论是自上而下还是自下而上，都有其解决问题的优势和不足。从上层解决问题更彻底但难度较大；从下层改变较容易但效果有限。我们可以酌情对待。对于燃眉之急的问题，我们可以选择自下而上的方式，从环境层面入手，利用环境对人的影响来快速解决问题；而如果想要彻底地解决一个不太紧急但比较重要的人生课题，就需要自上而下做出改变，即从改变价值观、重塑身份、唤醒精神入手，逐步让人做出能力上、行为上、环境上的巨大改变。

由此可见，选择哪种方式需要根据具体问题和条件来决定。然而对于某些需要上升层次来解决的问题，我们也不必上升太多。比如屋子脏了（环境层问题），打扫干净即可（行为层解决），而无须上升到"眼不见为净"（价值层解决）。

我们还可以进一步提炼：

1. 自上而下的方式偏重主动改变，从主观意识出发，可以获得重大突破，但有些脱离现实，很不稳定，容易挫败；

2. 自下而上的方式偏重被动改变，从客观实际出发，可以取得阶段成功，但过度依赖现实，缺少惊喜，容易受限。

我们是否可以结合二者的优势，扬长避短呢？

以个人规划为例，我们可以这样取得平衡：

1. 上三层自上而下，摆脱下三层。我们尝试深度思考自己的人生（精神），重塑自我（身份），追逐热爱（价值），而不被眼下的种种困境所束缚。

2. 下三层自下而上，慎思上三层。我们也要认清在时代形势和现实状况下（环境），什么可为、什么不可为（行为），以及在"可为"之中，挖掘自己擅长做什么（能力），并保持清醒，同时避免被人鼓动、洗脑或自己做白日梦。

"路漫漫其修远兮，吾将上下而求索。"面对层次多样的世界，唯有上下求索，方能求得答案。

贝勃定律

——终归见怪不怪，总会习以为常

贝勃定律（Bob's Law）是一个社会心理学效应：当人经历过一个强烈刺激后，再施与刺激对这个人来说就变得微不足道了。简言之，在心理感受上，第一次的大刺激能冲淡第二次的小刺激。这种刺激无论是正向的（好事儿）还是负向的（坏事儿），都遵循贝勃定律。

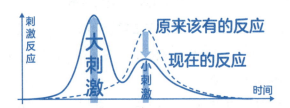

情况 1：正刺激冲淡正刺激

生日收到男神一大捧鲜花，紧接着闺密送来了礼物，虽然也很开心，但并不那么惊喜了。

情况 2：负刺激冲淡负刺激

刚刚"被分手"还在心神不定，稍后同事不小心把你的水杯碰洒了，也没啥大不了的。

情况 3：负刺激冲淡正刺激

白天刚被炒鱿鱼，晚上爱人炖了你最爱的排骨汤，感觉也没那么香了。

情况 4：正刺激冲淡负刺激

今天单位发奖金了，回家后发现新鞋被踩脏了，也不会那么生气。

如图所示，无论受到何种刺激，心态曲线最终都会向"平静"状态回归。

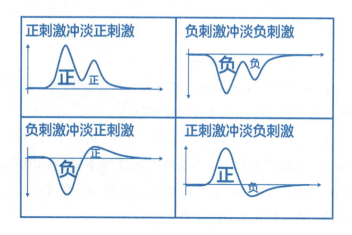

贝勃定律的四种类型

解读贝勃定律

基于贝勃定律的特性，人在接受刺激后容易产生认知偏差。下面分享几点我的个人感悟。

1. 正向刺激多了人会不知足

持续而稳定的正向刺激会随着时间推移逐渐减弱，导致人们低估其长期价值。例如，当一个人晋升到新岗位并获得高薪时，最初会感到非常高兴。然而几个月后，他可能会对这种高薪状态习以为常，并开始对没有奖金感到不满，甚至对这个岗位产生厌烦情绪，考虑寻找其他机会。理性思考一下，持续稳定的高薪其实远胜于偶尔出现的奖金。

此外，有些人对于陌生人的偶尔帮助会表现得特别感动，甚至热泪盈眶，却容易忽视枕边人或长期相伴的好友的关怀。实际上，来自这些亲近之人的持续照顾远远超过了陌生人所给予的随机帮助。这种认知偏差正是由于持续刺激递减所导致的。

2. 负向刺激多了人会坦然

相同的持续性负向刺激也会随着时间推移变得平常，这种认知偏差在某种程度上也是心理上的自我保护。

对于常年受到某种病症（如鼻炎、腰痛）困扰的人，他们在身心上会逐渐接受并适应这种患病状态，反应不如患病初期那么剧烈。当人们面对无法改变的不顺时，只要持续一段时间，大部分人会出现一种坦然面对的心态。

值得注意的是，这种持续的负向刺激必须是稳定的，在刺激的种类和危害程度上都不能有太剧烈的变化，否则我们会因为对这些"祸"没有预期而崩溃。

3. 第二轮刺激更大，贝勃定律会失灵

在贝勃定律中，第二轮刺激必须小于第一轮刺激，反应才会更小。如果第二轮刺激比第一轮大得多，尤其是负向刺激更大，

贝勃定律就会失灵。也就是说，当第二个刺激比第一个刺激更加强烈，人会因为受不了这个更大的刺激而产生更加激烈的反应。

我脑海中一直记得这样一个故事：一个妈妈刚给孩子做了他爱吃的猪脚饭、买了他心心念念的奥特曼，让孩子感到非常高兴。然而孩子高兴没一会儿，妈妈就告诉孩子自己要出远门，很久很久才能回来……这种心情会让嘴里还含着猪脚饭的孩子非常失落。饭不香了，咽不下去，鼻子却酸了，眼泪会很快流出来。以后孩子每次吃猪脚饭、看见奥特曼，都会回想起这一天妈妈离开的画面。

之所以会出现以上这些现象，是因为人类本身具有"趋利"和"避害"的本能。人们逐渐低估持续性利益是因为他们渴望获得更多的利益，这是"趋利"的体现；人们坦然接受持续性伤痛是为了减少痛苦，这是"避害"的体现。这是刻在基因里的本能，很难改变。

如何运用贝勃定律

既然这是一种很难改变的本能，那我们也可以运用贝勃定律达成某些特定目的。

1. 将持续性稳定刺激转变为非持续性随机刺激，以增加感知

当你明白了"每次给客户创造惊喜，就没有惊喜可言，久而久之，客户会要求更多"这个道理，以后再提供服务时就应该张弛有度，让惊喜变得不确定，而不是盲目地努力，总是为制造惊

喜而竭尽全力。那样你很容易创意枯竭，努力最后的结果还是客户不满意。

2. 先提出大刺激，再给予小刺激，让对方更不容易感知这个小刺激

当你希望对方更容易接受你的某个请求时，可以先提出一个让对方难以接受的大需求。当对方拒绝后再提出小请求，对方会更容易接受。这种现象也被称为"门面效应"。此外，鲁迅先生的"拆屋效应"也符合这一规律（譬如你说，这屋子太暗，说在这里开一个天窗，大家一定是不允许的。但如果你主张拆掉屋顶，他们就会来调和，愿意开天窗了）。

许多思维特性和心理效应一旦被描述出来就容易被人们利用。因此，我们学习这些思维模型就要开动脑筋，思考如何利用这些规律来为自己或他人谋取利益；或者看看身边有哪些人正在受到这些规律的影响，也看看自己又在不在这些人之中，加以防范。

HOOK 上瘾模型
——上钩难脱

关于上瘾也有一套模型。尼尔·埃亚尔（Nir Eyal）和瑞安·胡佛（Ryan Hoover）在其所著的《上瘾》一书中，提出了触发（Trigger）、行动（Action）、奖励（Reward）、投入（Investment）四个要素。其中，"触发"是引诱人采取行动；"行动"是驱使人获得奖励；"奖励"可以使人持续保持行动的激情；"投入"是因为持续行动而消耗了大量的金钱和精力，让人难以自拔。作者将这四个要素组合成了一套"上瘾模型"，命名为 HOOK（钩子），用于阐述如何让用户不知不觉对产品"上瘾"。

"HOOK（上瘾）模型"原本是在营销领域设计一套连续循环的行为，好让消费者对产品上瘾，但在营销之外，人的各种"瘾"也能在这个模型当中找到成因。"HOOK 模型"之所以被称为"HOOK（钩子）"，也是因为它所包含的这四个要素背后都有一个钩子。

"触发"的钩子是"欲望"，"行动"的钩子是"简单"，"奖励"的钩子是"运气"，"投入"的钩子是"财富"。

上瘾首先要触发人的"欲望"。只要一个人不是被胁迫的，把他带入"瘾"的大门的一般都是他自己。这就像视频能引起人的共鸣,广告能戳中人的痛点,都会使人自发地行动、点赞、下单,因为这些视频和广告在不断提醒他:你到底想要什么?

其次,"简单"也是上瘾的一大因素。如果一种行为难度太大、周期太长,一定会成为人们上瘾的门槛。上瘾的东西都会简单到让人只需要张张嘴、动动手就能获得奖励。简单才能实现行动上的无脑重复,而重复才是上瘾的基础。

再次是"运气"。如果做一件事全凭技术而没有运气,它将毫无惊喜;如果奖励非常稳定或可被预计,它将乏味至极。平淡和乏味是不可能带来"瘾"的。"瘾"的关键在于运气带来的奖励是随机的。运气可以让奖励有高有低,变得不确定,也正因为这种不确定,才让人对每一个下一次充满期待。由此,"瘾"便形成了。生活中的上瘾现象非常常见。打牌上瘾,因为运气有好有坏,下一局手气如何不确定,但你会期待,所以玩个不停;游戏商会刻意设计算法,抽奖、匹配,让你时而郁闷时而爽,所以玩个不停。刺激不论高低,只要稳定都会趋于平淡;奉献不论多少,只要稳定都会理所当然。只有随机的不确定,才能让人心生波澜,对下一次充满期待。这就是成瘾的关键。

最后一步是"财富"。一般来说,让我们难以自拔的不是精力和金钱,而是用精力和金钱换来的财富。我们玩游戏抽中的极品装备、达成的荣誉排名、经营的社交网络等,都是你的财富,是这些东西让你难以割舍。

触发的欲望、行动的简单、奖励的运气、投入的财富,就是上瘾模型中的钩子。它们之所以能成为钩子,是因为它们每一个都可以钩出一个原罪。

欲望多了，可以勾出人的妄想。如果你总能准确地告诉我，我想要什么、我该要什么，我就会越来越想要、越要越多，直至脱离实际。

简单多了，可以勾出人的懒惰。我只要张张嘴、动动手就能得到前所未有的满足，为什么还要去"走弯路"努力、去复杂思考呢？

运气多了，可以勾出人的贪婪。"我只要再来一次就可以了""下一次一定可以"……

财富多了，可以勾出人的痴迷。我相信虚幻的快乐也是快乐，守住虚幻的美好，就能掩盖现实的窘迫。

妄想，是带你入门的吸力；懒惰，是无脑重复的惯力；贪婪，是再来一次的引力；痴迷，是回头上岸的阻力。这四种力紧紧地锁住你，让你动弹不得。妄、惰、贪、痴，就像是人类精神世界中的"天启四骑士",一旦出现,就会将人拽入"瘾"的深渊。你想挣脱就没那么容易了。

有人可能会问:既然"瘾"有这么多坏处,我们怎么对付它呢?(这里的瘾特指对不好的事情的过度依赖)

说实在的,我了解过也尝试过很多别人推荐的方法,最终也没有找到非常有效的答案。后来我发现,对于瘾,没有答案本身就是答案。如果有能轻松对付它的办法,那么瘾就不配叫瘾了。

因此,对付瘾的最好办法不在瘾中,而在瘾前、在未然。当你发现一件事,满足上瘾模型的条件,而且都有钩子,那就请看见钩子赶快闭嘴,而不是咬住钩子才想如何逃离。趁着"瘾"还未形成,请立刻停止,不要继续!不要继续!!不要继续!!!

第 3 部分

思考与分析：
能帮我们解决
问题的模型

思考与分析能赋予我们独自认知自我、探究人性和洞察世界的能力，这种能力更可以帮助我们得到新的知识、解锁新的答案、挖掘更深层的本质，并创造更大的价值。

头脑风暴法
——破除思考的禁锢

头脑风暴法（Brain-storming），主要是指小组成员在和谐融洽、不受任何限制的气氛中，以会议形式展开自由联想和讨论，从而激发新观念或新想法。

"头脑风暴"最初是医学用词，被用来描述精神病患者的错乱状态。后来，创造学之父亚历克斯·奥斯本（Alex F. Osborn）提出了"头脑风暴法"，赋予了这个词新的含义。之后在广告创意领域，逐渐演变为一个常用词语，用以描述激发新思路和挖掘新创意的行为过程。

头脑风暴法的四个阶段

头脑风暴法包括四个阶段，分别为筹备阶段、风暴阶段、整理阶段和完善阶段。

1. 筹备阶段

关键词：人员、课题。

人数上，10 人左右为宜。太少缺少激发点，太多容易混乱，且责任感被稀释从而降低人员发言的积极性。

身份上，以多样化为宜。以广告公司为例，创意发想不只有创意部门人员参加，最好把设计、策划、客户、执行等部门人员（或代表）都安排进来一起讨论，让激发思考的角度更加多样。

时间上，以 20—60 分钟为宜。太短不能进入状态，太久容易疲软。

安排上，需要一名主持人，他不参与讨论，但需要控制时间和流程以及发言的公平性。还需要 1—2 名记录员，记录想法碎片；想法碎片不论好坏，要全部记录。

课题发布方面，一般在会前 1 天—2 小时抛出课题，让参会者有时间积累一些基础想法。不然临时发布课题，大多数人反应不过来，很久不能进入"风暴"状态。抛出课题时间也不宜过早（比如提前一星期），那样会因为"时间尚早"而得不到重视。

2. 风暴阶段

关键词：大胆、不设限、想法接力。

抛想法：结合课题依次抛出自己的想法。想法不论好坏、是否完整、是否现实，不论关系是否强弱，只要是与课题相关，没有限制，都可以表达，其他人不对想法做任何评价。

接想法：别人的想法也可以作为你自己想法的二次启发。在别人的想法下，说出自己的补充想法或全新想法均可，同样不设限，因为你的想法也会成为其他人想法的启发点。

3. 整理阶段

关键词：现实的、幻想的。

将所有想法整理并归类。归类有二，现实的和幻想的。我们可以针对现实和幻想的程度对每一个想法进行打分，并优先处理足够现实的（可落地的、可执行的）那部分想法。

4. 完善阶段

关键词：落实、补充。

首先，针对现实的想法，继续群策群力补充完善，使之成为可以落地的有效方案。

其次，针对不够现实的想法（幻想的），如果足够优秀，也可以考虑重新抛回风暴阶段，作为一个新课题进行风暴，使它成为更现实的可行性方案。

头脑风暴法的好处

头脑风暴法有非常明显的好处：

其一，它能够确保团队中的好想法不会被权威压制，也不会因为与主流观点不符而被边缘化。

其二，通过集思广益，它能够自然地汇聚并融合所有人尚不成熟的点子，并催熟这些生涩的点子。

头脑风暴法的关键点

想要从头脑风暴中获得预期的好处，需要再次强调几个关键点：

1. 在风暴阶段，不要否定任何想法

这个虽然大家都懂，但还是难以做到。有时候总不自觉地、忍不住地去打断和否定。因此，"不要打断""不要否定"是在会议上经常被反复强调的关键词。

2. 在风暴阶段，不要对想法设限

一方面，不要给自己设限。表达者可以告诉自己：有什么想法先说出来，心里不要有顾虑，不要担心别人会嘲笑自己，不要觉得自己的想法愚蠢……因为风暴规则中明确强调了，提出任何想法都不会被别人评价。因此，你可以放心。另一方面，不要给别人设限。换句话说，你也不要评价别人的想法，因为对这个想法的评价，会产生对它后面更多好想法的限制。

3. 在风暴阶段，数量比质量更重要

"质量"并非风暴价值的最高优先级。头脑风暴法的魅力在于随机与碰撞。通过碰撞旧想法会随机获得新想法，继续碰撞新想法，才会激发意想不到的大创意。完成这个过程的前提是"量"，量大才会出奇迹。因此在头脑风暴法的价值关系中，数量才是质量的基础，数量是最高优先级。

4. 在完善阶段，整理想法回归现实

很多参与者会因为头脑风暴的激发效果而处于兴奋状态。这种兴奋很大一部分来源于群策群力后的成就感。看着这么多有意思的、有创意的想法，会自我感觉这场会议非常成功。然而，头脑风暴法最后一个关键点，是要让创意回归现实，是要解决问题。最后能够产出一个解决问题的方案才是头脑风暴法成功的标志。

如今，头脑风暴法已经不只用在广告公司中，许多需要通过创意思路解决问题、创新破局的公司和团队都在尝试用头脑风暴来实现。头脑风暴的优势在于它接受任何怪诞且不专业的想法，

他山之石可以攻玉，很多颠覆性创新也都来自局外的跨专业（所谓的不专业）领域。它能摆脱局内的思维习惯所形成的禁锢，并且能在风暴过程中完成从不专业到专业化的转变，从而形成切实有效的方案。另外，生活中解不开的小疙瘩，我们也可以找朋友听听他的看法，这也算一种生活创意的小风暴。

正因为头脑中的风暴和现实中的"风暴"一样，本身具有对固有环境的破坏性，所以它能帮助我们改变固有认知。如果遇到什么问题，自己难以突破，不妨试试头脑风暴法。尽管一开始碰撞的想法有些怪诞，但有些正常的困局，只有利用非正常的思路才能破解。

奥斯本检核表法

——找到创新的思路

伟大的发明是如何被创造出来的？发明家是如何启发自己不断创新的？如果不是灵光一现，那他们一定掌握了一套属于自己的创造技法。

创造技法源自创造学。它能帮助人们高效而稳定地创造出新奇事物。这些技法通常分为"头脑风暴法""列举法""设问法"三种。其中，设问法中有一个非常受欢迎的方法，那就是奥斯本检核表法。

奥斯本检核表法是由亚历克斯·奥斯本（Alex F. Osborn）所创，他被誉为创新技法和创新过程之父，并且还是头脑风暴法的发明人。同时运用这两种思维方法，会产生更好的创造效果。

可能有人会疑惑：一个用于发明创造的表，为什么叫检核表？其实，这里的"检核"是对"被研究对象进行发明创造潜力"的检核。为了全面检核被研究对象创造潜力的大小，我们需要利用检核表中的九个问题，逐一挖掘。沿着这些问题深入挖掘，就有可能催生出新的创意。

以下是针对这九个提问的详细介绍：

1. 是否还有其他用途或改造后可作其他用途？

例如：

· 根据橡胶特性制作防滑轮胎、绝缘手套、密封胶条……

· 大米可以熬成糊糊，报纸可以当墙纸糊墙

· 私家车可以做网约车创造新收益

2. 能否从别处获得启发或借用别处的经验或发明？

例如：

· 早期军事火器→借用自烟花爆竹

· 蒸汽机→启发自烧水壶盖被蒸汽冲开

· 医学领域治疗细菌引发的传染病→透镜制造商列文虎克发明的显微镜

3. 可否通过改变其本身属性来获得创新？

可改变的属性包括：形状、颜色、声音、味道、材料、触感、温度、版式、轨迹、状态……

例如：

· 普通牙线→改变运作属性→水牙线

· 普通床垫→改变触感属性→充气折叠床垫

· 幻灯片投影→改变材质与光属性→PPT

4. 能否通过扩大／放大／延长／增加获得创新？

具体属性包括：体积、长度、宽度、时间、强度、速度、厚度、浓度……

例如：

· 普通灯光→改变光波→紫外杀菌灯（提高频率）／红外加热

灯（增加波长）

- 花香→增加浓度→香水
- 连环画→加快速度→动画

5. 能否通过减轻 / 缩小 / 缩短 / 减少获得创新？

具体方式包括：微观化、轻量化、超薄式、隐藏式、功能简化……

例如：

- 台式电脑→减小体积→笔记本电脑
- 重机枪→轻量化设计→冲锋枪
- 传统照相机→减少冲洗时间→拍立得

6. 可否由别的东西代替？

代替对象包括：材料、人员、方法、能源、成分、工艺……

例如：

- 铝饭盒→替换材料→可降解一次性餐盒
- 燃油汽车→替换能源动力→新能源汽车
- 传统餐厅→替换服务员→无人智能餐厅

7. 能否重新调整转换？

调整对象包括：顺序、布局、型号、规格、元件、程序、连接、位置、关系……

例如：

- 早期飞机螺旋桨在前端→螺旋桨移动至顶端→直升机
- 商场区域的重新划分，特卖门口，餐饮上楼→增加客流
- 活动流程的重新安排，抽大奖留在最后→留住客户

8. 是否可以从相反的角度重新考虑?

颠倒方式包括：上下、左右、前后、里外、正反……

例如：

· 利用减速制动反向充电

· 先说结论提高沟通效率

· 从内部瓦解分裂敌人

9. 是否可以组合?

例如：

· 相机＋报纸＋电话＋地图＋音乐播放器……→智能手机

· 水泥＋砂石＋钢筋→钢筋混凝土

· 步枪＋望远镜→狙击步枪

记住这九个问题，你的发明创造能力将会提升一大截。

不过，上面的问题看起来似乎没什么规律，不太好记。其实，究其本质，可以简化为这九个问题：

问题 1：能否由内向外迁移?

问题 2：能否由外向内借鉴?

问题 3：能否改变属性?

问题 4：能否放大?

问题 5：能否缩小?

问题 6：能否被代替?

问题 7：能否局部转换?

问题 8：能否整体颠倒?

问题 9：能否相互组合?

这几个问题之间也有联系。

问题 1 和问题 2 与"内外"有关，代表的是研究对象与外界领域之间的相互启发关系。

问题 3 和问题 6 与"属性"有关，涉及改变或不改变自身属性，能否变成新事物。

问题 4 和问题 5 与"量变"有关，就是在不改变自身的情况下，以量变探索质变。

问题 7 和问题 8 与"位置"有关，代表位置的变换，但差别在于是局部的还是整体的。

问题 9 则回归问题 1 和问题 2，但是已经不强调内部与外界关系，而是直接与外界对象合并。

这里可能会让人疑惑：1—8 的问题都是相应成对的，那么，问题 9 之后不是应该对应一个问题 10 吗？与"组合"对应的应该是"拆解"，通过拆解研究对象以寻求新的创造物。如果那样的话，问题 10（拆解）就和问题 5（包含了细分）的概念有些重叠了。我觉得这可能是该表没有补充问题 10 的原因。

继续简化！这九个问题还可以整合为五个问题：

问题 1：能否引用于外或借鉴于内？

问题 2：能否改变属性或部分替换？

问题 3：能否变大变多或变小变少？

问题 4：能否局部转换或整体颠倒？

问题 5：能否与其他存在合二为一？

更简略的说法，还有"和田十二法"：加一加、减一减、扩一扩、变一变、改一改、缩一缩、联一联、学一学、代一代、搬一搬、反一反、定一定。

过于简化的检核问题可以方便记忆，却不方便启发。它会影响使用者对问题的深刻理解。因此在简化问题之前，我们一定要先弄清楚原来的九个问题的含义。

奥斯本检核表法被誉为"创造技法之母"，也就是说，创造学中很多其他创造技法是在奥斯本检核表法的基础上发展演变而来。理解检核表的核心思维，你的创造性思路就会更加开阔。

系统思维

——用运动的眼光去完整地思考

生活中，我们常见到与"系统"有关的词汇，如生态系统、电脑系统、排水系统、医疗系统……那么，什么是系统呢？

系统是一个为了实现某种"功能"而由多个"元素"和"连接"组成并协同运作的整体。系统思考大师德内拉·梅多斯（Donella H. Meadows）在《系统之美》一书中为我们提供了一个清晰的认知方式：他明确指出系统是由三种构成要件组成的——要素、连接和功能（目标）。

"要素"是整个系统的直观组成部分；

"连接"是要素之间的潜在作用关系；

"功能"是作用关系的最终达成目标，也是系统之所以称为系统的依据。

简单说，如果有一堆东西，它们能彼此连接发生作用，来实现什么功能，那它就可以称为什么系统。比如，一堆电子元件，通过电流和数据传输实现模拟大脑的功能，它就是电脑系统。再如，一群生物，通过生长、竞争、捕食、繁衍实现生存发展的平衡状态，它就是生态系统。以此类推，交通系统、生命系统、照明系统，都是一堆元素互相连接、互相作用，最终成为一个具有某种功能的整体。

系统思维可以帮我们更容易地找到问题的根源。若想掌握系统思维，就必须对系统运作有充分的理解，这就不得不提到系统中的三个基本概念：存量、流量和（反馈）回路。

1. 存量（原有的）

所谓存量，是指数据、信息在要素中的积累。

比如，排水系统中蓄水池（要素）的水位、医疗系统中病人（要素）的数量都是存量。

2. 流量（变化的，即增加的或减少的）

所谓流量，是指数据、信息在系统要素中的流转。

比如，蓄水池中流入、流出的水量，医院里住院、出院的人数，就是流量。

3. 回路（流量连接存量的通道）

回路，也可以称为反馈回路，是指流量对存量的作用，主要有增强回路和调节回路两种类型。

3.1　增强回路能使存量加速改变

其表现是，A 增加会导致 B 增加，而 B 增加又会进一步加速 A 增加。可以简单理解为"越 A 越 B，越 B 越 A"。比如在某营销活动中，某限量商品会越抢越少，越少越抢。

3.2　调节回路能使存量保持稳定

其表现是，存量过高会促使存量降低，而存量过低时则促使存量增加。可以简单理解为"太＋就－，太－就＋"。比如在人际关系中，太灰心，朋友就鼓励他重燃希望；太骄傲，朋友就泼冷水让他回到现实。

更简单的理解：增强回路类似"滚雪球"，调节回路类似"不倒翁"。当然，这样越简单地描述它们，虽然越好理解，但也越不严谨，这一点请读者注意。

系统思维六要素

要想掌握系统思维，需要清楚系统的构成"要素"、如何"连接"、有什么"功能"，同时还要了解每个要素的"存量""流量"，以及在连接中存在什么样的"回路"。举个例子：在一个草原生态系统中，有草、羊、狼三个"要素"，通过吃与被吃产生"连接"。这个系统的"功能"是维持生态平衡。草一片，羊一群，狼一窝，这是"存量"。羊吃几亩草、狼吃几只羊是"流量"。草多羊就多，羊多狼就多，狼多羊就少，羊少草又生，这是三者的"调节回路"。

从孤立的角度看，狼吃羊，没有狼，才有羊。然而从系统角度看，如果没有狼吃羊，羊没了天敌就会泛滥，导致草被吃光，羊也就无法生存了。因此系统思维的结论是：有狼才能有羊，因为狼能够控制羊的数量，维护生态平衡。两种角度的结论完全相反，但显然后者的结论更接近问题的根源。

大禹治水也是同样的道理。洪水来了，如果只是盲目地堵，会适得其反，引发更大的灾难。相反地，通过打造一套泄洪系统，引导水流、适当泄洪，则可以更加有效地解决问题。甚至我们还可以通过调节回路来实现，当水变少时还能保证附近田地的基本灌溉（参考都江堰的水利系统原理）。

尽管系统思维很实用，但实际情况下它总是并不容易被推广。原因有三点。

首先，它不直观。在普通人看来，用系统思维解决问题有时很迂回，不如直接解决问题更受欢迎。比如在电影《勇往直前》中提到，有一种扑灭山火自救的方式就是在下风地带再点燃一把火，以火灭火。这就会颠覆很多人的认知，因为在人们的固有认知中，水才能灭火。

其次，它有时不能迅速见效。动态系统的作用往往有一个周期。锻炼身体强化免疫系统永远不如"得啥病吃啥药"更受欢迎。接着上面救火的例子，下风火烧过的地方，上风火就不会蔓延到这里，但我们需要有足够的耐心等火慢慢烧过去。

最后，它往往难以解释。若想把系统思维的解决办法推行下去，就需要一定的专业知识和优秀的表达能力，能够给更多的非专业人士解释清楚其中的原理和关系，同时还要寄希望于对方的智商也在线。还说救火。专业的消防员正在和大家解释：等上风火烧过来，下风火正好也烧过去了，我们就可以退到火烧过的地方，等待前面的大火烧过来，当它到这里没有了可燃物……这时，不懂的人就会失去耐心马上打断："别在这儿胡言乱语了，火要烧到眼前了，水都不够用，你还嫌不够乱，还想再点一把火？你疯了吧！……"

系统思维可以被理解，表面上很多人也都认可系统思维、推崇系统思维，但基于以上三点，实际层面能够真正掌握它并实践它的人并不多。如果你能成为其中一个，那你将非常了不起。

笛卡尔思维
——质疑自己的质疑

"Cogito, ergo sum"（我思，故我在）是勒内·笛卡尔（René Descartes）的思想精髓，也是他判断事物的真实写照，更是他作为一位以批判著称的伟大哲学家的标志。

因为笛卡尔勇于质疑一切，为纪念他这一点，人们将质疑事物的过程定义为"笛卡尔"，将以批判性思维为基础的思维模型命名为笛卡尔思维模型。可以说，这个模型蕴含着丰富的人物特质。

笛卡尔思维模型的独特之处在于，它让人们深刻地认识到"事物本体"与"我们对事物的认知"之间的关系，并为我们提供了一种全新的思考方式。

该模型主要包含以下四个思考步骤：

1. 怀疑（质疑旧观点）：面对任何观点，我们应首先持怀疑态度。

2. 分析（拆解旧观点）：分析条件真伪和条件与结论的逻辑关系。

3. 求证（建立新观点）：推演逻辑的准确性并适当调整和补充条件，完善逻辑链条。

4. 检验（质疑新观点）：以批判性思维检验新得出观点的合理性，核实新结论的可靠性。

也就是说，在面对任何观点时，我们首先要持有怀疑的态度。我们需要"质疑"观点的真实性，并探寻支撑这一观点的依据。在质疑的基础上，我们主动对观点进行"分析"，将复杂问题分解为简单问题，通过分析简单问题来寻找答案。然后，我们将分析过程中获得的所有依据与事实进行整合，"求证"出一个新的结论（新的观点）。这个结论可能与我们的旧观点相同，也可能有所不同。最后，我们还需要将得出的结论与实际情况或实践经验相结合，以"检验"新结论的可靠性。整个过程实际上是人们认识世界、认识自己、寻求真理的过程。

错误地使用模型，会让自己距离真理越来越远。

由于笛卡尔思维模型是以"质疑"为基础的思维工具，因此在使用过程中容易陷入"质疑链路"，对每一个观点、依据甚至事实进行无休止的质疑。比如"我看见的就是真的吗？真假又如何定义呢？谁能定义真假呢？我能吗？我又是谁？我存在吗？我怎么证明我存在？怎么定义存在？谁能定义存在？我能吗？……"这样就会陷入怀疑的死循环，让思考变得虚无，想从中形成什么思想、得出什么结论，就更无从谈起。

笛卡尔当时可能也陷入过类似的死循环。虽然我无法完全达到他的哲学深度，但至少可以先粗浅地理解一下：他打破"质疑链路"的方式也是通过质疑，即对质疑本身进行质疑，也就是相信。于是笛卡尔认为"我质疑自己存不存在"这件事本身就值得质疑。如果我相信"我还在思考（质疑）这些问题"，那么"我"就存在，即"我思故我在"。它是质疑的终点，也是相信的起点。

笛卡尔的做法同样可以借鉴到我们对笛卡尔思维模型的使用上。

1.当"质疑"到一定程度，我们需要通过"相信"来避免过度"质疑"。质疑必须建立在一定的相信基础之上。一旦触及公理和事实就应该停止进一步质疑。例如，"苹果下落并砸中牛顿"这件事，质疑是不是苹果，它是不是向下落或者砸没砸中牛顿都毫无意义，因为在我们所研究的范畴中，就算苹果不称为苹果它也是一种实际存在，它也必然会向下落。千百年来肯定有人被下落的物体砸中，这些都是在某个研究范畴中被公认的事实。我们得依托于这个基础进一步求证和思考，才会发现一些规律，更接近真理。

2.我们不能总停留在第一步，只有"质疑"会成为"杠精"。现实中，有相当一部分人在没有深入理解笛卡尔思维模型的真正用意前，就将其简化，甚至仅停留在第一步的"质疑"上，忽略了后续更烧脑、更麻烦的分析、求证和检验过程。这种"断章取义"地使用不仅无法发挥笛卡尔批判思维的功效，还会产生负面影响。它将导致一些人只接受自己愿意相信的观点而拒绝和质疑与自己观点不符的任何事物，最后成为人们口中的"杠精"。

3. 检验是对"质疑的质疑"，请把最后一步走完。 完成一次笛卡尔的批判思维其实并不容易。当你提供了证据和推理过程，你仍然需要对自己的这个观点进行验证。这是最后一步，验证的最好方式依然是质疑。在使用笛卡尔思维模型的过程中需要强调的是：所有的质疑都只是手段，接近真理才是目的。

笛卡尔思维模型被视为一种探索真理的有效方法。这种方法的核心在于，用质疑的方式来验证某一真理"真"的特点。为此，我们首先要怀疑它"不真"。注意，怀疑不真不是判定为假，我们需要寻找支持"不真"的证据。如果找到了这样的证据，那么我们就可以证明它为"假"，进而继续寻找"什么是真"。如果我们无法找到支持其"不真"的证据，那么这就证明了其为"真"。这种方式不一定能找到真理，但一定会离真理越来越近。

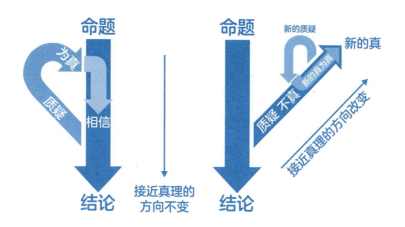

在使用模型的过程中可以看到，我们思考的每一个步骤都在围绕"质疑"：怀疑，就是怀揣质疑；分析，就是寻找质疑；

求证，就是证明质疑；检验，就是质疑我的质疑。质疑，是笛卡尔思维模型能够探寻真理的钥匙，但质疑不是否定，而是分析它、求证它、检验它的开始。总结起来就是：质疑要有依据，求证要有结果。这就是笛卡尔思维模型能够成为探寻真理方法的原因。

非 SR 模型

——先思考几分钟再行动

如果你有个"心直口快"的朋友某天忽然变得迟钝，但又好像更睿智了，那么他可能在用非 SR 模型提高思考力。

什么是"非 SR"呢？我们只需要了解"SR"是什么就知道了。SR 是 Stimulus–Response，代表刺激—反应的过程。

在以下三个选项中，谁与 SR 有关？

A. 薛定谔的猫

B. 巴甫洛夫的狗

C. 圆中的猫头鹰

没错，选 B。

巴甫洛夫的狗是经典条件反射理论实验中的一个经典案例。它指的是通过训练让狗建立起一个条件反射，即每当铃声响起时，狗就会分泌唾液。这种条件反射就是一种刺激—反应过程。铃声是刺激，分泌唾液是反应。

人也一样，时时处在刺激—反应过程中。比如，你老老实实坐在工位上，突然被莫名其妙打了一巴掌，你会有什么下意识的反应？你可能会立刻感到愤怒，甚至直接还手。当你一个人走在大街上，突然对面出现一群人冲着你慌张地跑来，你会有什么反应？你很可能也会跟着慌张并马上掉头跑，心想幸好我反应快，现在我跑在了他们前面！

很多人会在各种刺激的影响下直接做出反应，而缺乏中间的思考过程。这怪谁呢？谁也不怪，怪我们"活得太久"。

人类从物竞天择中脱颖而出，从某方面来说靠的就是面对威胁而做出的快速反应。武力强大的话，上手就打；跑得快的话，撒腿就跑。在威胁来临之际马上做出反应已经融入了我们的基因。这保证了单一个体的安全以及整个物种的延续。这种时候，思考是要命的东西。然而话又说回来，过度依赖 SR 这一模式的弊端也显而易见——在需要深思熟虑的场合，SR 可能会让我们做出错误的决定，也可能会让我们闹误会、失体面、丢机会。这时如果使用非 SR 思维就能避免这些问题。比如，在工位上突然被人打了一巴掌，你的第一反应不是立即回敬他一巴掌，而是先问问他为什么要打你。如果他说是为了让陷入恍惚的你清醒一下，那么你们之间或许就不会有进一步的误会。

非 SR 思维主张在刺激—反应之间加入一个思考的过程，即 Stimulus—Thinking—Response，使我们从无意识的被动反应转变为有意识的主动反应，并保持刺激—思考—反应的习惯。

非 SR 思维看起来和卡尼曼双系统思维很类似。卡尼曼主张我们要用慢思考代替快思考，用理性而费力的系统 2 介入快速反应的系统 1，以避免种种认知偏误损害我们的决策质量。我们可以把非 SR 思维看作用系统 2 慢思考的另一种表达，只不过非 SR

并没有过于强调思考的深度。它只是让我们不必太依赖于直觉，稍稍停一下，别太快。

　　尽管这种思考方式会牺牲一点儿时间，但在某些时刻反而让自己更安全。想必大家对前些年的"地铁奔跑事件"有所耳闻：一个乘客着急换乘在地铁内奔跑，大量不明真相的人看到有人奔跑以为发生了危险事件也随之狂奔；他们在慌乱中推搡、踩踏，导致多人受伤。如果当时人们能够冷静思考一下，别那么慌张，站在一旁躲避人流，就不会因为"不知道是什么的危险"而让自己陷入"确定的危险"之中了。事实上那些在该事件中用非 SR 思维处理的人也避免了受伤。

　　关于如何在 SR 之间加入思考，这里提供三个小技巧，叫"思前""想后""几分钟"：

　　1. 思前。这是在面对某种刺激或突发境遇时，给自己一点儿时间来思考其出现的原因。多观察、多判断、多分析，不要急于做出反应。

　　2. 想后。这是想清楚自己接下来要做出什么反应才显得更加合理、得体，这样也有可能避免快速反应带来更糟的状况。

3. 几分钟。这就是字面意思，即给自己几分钟时间。尤其在职场上更应该学会延迟一些时间。

第三点我多说一些。当遇到别人推荐新的方案、开会讨论出重要的提议、商场导购给出空前的优惠或者投诉客户提出奇怪的要求时，人很容易头脑发热，失去理智，让情绪占据上风。这时最好给自己几分钟时间先冷静下来。这个冷静的过程并不需要思考太多，你只需要让发热的头脑"冷却"下来就好，避免受突然爆发的情绪左右。这时，更恰当的选择、做法、方案就会自然而然地浮现出来。当然，几分钟只是一个大概的时间，对于一些简单的事情也可以缓和几秒钟再做决定，不必刻意让自己表现得很迟钝。

SR 是一种快速反应，非 SR 是深思熟虑。二者都有存在的价值。强调非 SR 只是希望我们能够把"思"端平，分事而行。

金字塔原理

——来自"顶尖"的思考、分析与表达技巧

"你到底想表达什么？"

在信息传递过程中，无论是口头交流、汇报工作、写文章、制作 PPT 还是其他表达方式，你有没有遇到过"怎么说都说不清楚，越说越让人感到迷惑"的情况？如果有，那么用金字塔原理就可以解决。

金字塔原理（Pyramid Principle）是麦肯锡咨询顾问巴巴拉·明托（Barbara Minto）提出的一种层次性、结构化的思考、沟通方法。它包含了如"结论先行、以上统下、归类分组、逻辑推进"等十分具有实操性的观念方法，即在交流中先提出结论，然后逐层论证和解释，将问题分成不同的组别并归类，最后按照逻辑顺序推进论证。每个上层的核心结论都由下层的几个论据支撑，而每个论据本身又可以作为一个子结论被更下层的论据支撑……这样就形成了金字塔形的结构，因此这个原理被称为"金字塔原理"。

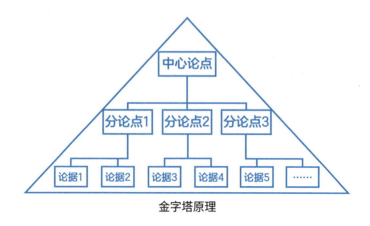

金字塔原理

金字塔原理本身所传达的信息很容易理解，就是一个"先抛出核心，然后逐步解释"的过程。如果核心是一个问题，那么下面可以分多个方面进行剖析或者提出几个子问题来进一步展开；如果核心是一个计划，那么下面可以介绍计划的具体推进方案或者列出各个阶段的指标；如果核心是一个观点，那么下面可以列举各方面的证据、数据和案例来支持这个观点。

可以看出，金字塔最重要的就是要有一个明确的"塔尖"，也就是首先要提出核心观点。这可以解决"别人听了半天不知道你想表达什么"的问题。如果一个人说话时喜欢东拉西扯，半天说不到重点，多半是因为没有做到结论先行。金字塔原理要求我们先将话说到点子上，然后再解释为什么，即使后面再东拉西扯，别人也知道你围绕的是什么了。

无论是口头汇报还是书面呈现，金字塔原理都可以帮助你同时做到全面和高效。全面性是因为金字塔结构本身具有延展性。它可以根据核心信息的高度、深度和复杂程度以及实际沟通所需要的详细程度，不断向下细分。高效性则是因为它要求结论先行。如果对方已经理解或信任你或者对于某些信息存在共识，你就不需要再浪费时间对各种前提、原因、具体做法进行过多解释，可以跳过本环节并迅速进入下一个沟通环节。

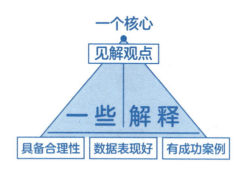

如果你知道金字塔原理，但在日常工作中却无法很好地应用，我可以分享一个简单的"三字经"技巧给你：表达啥，一句话；因为啥，一二三。

表达啥，就是提醒自己，把向对方表达的重点内容先说出来。

一句话，就是强迫自己，尽量用一句话把它说明白，力求做到精简内容，避免啰唆。

因为啥，就是告诉自己，要对表达什么进行解释说明，让对方更好理解你表达的重点。

一二三，就是强迫自己按照第一、第二、第三这种方式把对结论的解释内容说出来。这种说话习惯可以倒逼自己说话更有逻辑，不论时间、空间、结构、类型，还是观察角度、重要程度等。

这个"三字经"可能不够严谨，但易于理解，便于使用。对于吸收知识这件事，比严谨表达更重要的是先降低理解门槛。先理解了，用起来了，然后再慢慢丰富它，使它更严谨，这才是更有效的消化知识的过程。

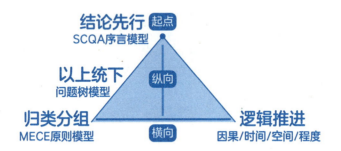

此外，对于金字塔原理更详细的表述，如横向和纵向方面的考虑因素，以及 SCQA 序言模型、MECE 原则、问题树、时间、因果、条件、程度等逻辑结构的详细阐述，都是对金字塔结构的贯彻和强化。如果你想更系统地掌握金字塔原理相关的知识，不妨进一步了解一下这些内容。

MECE 原则

——思考有结构，分析有条理，表达有逻辑

MECE原则是麦肯锡咨询顾问巴巴拉·明托在《金字塔原理》中提出的一个重要原则，全称是 Mutually Exclusive Collectively Exhaustive，中文意思大概是"相互独立，完全穷尽"。这个原则指的是在将一个重大议题分解成更小的对象时，要做到不重叠、不遗漏。

比如，电脑类型分为台式、笔记本和平板三类，这样分类就存在重叠（平板电脑也属于笔记本电脑的一个分支）。手机系统分为 Harmony、Android 和 iOS 三类，这样分类就存在遗漏（因为还有 BlackBerry OS、Windows Phone、Symbian 等）。如果想避免这种问题，我们就需要坚持 MECE 原则。

然而，我们在工作中面对的课题往往比上面的例子更加复杂，那么如何避免在课题中出现重叠和遗漏呢？这里给大家介绍 MECE 原则下的五种具体方法：

1. 过程法

过程法是按照事情发展变化的流程进行拆解。例如，将生产流程拆分为"前、中、后"的不同工序，将计划推进拆分为"A、B、C"等不同阶段，将业务操作拆分为"1、2、3"等不同步骤，直到得出最终结果或者到下一个循环开始。这样可以在不重叠的前提下，保证没有遗漏。

2. 二分法

二分法是把整个内容拆分成两部分，并要保证两部分是非此即彼的关系，就像是一对反义词或对应词，比如白天和黑夜，国内和国外。使用这种方法，需要排查是否有"中间层"存在。比如将内容分成"上午"和"下午"时，要不要考虑"中午"？将内容分成"上级"和"下级"时，该不该有"同级"？在不重叠的基础上保证不遗漏。

3. 矩阵法

矩阵法是把二分法用两次交叉形成四个象限，例如，时间管理的四象限法则（又叫艾森豪威尔矩阵）是将紧急不紧急、重要不重要两个二分法交叉，把时间分为"紧急且重要""紧急不重要""重要不紧急""不紧急不重要"四个象限，这就是矩阵法。矩阵法运用非常广泛，比如波士顿矩阵、SWOT 分析、乔哈里视窗等，都是非常经典的矩阵分类法。

4. 要素法

要素法是根据核心对象的不同要素进行拆分，将整体划分成不同的组成部分。例如，一栋居民楼可以按照"一、二、三单元"或"一、二、三层楼"进行划分；一个群体可以按照"年龄、职业或收入"的不同进行分类。需要注意的是，分类应该是在"一个维度"上一分到底，否则就会出现重叠和遗漏的情况。

5. 公式法

公式法是按照现有的数学公式进行拆分。由于数学公式本身具有足够的严谨性，因此直接使用即可。例如，可以将成交金额拆分为客流量和客单价（成交金额 = 客流量 × 客单价）；研究提升利润可以从提升价格和降低成本两方面入手（利润 = 价格 − 成本）。只要公式正确，就不会出现重叠或遗漏的情况。

如果觉得以上五种办法一时难以消化，我这里还可以提供一个比较万能的 MECE 口诀给大家，叫"单主题，一维度，前主要，后其他"。

比如在传统燃油汽车这个单一主题下，我们从系统装置这一个维度来看，它主要由三部分组成，包括发动机、底盘和车身，除此之外，还有其他设备。

如果我说"只有三部分"就不严谨，若说"主要有三部分"就没争议。后面再加个其他，那些无关紧要的、不想提及的或者没想到的，就都能囊括进去。这样在形式上也能满足严谨性，在内容上也更具有完整性，同时还省去了处理大量弱相关信息的精力。

MECE 原则最初是用于帮助咨询公司的分析人员找到所有关

键因素，从而能够更准确、更全面地找到问题的症结。它在《金字塔原理》中发挥着非常关键的作用，也是麦肯锡解决问题的重要法则。虽然 MECE 并不是一个直接解决具体问题的工具，但它是一种能帮助我们更好地解决问题的思维方式。

换句话说，MECE 原则除了能够让我们"思考有结构，分析有逻辑，表达有条理"以外，还可以帮助我们在自认为没有办法的时候，发现一个被自己忽略的角度；同时也会在我们自认为已经找到解决办法的时候，再帮助我们发现一个更好的解决办法。

联想到 MECE 的读音，它与"me see"（我明白）非常相似（当然这里 me 是 I 的宾格，不合乎语法），它蕴含了"作为客观存在的'我'，可以'看清'更多当下未知"的妙趣。

问题树

——树的答案在叶子的背面

如果有人问："我的学习成绩不好，该怎么办？""我没有对象，该怎么办？""我的企业人才不够用，该怎么办？"最直接的回答是："成绩不好就努力提高成绩啊！""没有对象就去找对象呀！""人才不够用就招人呗！"

有人说，问题的背面就是答案。然而问题越简单，背后的答案却越没用。这就如同上面三个问题的直接答案。

怎样才能真正有效地解决这些问题呢？

麦肯锡公司有一种常用的分析问题和解决问题的工具，叫问题树（Issue Tree）。它的原理是把一个问题当树干，弄清这个问题与哪些因素有关。每想到一个，就给这个树干加一根树枝。每根"树枝"上还可以有更多更小的树枝。以此类推，以找出与问题有关的所有因素。问题树可以帮助我们演绎逻辑，分析问题，所以它又叫演绎树、逻辑树、分解树。

当有人再问你"学习成绩不好该怎么办"时，你不要直接告诉他去"努力提高成绩"，这是个无效答案。像这种抽象的问题，如果没有被详细拆分，那么它背后的答案就缺乏指导意义。**问题树的价值，就在于能把一个抽象问题不断细分，让抽象问题变得足够具体，而问题越具体，其背后的答案就越具体，越有指导意义。**

面对"学习成绩不好"这个问题时，你可以先按照 MECE 原则的公式法拆解出具体的学科，看看究竟是哪一科成绩不好，再弄清这一科的成绩为什么不好；然后按照二分法原则，将问题分解为外部问题和内部问题。先分析外部问题，是题目难度大还是老师讲课的节奏快，或是换了老师不适应……接着再分析内部问题，也就是弄清"自己"有什么问题，是上课听讲不认真还是课后复习不足，或是感觉知识体系混乱难以把握……

分析到这里，问题就比较具体了。接下来你再"翻开"每个具体问题背后的答案。如果是因为换了老师不适应，那就多与新老师接触，尽快适应他的教学方式；如果是知识体系混乱，那就耐心梳理一下最近的知识点，这比你盲目地多做几页练习题更有效果。

问题具体了，背后的答案也就有了指导意义。**问题树"翻个**

身"，背面就是答案树。

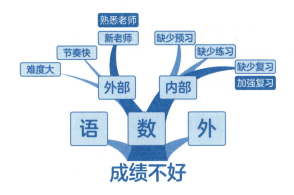

　　再回到刚开始的问题：如何提高自己的学习成绩？答案可以具体化为：与新的老师多沟通，并做阶段性的知识点梳理。这才是有意义的答案。

　　在职场中也一样。企业人才流动快，招不到人，这个问题的直接答案要么是放宽要求扩大开口，要么是提高薪资吸引人才。答案很笼统。如果用问题树来解决，就可以按照 MECE 原则中的流程法来拆解人才的出入过程，分为"入职""在职""离职"三个阶段。

　　入职阶段，我们可以把上面例子中"学习成绩为什么不好的问题"替换成"人为什么招不到的问题"并进行拆分。除此之外，在员工离职阶段也可以做一些努力，比如除了提薪留人外，是否可以组织一些团建活动或者关照一下员工的日常生活，让员工更有归属感？在职阶段，可以考虑在工作期间直接培养人才，比如搭建完善的培训机制，让企业需要的人才在内部直接产生。这样就不会总是面临一边招不到人、一边还留不住人的尴尬局面了。

运用问题树进行分析的意义是，当我们面对一些复杂问题时，它可以更好地启发我们寻找更有意义的具体答案。另外，当问题树贯彻 MECE 原则后，我们也更容易发现之前被我们忽略的部分信息，找到更好的答案。

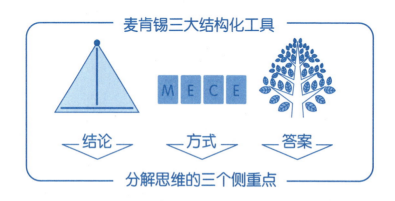

金字塔原理、MECE 原则与问题树是麦肯锡著名的三大结构化工具。我们也可以把它们理解为同一种分解思维的三个侧重点：一个侧重表达结论（金字塔原理），一个侧重分析方法（MECE 原则），一个侧重寻找答案（问题树）。三种可以相互作用，共同发力。

比如，当你把金字塔原理作为思考工具而非表达工具时，问题树就可以成为金字塔的骨架；当你用一个问题点亮金字塔的核心，赋予问题树一个灵魂时，你就能找到你想要的叶子；接着，在 MECE 原则的引导下，你就更不会丢掉任何一片自己想要的叶子了。

曼陀罗思考法

——展开思考的脉络

从古至今，人们对于思考方式的研究从未停止。究其原因，我们都渴望找到一种既能够激发创新思维，又能有效整理信息的方法，为个人成长和事业发展提供指引。曼陀罗思考法正是这样一种强大而高效的思考工具。

"曼陀罗"一词本为佛教术语，有"得到本质"的意思。日本的今泉浩晃博士从西藏密宗唐卡中的曼陀罗图案中获得灵感，发明出一种思维扩展技术——曼陀罗思考法，并在《改变一生的曼陀罗 MEMO 技法》一书中提出。它与传统思考方式最大的不同在于它是一种"视觉"思考法，也就是可以利用视觉化工具（九宫格）来辅助人们高效思考，因此又称九宫格思考法。

1. 两大要素

曼陀罗思考法主要包含两大核心要素：九宫格工具与核心主题。

（1）九宫格工具

人们在思考过程中遇到的最大问题往往是无效的念头太多。这不仅对思考的目标没有帮助，而且对思考的进程也会产生影响。九宫格工具作为一种视觉化的思考辅助工具，可以将大脑中的很多复杂想法变成一个格子里的所有要素。这样，我们便能立即判断其是否有效、是否与思考目标相关，由此去掉无效念头，保障思考的质量。

（2）核心主题

如果说思考目标是终点，那么"核心主题"就是思考的起点。所有的思考都应围绕核心主题展开，否则思考将没有根基。如果将整个思考过程比作一段旅程，那么核心主题就是旅行者手中的"指南针"，确保旅行者前进的方向（思考的方向）始终指向终点目标（思考目标）。

曼陀罗思考法就是将这两大核心要素结合起来应用的。它将核心主题作为整个思考的起点，写于九宫格的正中央，这样就给九宫格定了性。其他格子的内容都要围绕正中央的核心主题展开。

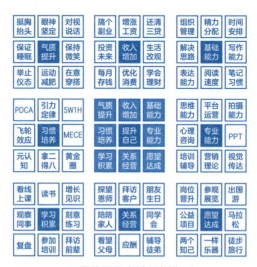

用曼陀罗思考法规划生活

2. 两种用法

曼陀罗思考法的主要使用方法有两种，一种是扩散用法，另一种是深挖用法。

（1）扩散用法

这种方法是围绕"核心主题"向四周扩散的，适用于激发灵感、寻找创意。你可以不用对自己的思考设限太多，天马行空也无妨。把你想到的东西都写下来，你就可以在这个过程中得到新的启发，进一步激荡大脑想出更多。具体使用步骤如下：

第一步，在九宫格中心位置写下将要思考发散的核心主题作为思考的"辐射源"。

第二步，以核心主题为基础辐射扩散，也就是在相邻的八个格子中写下与核心主题相关的想法。

第三步，以当前九宫格作为中心，再向左上、上、右上、右、右下、下、左下、左八个方向上画出八个新的九宫格。每个新九宫格分别对应基础九宫格的八个想法，然后基于这八个核心想法，继续在新的九宫格中写下它们的关联想法，如下图所示。

第四步，以此类推，直至辐射发展出你认为可用的创意或想法。

（2）深挖用法

使用这种方式，我们需要选定九宫格中的一个主题，并据此展开新的九宫格，继续深入挖掘解决问题的答案。它的使用步骤如下：

第一步，还是在九宫格中心位置写下核心主题。

第二步，以核心主题为基础，向四周扩散探索。在核心主题相邻的八个格子中写下八个"关联主题"。

第三步，以当前九宫格作为核心九宫格深度探索，即向八个方向再画八个关联九宫格。

第四步，以核心九宫格的八个关联主题作为其他八个关联九宫格的核心主题进一步深度探索，分别再写下八个新的主题。

第五步，继续下去！直至挖掘到你认为"可以达成目标或解决问题"的深度。

注意：在向下挖掘时，当遇到"不适合继续挖掘的点"就要停止。没必要把每个方向上的元素都作为挖掘点一直向下挖掘，那样会造成精力浪费。

虽然深挖用法也是一种曼陀罗式的"展开"，但它与扩散用法是有一定区别的。辐射扩散的新九宫格的想法只需要与基础九宫格中的想法有弱关联即可，主要目的是求想法的量；而深挖用法中，扩散九宫格的核心主题必须是基础九宫格中的关联主题，一字不差，主要目的是专注解决核心问题。如下页图所示，对基础九宫格中的 1 延伸，引出关联九宫格 1.0。1.1 到 1.8 的内容不仅要紧紧围绕关联九宫格的 1.0，也就是基础九宫格中的 1，也要紧紧围绕基础九宫格中的 5（核心主题）。这就是强关联。

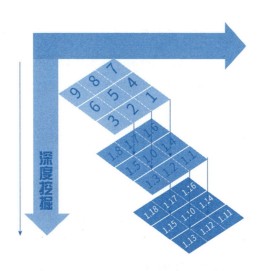

比如，做好工作（核心主题，基础九宫格 5）→写方案（基础九宫格想法 1/ 关联九宫格主题 1.0）→创建 PPT（关联九宫格 1.1）。从做好工作到写方案再到创建 PPT 之间就是强关联，都是围绕如何做好工作而展开的。前面 **"用曼陀罗思考法规划生活"** 的曼陀罗思考图就是这种深挖用法。

以上是曼陀罗思考法的两种主要用法。扩散用法类似于个人版的"头脑风暴会"，深挖用法可以作为"诺依曼思维"的具体拆解工具，同时也可以作为"问题树"的求解具体答案的工具。

3. 两个优势

曼陀罗思考法的优势包括两点。

（1）创意数量庞大。 曼陀罗思考法能打破传统思考杂乱无章、思考维度偏窄的限制。创意是将已知元素重新组合。曼陀罗思考法可以将这些大量相关的内容同时展现出来，方便组合新创意。

（2）**思考质量很高。**曼陀罗思考法是将"想到"转化成"看到"的过程。这个过程就已经筛除了原来在脑子里出现的偏离主题的想法，保证思考的产出可以维持在一定水准之上。

4. 两点注意

使用曼陀罗思考法需要注意两点：一、别死守九九；二、要逻辑归一。

（1）别死守九九

意思是，不要受到九宫格"九"的限制。比如分解某项工作都有哪些板块，发现它本来就不足八个，那就不必强行凑数；而当进行创意思维时，如果关联出来的想法不止八个，那就不必受到九宫格的限制。九宫格只是帮助发散的工具，而不是规矩。

（2）要逻辑归一

也就是，一层九宫格归于一个逻辑。延伸想法可以用不同的逻辑，如因果、条件、从属、时间、演绎或归纳等，但最好在一个九宫格中只用一种逻辑。如果混用了多种逻辑，延展过程中就会导致思考混乱，不出效果。

曼陀罗思考法用处很多，它能帮我们打开思路、发散思考、制订计划、厘清头绪、整理知识、解决问题。曼陀罗的九宫格结构，与佛教的金刚曼陀罗图案非常相似。相传，今泉浩晃正是从中得到启发，找到了"把抽象的思考具象化"的门路。另外，还有一种花，名字也叫曼陀罗。这让我不禁联想它与思考过程的相似性。思考，就是从一个问题出发，当中心的花蕊被你的主题点醒，它的花瓣会随着你的思考而展开，你的智慧便得以绽放。

六顶思考帽

——切换思考的角度

六顶思考帽（Six Thinking Hats）是"创新思维学之父"爱德华·德·博诺（Edward de Bono）开发的一种思维训练模式，也是一个全面思考问题的模型。它可以使混乱的思考变得清晰，使群体的争论变成集思广益的创造。

具体来说，六顶思考帽是指使用六种不同颜色的帽子来代表六种不同的思维：

白色帽子象征白纸，代表不包含任何色彩、偏见的中立与客观，负责收集整理信息和数据，并区分这些信息中哪些是事实、哪些是观点，但不会对这些信息进行评估，更不能加入主观的喜好。

绿色帽子象征生机，代表创造力和想象力，负责表现可能性、变化性、创意和变革。它没有正面负面，不论是非对错，只要大胆地展开想象就好，因为其他帽子都需要绿色帽子的启发。

黄色帽子象征黄金，代表价值和肯定，负责表现正面的、乐观的、满怀希望和建设性的观点。它可以对白帽进行评价，也可以对绿帽给出的结果进行正面判断。

黑色帽子象征黑暗、负面，代表风险，负责运用否定、怀疑的看法以及合乎情理的批判来发表负面意见，找出逻辑上的错误。它相当于野马的缰绳，能控制住绿帽天马行空的想法，也能质疑黄帽的判断。

红色帽子象征热情，代表着直觉与情绪，负责表现自己的感受和预感等。它可以尽情表达、释放自己的好恶，不需要提供佐证，也不需要解释原因。红帽也是六顶思考帽中最不需要"思考"的一顶帽子，因为人们对任何事物都会有一些难以言表的直觉。如果不让这些充满巨大内驱力的非理性因素参与进来，那么未来这种被长期压抑的情绪，比如特别喜欢而不被看好的事情不能做、特别讨厌却似乎正确的事情不得不坚持，会对决策后的行为产生巨大的阻力。人在毫无理性和理性到极致状态的时候，感性就会发挥巨大作用。这也是红帽必须被纳入思考角色中的主要原因。

蓝色帽子象征冷静，代表天空，是一顶控制其他帽子的帽子。它不参与思考，只负责控制和调节思考，包括前期规划各种帽子的使用顺序、使用次数，中期控制它们的思考深度和思考时间，后期负责推出最终的结论。

简单来说，**白色负责"找找找"，绿色负责"想想想"，黄色负责"对对对"，黑色负责"错错错"，红色负责"哈哈哈"和"呜呜呜"，蓝色负责"排排队"。**

有人可能觉得"六顶帽子模型"的思维并没什么稀奇的，但实际上，这个模型的关键并不在于这六种思维，而在于我们对这六种思维的"运用"。

首先，思考者在同一时间内只能戴一顶帽子。不论是个人思考，还是团队讨论，都不能同时存在两种以上的声音。比如，收集信息时说这个没用、那个好，批判时还要接受对批判进行批判，这样就会导致思维混乱，相互扯皮。

其次，六顶帽子要戴就戴全。很多人在自己思考或团队讨论时都是随便戴一戴，要么一顶帽子戴很久，要么六顶帽子戴不全。比如一味地输出不满情绪或者一味地给予否定和批判，白帽随便戴一戴导致信息收集不完整，只戴蓝帽子搞形式推导不出有效的结论，等等。这就不能使六顶帽子有效地发挥出各自的价值。

最后，帽子的顺序并不固定，需要根据不同的课题进行调整。比如开会，如果会议需要对现有方案得出结论，那么步骤可以这样：蓝→白→绿→红→黄→黑→绿→红→蓝。

蓝色帽子：确定会议主题及需要达到的效果；

白色帽子：陈列问题和事实；

绿色帽子：针对问题提出建议；

红色帽子：凭直觉筛选出解决方案；

黄色帽子：列出方案带来的效益；

黑色帽子：列出方案存在的问题；

绿色帽子：进一步解决列出的问题；

红色帽子：再次筛选解决方案；

蓝色：总结结论。

同样是会议，如果需要在会议中产生一个方案，步骤就可以这样：红→黄→黑→白→绿→黑→红→蓝

红色帽子：凭直觉先给出一个方案；

黄色帽子：找出方案的优点；

黑色帽子：指出方案的不足；

白色帽子：为方案补充信息；

绿色帽子：改进补充后的方案；

黑色帽子：对改进后的方案再次提出批判；

红色帽子：再次针对方案给出直觉判断；

蓝色帽子：确定方案。

从上面的三个要点可以看出，每一顶帽子的功能虽然是固定的，但不是独立存在的。谁在前谁在后，作用也都各不相同。这也提醒了我们在做比较重大的决策前，最好多用以上六种思维模型转换思考角度，这将会帮助我们得到更加理想的结果。

STP 市场细分理论

——想要分析，先要"分细"

所谓市场，其实可以看作整个社会在交易层面上的表现。社会上的人就是市场中的客户。社会上什么人都有，市场上的客户也一样。在市场中，他们也都有同样复杂的生物属性和社会属性，包括年龄、性别、收入、身份、角色、地域、习惯、观念等。市场中的企业，也可以根据自身的特性，进一步细化、组合这些属性，例如，针对教育的观念、孩子的年龄、长期的愿望、短期的目标、眼睛的健康、过敏的肌肤、偏胖的身材等。

如果一个企业，想要保证营销战略的有效性，就必须结合自身的产品和服务，按照客户的属性，对市场进行细分。这就要提到 STP 市场细分理论。

市场细分概念是由营销学家温德尔·史密斯（Wendell Smith）在 1956 年最早提出的。此后，现代营销学之父菲利浦·科特勒（Philip Kotler）进一步完善了这个的理论，并最终形成了 STP 理论。它是一个在营销领域至关重要的框架，包括三个基础要素。

S（Segmentation，市场细分）：将一个大市场按照某些属性
（标准或维度）划分成不同的小市场。

T（Targeting，目标市场选择）：根据自身优势、产品特
性、发展战略，对每个小市场进行评估，选择其中一个最优的小
市场。

P（Positioning，市场定位）：在这个小市场中，对自身产品
和服务进行包装，并开展营销活动，为用户提供价值，最终实现
产品销售，获取企业利益。

掌握 STP 市场细分理论有很多好处：首先，它可以帮助企
业发现新的市场，从而扩大业务范围和市场份额；其次，通过市
场细分，企业可以将有限的资源更加合理地分配到细分后的目标
市场中，提高资源利用效率和投资回报率；最后，市场细分能为
企业制定或调整营销策略提供更有力的依据，使营销活动更加精
准、有效。

市场就是产生交易的场。这个场，有几乎无限的财富潜能，
当你选择了一个准确的角度切入，就可以从这一角度挖掘出新的
"矿藏"。

很多所谓的新市场，其实就是旧市场的新角度。STP 就是发
现市场新角度、凿出市场新矿脉的利器，然而"发现"和"凿

出"并不算"得到"。获得明确的市场定位只是营销行动的起点。如果我们以实现商业结果为导向，那么在 STP 之后，我们还需要建立一条完整的行动链路，以确保 STP 的市场定位能够真正转化为实际的商业成果。

这条行动链路由两个关键步骤构成：营销地点（Site）和客户触达（Touch）。

营销地点：选择目标客户经常出现的地方、现场或网络站点，包含"现实"和"虚拟"两类地点。

现实地点可以是他们驻留的场所，如广场、咖啡馆、健身房、图书馆，也可以是流动场所，如十字路口、车站、地铁、商场大厅；虚拟地点主要是网络上的注意力停留场所，如线上购物平台、社交媒体或视频网站等。

客户的注意力在哪里，营销的焦点就在哪里。因此，不论目标客户群的实际生活动线如何，我们都需要密切关注他们所关注的地点和事件。这样可以让产品更加容易地"触达"他们，提高传播效果和转化率。

客户触达：让产品或服务接触到客户，促使客户产生购买行动，包含"触碰"和"触动"两个层面。

触碰，是对实体产品的直接感知和体验。这涉及客户对产品功能的实际操作、对服务流程的互动参与，以及与品牌代表面对面交流。通过亲身体验，客户能够更深入地了解产品的优势和特点，从而在心中建立起对产品的初步认知。

而"触动"则是在心理层面、精神层面或情感层面上获得共鸣。这意味着在提供产品时，要关注客户的情感需求，创造令人愉悦的体验，让客户感受到品牌所传递的价值和意义。当客户在情感上得到满足时，他们不仅会对产品产生好感，还可能将其推荐给其他人。

在完成营销地点和客户触达之后，它们将与 STP 共同构建一个更为完善的模型：STPST。

STPST

STPST 思维还可以在人际交往、朋友选择、职业发展等方面发挥重要作用。

S（Segmentation，市场细分）的本质，是对研究对象（可以是未来规划、行业发展、岗位、群体等）进行分类、分割和分析。

T（Targeting，目标市场选择）的本质，是在分析过程中找到几个最有利的突破口，择优切入。

P（Positioning，市场定位）的本质，是结合自身的特点或优势，在已切入的细分环境、关系、部门、岗位或阶段中找到一个适合的、舒适的或有发展机会的位置。

S（Site，营销地点）的本质，是主动接近目标、关键项目、核心战略或关键人员，从中寻找接触机会。

T（Touch，客户触达）的本质，是做好充足的准备，一旦与目标接"触"成功，就要把自己的优势或行动计划展示出来、推进起来，最终"达"到目的。

可以看出所谓的 STPST 就像一个层层递进的"梦想框架"。这个框架能让梦想从"抽象"到"具象"，从"发现"到"实现"。

3C 战略三角模型

——求胜图存，从分析这三个要素开始

　　3C 战略三角模型，由著名管理学家和经济评论家大前研一提出。这个模型表达了成功的战略有三个关键因素，分别为公司本身（Corporation）、顾客（Customer）、竞争者（Competitor）。这三个因素形成三角关系，制定任何经营战略时都必须将它们考虑进来。大前研一还强调：只有将公司、顾客与竞争者整合在同一个战略内，竞争优势才是可持续的。

本质三角

这三个要素分别扮演着不同的角色，分别是：己方、供养方、掠夺方。公司自身代表了己方，公司顾客代表了供养方，竞争对手代表了掠夺方。掠夺方会掠夺与己方共有的顾客。顾客拥有自主选择权，可以决定将钱支付给谁（供养哪个企业）。公司和竞争对手谁能给顾客带来丰沛的价值，顾客就会向谁付钱。

进一步提炼，三者的关系是这样的：

1. 己方和掠夺方都需要供养方提供养料来供养；

2. 己方和掠夺方都需要向供养方提供价值才能交换养料；

3. 己方需要比对手提供更多价值，才可以交换更多养料。

三者的关系是在资源有限情况下的零和博弈。要想在这场博弈下胜出，就必须把握一条战略核心：己方所提供的价值必须是供养方需要的并且比掠夺方更有优势。

迁移三角

把握了 3C 模型的战略核心之后，我们就可以摘除"公司发展战略"这一前提，将该模型运用到其他地方。只要你所处的局势是在资源有限的情况下与竞争对手零和博弈，就可以使用 3C 模型来制定自己的竞争战略。下面是几个例子。

> 竞争环境 1：职场竞聘
>
> 三角角色：自己、其他求职者、公司
>
> 战略核心：在公司比较关注的人才能力上，表达 / 表现 / 包装得比其他求职者更有优势。

> 竞争环境 2：商业竞争
>
> 三角角色：自己、其他竞标单位、招标方
>
> 战略核心：在招标方更关注的项目细节点上，提供比其他竞标单位更优质的证书、案例、解决方案。

> 竞争环境 3：情感追求
>
> 三角角色：自己、情敌、女朋友
>
> 战略核心：自己在女朋友比较关注的几个价值点上，做到比情敌更细心、贴心、耐心。

另外，在一个团队中，任何一个成员若希望获得比其他成员更多的上级资源倾斜，在一场比赛中，任何一个选手若想获得比其他人更高的分数，在项目评比中，任何一方参选者若想获得更多扶持等，都或多或少需要 3C 战略思维的指导。

什么是战略

这里需要明确一点：战略指导不是战术指导。

总有人混淆战略、战术这两个概念，并天真（贪婪）地希望在一个思维模型中得到适合自己的且足够详细的答案（计划）。因此我认为强调"战略不是战术"这一点，始终都有必要。

战略不是具体的步骤指导，不是让你在具体行业的具体阶段，根据具体情况做出的具体计划。它是在你不知道接下来该怎

么突破僵局时为你指明的一个方向。

有很多人在面对情敌的强大攻势、面对其他竞标单位的专业资质、面对其他求职者的丰富履历时，还没开始行动，就蒙了、被震慑住了，内心先打了退堂鼓，自己给自己造了颓势。

在这种状态下，如果"旁边有个声音"告诉他："别看那个男的追求攻势猛烈，她根本不感冒""别看那个公司资质很多，但对于项目来说都不对口，并不是招标方需要的""别看那几个人都有海外留学经历，但你的优势是对国内情况更了解，你才是对方更需要的人才啊""所以别灰心，好好想想你的优势，好好想想'供养方'真正想要什么；不要看其他竞争者多精彩，精彩未必有用！"这些"旁边的声音"就是战略。听见了这个声音，他一定会重拾信心，找到方向，展开下一轮攻势。

所以说，战略并不负责告诉你具体怎么做，但它有能力让你知道自己该做什么。

PEST 分析模型
——做重大战略前必分析的四个方面

PEST 分析模型，是由格里·约翰逊（Gerry Johnson）和凯万·斯科尔斯（Kevan Scholes）两位学者在《战略管理》一书中提出的。它主要用于分析企业或行业面临的宏观外部环境。

PEST 分析模型包括政治（Politics）、经济（Economy）、社会（Society）和技术（Technology）这四个因素，因此也被称为 PEST 分析法或 STEP 分析法。

在英语中，PEST 有"害虫"的意思。人们可能觉得寓意不好，所以更愿称其为"STEP"，意思为"阶段，步骤"。然而，这个模型包含的是四个相互独立的类别，并不存在明确的次序，所以将其称为"步骤"并不贴切，还容易产生误解。因此在中文语境中，人们更倾向于称其为"PEST"。

PEST 分析法的具体内涵

具体来说，PEST 分析法包含以下四个分析类别：

Politics：政治方面有国际关系、局势、制度、方针、地方政策、相关法规等。

Economy：经济方面有发展水平、规模体量、增长率、收入水平、消费结构、储蓄信贷等。

Society：社会方面有人口结构、价值观念、道德水平、信仰、风俗、审美偏好等。

Technology：技术方面有高新技术、工艺技术和基础研究的突破性进展等。

以上是大体情况，不同行业和企业在每个分析类别下的具体内容会有所差异，不过也因为这种差异，PEST 衍生出了几种不同的变体。

PEST 分析法的变体

SLEPT（Social 社会，Legal 法律，Economic 经济，Political 政治，Technological 技术）——把法律法规单独拿出来重点研究。

PESTLE（Political 政治，Economic 经济，Sociological 社会，Technological 技术，Legal 法律，Environmental 自然环境）——把

自然环境拿出来重点研究，所以那些对气候、光照、空气湿度、土壤作物有要求的企业在建厂选址的时就要重点考虑 PESTLE。

PESTLIED（Political 政治，Economic 经济，Social 社会，Technological 技术，Legal 法律，International 国际环境，Environmental 环境，Demographic 人口）——把人口从社会中单独分出来重点研究。

STEEPLE（Social/Demographic 社会 / 人口，Technological 技术，Economic 经济，Environmental 环境，Political 政治，Legal 法律，Ethical 道德）——将法律、道德、人口、国际环境从原来的类别中单独分出来重点研究。

这些变体都是根据特定企业在特定决策阶段，把从属于 PEST 当中的板块单独提取出来而生成的。也就是说，哪种分析方式更合理，还需要根据使用者的具体需求而定。

PEST 分析法对使用者的要求较高、没有一定的水准比较难驾驭。它需要使用者掌握大量充分且专业的资料并对分析对象有深刻的理解，否则的话，最后结果要么不够全面，要么不够严谨，要么不够准确，要么不够深入，要么分析得太多，导致分析者在"适可而止的解脱感"与"坚持到底的崩溃感"之间反复横跳，备受精神折磨。

PEST 分析法的运用范围包括公司战略规划、市场营销规划、产品经营发展研究、学院报告撰写等，同时也可用于个人决策。例如，在考虑"个人的职业发展方向"或者选择"适合自己发展的城市"时就可以用 PEST 分析法。

PEST 的本质

为什么影响企业发展的主要因素是 PEST 而不是别的?

这是因为 PEST 的四大内容能全面涵盖企业所处的宏观环境。如果将一个企业比作一株植物,那么 PEST 分析法就如同园丁对于植物生长环境的综合考量。园丁需要了解植物的类型,喜阴还是喜阳,哪里有适宜的土壤、合适的光照和最好的气候条件,有没有外来的肥料可以让它长得更好。**对应到 PEST 上,政策就是天,它有阴有晴,但阶段性稳定;经济就是水,它有多有少,时有变化;社会就是土,它有地域性,相对稳定且复杂;技术就是肥,它是能催生、能助长的外力。**

天、水、土、肥,是作物在地里成长的基本条件;先要"因地"才能"制宜",是 PEST 分析模型的基本道理。

波特五力分析模型

——找到所有的"对手"才能赢得彻底的胜利

　　波特五力模型（Porter's Five Forces Model）是由管理学家迈克尔·波特（Michael E. Porter）在 1979 年提出的。他认为在分析行业竞争时，我们不能只关注眼前的竞争者，因为竞争的力量比我们认为的更多。大体上，有五种竞争力量需要考虑。它们分别是：行业内现有竞争者的竞争能力、潜在竞争者进入行业内的能力、跨行业替代品的替代能力、供应商的议价能力和购买者的议价能力。

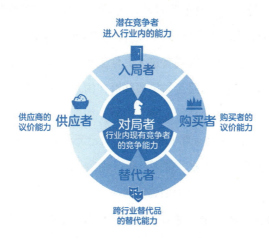

下面分别介绍一下这五个"力"。

1. 对局者：行业内的老对手

这是大部分人都能看见的真刀真枪的对手，且威胁都来自一个维度的竞争，比如产品性能的提升、价格的下探、产品线组合的丰富、营销推广资源的占领与创新等方面的竞争。业内竞争是不可避免的，缓解的办法就是发展并展现自身实力，建立企业护城河，让竞争对手知道吃掉你代价很大。这样，他就不得不选择与你合作，一起想办法把蛋糕做大。

2. 入局者：刚入行的新对手

这是你和你的"老对手"共同的敌人。新对手入局大多看重两点，一是入行门槛低，二是进来很赚钱。这两个诱惑加在一起就会让新对手不断涌入，对你产生威胁。

在这些新对手中也存在大量目光短浅的搅局者。他们不了解业内的生存规则，总想通过低价战、免费战来颠覆格局。他们这种做法杀敌八百自损一千。在爆炸式发展的过程中，缺乏长远打算，很可能越到后面越难支撑，最终"自爆"。让人无奈的是：年年新人有自爆，年年入局有新人。这种前赴后继地"自爆"会给整个行业带来灾难。

为了避免让更多搅局者进入，你就得向外界传递信息：行业里越来越难，越干越赔。如果那些潜在的入局者不信，你还可以通过与老对手合作提高行业准入门槛（如生产专业性、产品标准的提升）。当然，也有聪明的外行，自己不懂，就找懂行的，通过收购一个行业内企业，带资空降，成功入局。

3. 替代者：不是对手但强于对手

这是你和新对手、老对手共同的敌人。那些看起来"人畜无害"和你"八竿子打不着"的对手更可怕。这种对手的杀伤力不可估量，甚至可能破坏整个产业。这就是人们常说的跨维打击、降维打击。例如，当年外卖兴起波及了方便面，网约车、顺风车波及了出租车。

预防降维打击非常困难，但在全球都在颠覆创新的大背景下又不得不防。一般有条件的企业都会主动跨行业渗透，有条件的个人尝试拓展副业，以避免变革来临时措手不及。对于没有足够条件开展跨行业渗透的企业则应该更加关注 PEST（政治、经济、社会、技术）的重要变化，或制造个假想敌（也就是具有潜在威胁的隔行对手）关注其动态发展。

4. 购买者：锋利的韭菜

在波特五力模型中，购买者也可以被视为竞争者之一。强势的购买者会要求你提供更多、更好、更便宜的产品或服务，甚至会"客大欺主"，我称其为"锋利的韭菜"——割掉他们，你也会出点儿血。

这类竞争者通常包括以下几类："你的产品只能卖给他"的高精尖客户；一买能让你吃三年的大客户；有足够储备或者你的产品对他是非必需品的客户；有多个选择的客户等。

"锋利的韭菜"能通过自己的购买决策影响一家企业的销售利润和市场份额。他们可以利用商家内部竞争以获得更美丽的价格和更优质的服务。因此，他们也是不能忽视的竞争者之一。

5. 供应者：硌牙的大米

与强势的购买者相对的就是有实力的供应商。他们能让你付出更多却获得更少，会"店大欺客"。在这些供应商那里购物，就好比你买了掺了石头的大米——能吃，但硌牙。

这些供应商通常有以下几种类型：你只能买他家的，即产品性能独特且在其行业内具有不可替代性的供应商；你不买其他人会买，即拥有众多买方的供应商；动不动就能进入你的行业，摇身一变成为你的竞争对手，即能够自产自销的供应商。

"硌牙的大米"能通过调控自己的供应品质、价格和节奏，影响产品品质、价格和产量，从而影响你的销售成本和产品上市时间等。他们可以利用你和你的对手之间的竞争以抬高价格，"优化"服务。因此，他们也是不能忽视的竞争者。

🧍对局者	🏭入局者	🐸替代者	🍚供应者	👑购买者
价格战	技术门槛	技术突破	对供方可选性	高精尖产品
产品差异化	官方资源	经济发展	供方客源量	产品刚需程度
营销宣传竞争	行业规则壁垒	产业口碑缺口	采购成本	复购率
附加值竞争	利益诱惑	客群习惯变化	供应品稀缺性	大客户购买量
创新迭代技术	预期反制措施	跨行业变革	采购方的要求	跨行业替代性
品牌价值竞争	反恶性竞争力	行业经营状况	供应商集中度	客单价
成本优化竞争	规模要求	政策风向	替代货源	产品可替代性
产品线组合	渠道管控	客户转换成本	供方进销存	行业知识壁垒
进销存能力	学习周期	资本	周期与紧迫度	客户专业度

波特五力模型可以有效帮助企业分析和思考行业的基本竞争态势，是企业制定竞争战略常用的分析工具。

符合自由竞争规律的场合都可以使用这个模型。它能帮你找出达成目标的影响因素。比如，你要追求你心目中男神/女神，你的竞争者包括以下这五类人。

对局者：目前也在追求他/她的人；

236

入局者：最近他 / 她刚认识的异性朋友；

替代者：与他 / 她关系很好的合作伙伴、高净值同事，他们可能会进一步发展关系；

购买者：也就是你的男神 / 女神，他 / 她是否喜欢你这个类型的人并最终选择你；

供应者：能给你提供制造浪漫思路的"参谋"是否真心帮助你，比如他 / 她没准正在暗恋你 / 你的追求对象。

把这些"力"都考虑周到，你才更有把握。

波士顿矩阵

——把自己的棋子布在合适的阵位

波士顿矩阵（Boston Consulting Group Matrix，BCG Matrix）又称为市场增长率—相对市场份额矩阵。它是由全球性企业管理咨询公司——波士顿咨询公司创始人布鲁斯·亨德森（Bruce Henderson）提出的。该矩阵中显示，决定企业产品结构的基本因素主要有两个，即市场引力和企业实力。其中，市场引力包括销售增长率、竞争对手强弱和利润高低等，而企业实力则包括市场占有率和其他资源、资金、技术等。

当一个企业拥有多种产品时，波士顿矩阵能快速分析它们在市场上的表现，确定每个产品所处的"段位"，进而帮助企业制定相应战略。具体而言，我们可以根据销售增长率和市场占有率两个维度划定四个象限，分别是：低增长、高占有的"金牛"；高增长、高占有的"明星"；高增长、低占有的"问题"；低增长、低占有的"瘦狗"。

1. 金牛产品

金牛产品作为企业的厚利产品，是资金的重要来源。它可以滋养其他象限的产品，尤其是明星产品的发展。然而，因为金牛产品自身已经没有进一步发展的空间，所以企业不必过多投入。如果把企业比作一个"家庭"，金牛产品像家里已经参加工作的大儿子，每个月按时给家里钱；而企业作为父母，只需每天下班后给他做一顿饭就可以了。

2. 明星产品

明星产品是企业的未来希望，但它们通常需要汲取大量资金和资源。它像这个家庭中刚考上大学的二儿子，家里会将很多好东西都给他，并期待他毕业后比老大有更好的发展，能多赚点儿钱贴补家用。

3. 问题产品

问题产品具有高增长和低市场份额的特点，但充满不确定性。它就像家里的老三，虽然头脑聪明，但没用到正确的地方。对待他需要耐心引导，让他能重回正轨，最后能像老大、老二那样为家里做贡献。

4. 瘦狗产品

这个就是家里的老四了。他好吃懒做，往家里一待，也不出去赚钱。父母会心里念叨，不行就让老大带带他。实际上，企业通常也会这么做：把瘦狗业务与金牛产品合并管理，如买一送一，组合销售。

基于四种产品类型的情况，在战略选择上，金牛产品采用保持战略，尽量压缩成本，短期获取大量资金供应给有发展潜力的产品；明星产品采用成长战略，追加投入，提高市场竞争力，使其发展成企业主要的获利产品；问题产品采用改进战略，对风险进行评估，或扶持成为下一个明星产品，或放弃成为瘦狗；瘦狗产品采用整顿战略，或将其占用的资源转移给其他产品，或将其与其他产品整合。

我相信肯定有小伙伴和我一样，会对"明星、金牛、问题、瘦狗"这四个看似生动、实际并不那么形象的名称颇有微词。"为啥偏偏是瘦狗？金牛叫金矿不是更好吗？是牛是狗也就算了，为啥四个没有统一，不都是动物？"

如果我们把它翻译回英文版本会更好理解一些。

金牛产品，Cash Cow。翻译成"金""牛"，中文听起来刚硬、强健。可 Cow 的意思是奶牛，Cash 是现金。Cash Cow 是：吃的是草，挤出来的是"钱"的奶牛，代指那种不操心就能赚钱的产品，而且奶牛挤出来的奶，是可以滋养其他产品的。

明星产品，Stars。"明星"没出名之前，养起来很费钱，但未来它能更挣钱。你也可以将其理解为跑得快、体积大的宇宙天体，增速高，体量大。

问题产品，Question Marks。它不是棘手、麻烦的"Problem"，而是充满疑惑的、待解决的"Question"。因此，它应该是一个"待评估或待处理"的产品，需要先标记（Mark）一下。

瘦狗产品，Dogs。英文里只有"狗"，没有"瘦"。可能是最初汉译者觉得这么差劲的产品，就让它更可怜一些吧，于是加了"瘦"字。其实"Dog"这个词，在英文里也有长期困扰、折磨、纠缠的意思。如果这个产品所处行业没有发展空间，产品自身又卖不动，所占市场份额还少，这样"纠缠"下去就是"折磨"，企业想尽早摆脱它带来的"困扰"也就可以理解了。

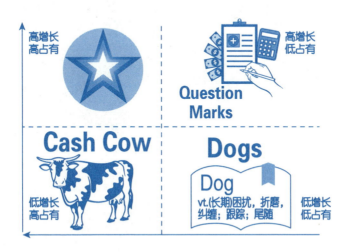

还有一点需要注意，这个模型依据的是"相对"市场份额。

这意味着，这些产品不必与整个市场相比。这一点对于刚起步的企业或新产品比较友好，此时它们还无法与行业领导者竞争，所以应该让它们与相同维度的竞争产品进行比较，找出"相对"的优势和不足，实现当下阶段的突破。如果所有企业都和"龙头"去做绝对化比较，那么在模型中处于腰部或者尾部的那些产品就全是"Dog"了。这就很让人灰心，比起来也没有多大意义。因此，不管企业目前处于什么状态，都应当选择一个旗鼓相当的对手，这样才能更好地应用波士顿矩阵。

对手的"对"，不是"绝对"而是"相对"。面对"相对"的敌手，才会有"对"的战略。

SWOT 分析模型
——调研—提问—分析—解答"一条龙"模型

  SWOT 分析模型是一种应用很广的思维工具。它由哈佛商学院的教授肯尼斯·安德鲁斯（Kenneth R. Andrews）首次提出，并由管理学教授海因茨·韦里克（Heinz Weihrich）进一步"变形"，使之成为实战型思维模型。SOWT 分析模型主要用于制定企业发展战略，现在它被应用于广告、营销、经济、管理以及个人发展分析等领域。

  SWOT 由优势（Strengths）、劣势（Weaknesses）、机会（Opportunities）和危机（Threats）四个单词的首字母组成。

  值得一提的是，在初次接触 SWOT 模型时，有些人会对其四个概念产生误解，把当下现存的有利因素当作优势、不利因素当作劣势，把未来即将发生的有利因素当作机会、不利因素当作危机。根据时间划分有利和不利因素，这种理解不准确。这一点需要注意一下。

  实际上，SWOT 分析是基于"内部和外部、有利和不利"的坐标构建的四个象限，如下页图所示。具体来说，内部的有利因素构成优势（Strengths），内部的不利因素构成劣势（Weaknesses），外部的有利因素构成机会（Opportunities），外部的不利因素构成危机（Threats）。因此，在归类有利因素或不利因素时，我们并不需要关心某一因素是现在已经存在的，还是未来即将发生的。我们只需要清楚它是属于内部自身的还是外部环境的，然后把这些好的因素或是坏的因素归类到相应的象限中。不管是优势、劣势、机会、危机，里面都可以有当下正在发生的和未来可能发生的。

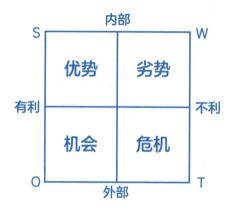

说回来，当我们将各种信息（条件／线索）准确地放入相应的象限中后，分析的工作其实才完成一半。接下来的另一半，需要审视这些线索并进一步推导出可执行的结论。也就是说，将SWOT分析中的四个象限两两叠加，可以推导出具有指导意义的四个问题：

OS（机会与优势）：利用哪些内部优势，能抓住什么外部机会？回答这个问题可以制定出增长型战略。

OW（机会与劣势）：利用什么样的外部机会，可以化解哪些自身劣势？回答这个问题可以制定出扭转型战略。

TS（危机与优势）：利用内部哪些优势，来避免或减轻外部什么威胁？回答这个问题可以制定出突破型战略。

TW（危机与劣势）：在什么外部危机中尽力规避或化解哪些自身劣势？回答这个问题可以制定出防御型战略。

通过这种方式，你可以从现有的线索中，按照"组合填空"的形式找到可以指导行为的答案，也就是具体的战略，如下图所示。

为了更好地运用 SWOT 模型取得良好效果，这里要注意两个关键点：

1. 保持客观态度

在对比自身与竞争对手时，要冷静客观，实事求是。行就是行，不行就是不行。不要因为个人感情或主观意愿影响判断。只有真实、准确地分析自身和他人的情况才能制定有效的策略。

2. 明确重点和优先级

能"拎得清"，能"剪得断"。虽然 SWOT 分析需要全面，但全面并不意味着复杂。在收集信息时，要区分主次，将重要的因素放在前面，不重要的因素可以放在后面或者直接删除。这样在后续进行"组合填空"时，才能更加清晰地得出重点。若前面剪不断，则后面理还乱。

我个人非常喜欢 SWOT 分析模型，原因有三个。

首先，SWOT 分析模型具有很高的完整性，它能完成从梳理独立线索、指导分析到提出问题、指导方向，再到匹配解决因素、指导行为的全过程。说得再明白一点，就是一般的模型要么可以帮你梳理线索，但不负责帮助分析，也不能给出解决方案；要么可以给出指导方案，但具体线索需要你自己想办法挖掘和梳理。SWOT 不仅能够同时完成这两个任务，另外，当我们按照上面四个问题的框架进行组合排列时，答案其实就已经隐藏在我们所寻找的线索之中了，不需要过多思考。

其次，SWOT 分析模型的底层逻辑非常简单而宽泛。正因为如此，模型的通配性或者说普适性较强，大到组织机构，小到家庭、个人，都可以使用。

最后，去掉简化的表格，它的模型坯子就是 MECE 原则中的矩阵法，即二分法叠加后的"四象限"。"四象限"具有 MECE 原则相互独立，完全穷尽的特性，也就是具备够全面、无交集的优势。在这种思维模型下进行思考和分析，思路清晰，没有漏洞，产出稳定。在高风险的商业竞争中摸爬滚打的人一定懂得"稳定"一词的含金量。

SWOT 分析模型全面、实用、简明、通用。一个简单的四象限就可以让人变得更聪明、决策更睿智、行动更高效，值得多用一用。

AISAS 消费者行为分析模型

——商家和消费者都应该懂得的消费行为原理

当消费者进入互联网与无线应用时代，其消费行为也随之产生了变化。基于此，电通公司（Dentsu）提出了 AISAS 消费者行为分析模型，用于分析新时代的消费者行为。这个模型告诉我们，消费者在购物决策过程中通常会经历五个行为阶段。商家可以在这五个阶段里介入营销手段来促进销售。另外，作为消费者也需要了解这五个阶段来保卫自己的钱包。

1.Attention 注意阶段

这是最开始吸引消费者眼球的阶段。商家会在这个阶段使用有趣的封面设计、夸张的广告招牌，或者行销的吆喝、一惊一乍的标题来吸引消费者注意，并引发关注。

2.Interest 兴趣阶段

关注后，他们还要激发消费者产生兴趣。例如，广告开头的提问和共鸣：你还在为掉头发焦虑吗？你准备好迎接挑战了吗？你今天喝了吗？还有天桥戏班子的开场演艺、电影上线前的预告片、文章或视频中的开头设问等，这些动作要么是把最精彩的部分呈现出来，要么是把消费者关心的、害怕的、期待的、焦虑的问题提出来，引导消费者继续探索。

3.Search 搜索阶段

当消费者开始主动搜索，就已经"上钩"了。在这个阶段，商家需要让消费者更容易记住它、找到它、下决断，比如设定一些有助于记忆的、识别性更高的关键词；同时线下的购买渠道也要能做到让消费者随处可见，想买就能轻松找到它；还有产品的功能功效、包装价格等商家都会有所考量。依此，让消费者有较好的体验并促进购买行动。

4.Action 行动阶段

这个阶段是消费者采取行动（下单购买）的阶段。在这个阶段，商家会尽可能地刺激消费者采取购买行动，例如，提供很大的优惠力度，或者利用限时限量的噱头增加紧迫感。此外，商家还会考虑举办一些临时活动或者提供赠品来进一步激发消费者的购买欲望。

5.Share 分享阶段

这个阶段是商家希望消费者去分享的阶段。商家希望在消费者"炫耀"自己的过程中搭顺风车，让消费者替自己做做宣传。很多商家为了让消费者主动"炫耀"，还会设计自带社交属性的产品。比如，被设计成建筑形状的雪糕，餐饮门店好到让人咂舌的服务，具有梦幻色彩的沉浸式舞台表演，可以表达不爱上班态度的 T 恤，以及文创类产品等。由于这些产品能促进消费者社交互动，因此消费者会毫不犹豫地发到社交网络"炫耀"。这在无形之中就帮助商家做了免费宣传。另外，还有一些商家会用"小恩小惠"的奖励让消费者"晒单"，这也是为了达成分享阶段的宣传目的。

Share 这个阶段是最重要的。无论是传播广度还是传播精度，商家自行宣传的效果远不如消费者自发传播的效果。因此商家会想办法通过 Share 这个阶段让更多消费者进入 AISAS 模型，实现良性循环。

AISAS 模式是基于新媒体时代特征而"重构"的分析模式。之所以说是"重构"，是因为在消费者行为学领域有个更早的理论模型——AIDMA（美国广告学家 E. S. 刘易斯在 1898 年提出）。在传统营销中，AIDMA 模型描述了消费者通常会经历的五个阶段，分别是：注意（Attention）、兴趣（Interest）、欲望（Desire）、记忆（Memory）和行动（Action）。这个模型在过去的一段时间里一直被用于对消费者行为的研究，然而随着互联网时代的到来，消费者的生活形态和消费节奏发生了巨大变化。消费者内心的"欲望"和需要沉淀的"记忆"被互联网更加便利的"搜索"和"加入购物车"替代。另外，互联网也让我们可以随时随地分享自己对产品的使用感受。这种用户分享的营销效果也远比过去口口相传更大。基于这种变化，AIDMA 原有的欲望和记忆被换成了二者在互联网上的具体行为，也就是搜索（Search）和搜索后的加入购物车，并在后面增加了互联网的另一个行为——"分享（Share）"。当然，搜索和分享并非互联网的独有行为，实体也常见，不过"互联网"一定是模型更改的最大原因。看起来，思维模型也不都是固定不变的，有的也需要与时俱进。

从微观角度看，AISAS 模型也是消费行为逐级递进的行为逻辑，但如果从宏观的消费系统来看，AISAS 模型背后还隐藏着"逆流"而上的带动逻辑。也就是说，别人扎堆围观某样"感兴趣"的东西，可以引起路边其他消费者的"注意"；如果很多人都在"搜索"某样东西，那么它也可能引起另一些人的"兴趣"；如果某人"分享"了一件新买的商品，那么也会带动他周围朋友去"搜索"这个商品；朋友的"分享"往往会引起小圈子跟风购买的"行动"。

很多商家也会根据这种"逆流"来设计营销，推广商品。比

如，组织那些"决定购买"的人群把队排到店外面、大街上，借此唤起更多路人的注意（行动→注意）；购买平台热搜，制造话题，引起更多人的兴趣（搜索→兴趣）；利用意见领袖推荐产品让粉丝下单（分享→行动）；让普通人分享漂亮的穿搭笔记使评论区的人都想蹲个链接（分享→兴趣）。

对于商家来说，这个模型具有启发营销思路的作用，玩点儿套路，促进消费，盘活生意；对消费者来说，了解这个模型可以识破商家套路，理性消费，艰难时期，省点儿是点儿。全民皆商的时代，又是"商家"又是"消费者"的你，看到这个模型，能让自己攻守兼备，两头赚了。

需求月牙铲模型

——你可以不做营销，但应该懂点儿营销

营销的本质是劝人行动。懂点儿营销能劝人，也能预防被人劝。

一切关于营销的思考都可以把"人"作为起点。营销的核心使命是劝说人们采取消费行为，而人们的消费行为源于他们的消费需求。

需求又是什么呢？用一句话来表达，就是"我想得到 TA"。我们再把这句话拆解出来，就可以得到消费者需求的三个要素：我想、得到和 TA。

我想：指的是理想与现实之间的差距，也称为缺乏感，是行动的原因；

TA：是填补落差的解决方案，又称为目标物，是行动的目标；

得到：代表采取行动的成本，又称为获得力，是行动的过程。

这个模型叫作消费者需求三角模型，如下页图所示，是由百

度前副总裁李叫兽（本名李靖）提出的。

　　他之所以选择用三角来表达消费者的需求，笔者认为，一般情况下用三角形式来表达模型很直观，可以更好地强调要素有"三个"和它们之间稳固且相互作用的关系。然而，并不是所有三个要素的模型都用三角表达最合适。根据需求三要素的实际逻辑关系，我认为更形象的表达模型应该是"月牙铲"。如下图所示：

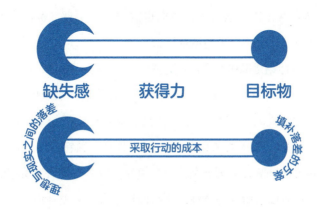

人是追求"圆满"的。缺乏感会让人需要某种东西来填补这种不圆满,它是"月牙";目标物是填补这种缺失的关键要素,它是个"饼";连接杆代表了从缺失到填补的过程,这个过程存在一定的距离,也就是模型中所说的采取行动的成本,它是中间的"杆子"。这就是基于需求三要素优化来的"需求月牙铲"。

基于这三者之间月牙铲式的关系,我们应该如何构思一个完整的营销方案呢?

1. 缺失感是对比放大后的产物

任何看似圆满的事物,都可以通过比较,让人重新发现其中的不圆满。例如,从个人的现状出发来对比未来的理想生活和过去的美好时光,可以发现现在的生活存在很多的不如意。过去的自己高光时刻是多么闪耀,未来的自己活得又会多么精彩……有对比,才有落差;有落差,才会找到缺失感。营销有时候让人产生反感,也是因为它容易勾起人的不良情绪,诸如焦虑、失落、嫉妒等。因此作为消费者,我们也需要小心那些"被放大的情绪"让自己产生不合理的消费行为。

2. 目标物是缺失感的解决方案

我们需要明确一点,目标物并不是指你的产品或服务本身,而是指"解决缺失感的方案"。因此,对目标物的描述应该侧重于产品或服务给人带来的作用。以一瓶具有独特口味的凉茶为例,它可以被解释为消暑利器,去填补消费者在夏天对清凉的缺失感,也可以被解释为选择困难症的拯救者,去填补消费者对于新鲜口味的缺失感。

目标物是什么，并不取决于它本身是什么，而取决于它被描述成什么。

目标物需要与缺失感相呼应。在描述目标物时，要确保其能够恰好填补缺失感。要避免将目标物描述得太小而缺失感挖掘得太大，让人觉得你的小产品解决不了我那么大的人生问题；也不能把目标物形容得太大而缺失感形容得太小，让人觉得买你那么伟大的产品去解决我的"鸡毛蒜皮"，不值得；更不能目标在左而缺失感在右，让人觉得"你这产品倒是挺好，但是看起也并不能解决我的问题呀"。

3. 连接杆是目标物到缺失感的花费

当缺失感与目标物的左右大小正合适时，剩下的问题就是中间的连接杆——从想要到获得之间的阻碍——也就是成本了。这里面有几个不同的成本因素。

金钱成本：买它要花多少钱？后期还会花多少钱？

形象成本：它会让我有面子吗？会让我丢人吗？

行动成本：得到它是否费劲？

学习成本：是否容易上手？使用起来是否习惯？

健康成本：使用它是否会对身体造成伤害？

决策成本：对它的信任程度如何？可能会出现多少问题？

这些成本都需要商家想办法降下来才能缩短这根连接杆的长度。只有目标物与缺失感之间的障碍越少，才越容易触发购买行为。可以看出，一个成功的营销不仅要考虑价格带来的成本，还要洞悉人性。

营销的本质是劝人行动。基于这一点，该模型也属于一种行动"劝"法，也可以应用到生活中。比如要想劝导一个人做他该做的事情，就可以点醒他内心的缺失感，帮助他重新审视目标物带来的好处，最后再帮助他扫清内心种种障碍，只有这样他才更容易走出关键一步。

利用需求月牙铲，当然也可以劝自己"上钩"，尽管这样看起来好像是给自己这条鱼下饵。为了实现自己的人生目标，有时给自己下下饵也无妨。

FAB 销售法则

——做销售就是分析人

这是一个销售圈子里的经典模型——FAB 销售法则。

在 FAB 销售法则中，F 是特征（Feature），A 是优势（Advantage），B 是利益（Benefit），它可以帮助销售人员有效地向客户传递产品的优势，以促成销售。下面分别介绍三者含义。

特征（Feature）代表的是产品的基本属性与特点。它涵盖了配置、技术、材质、属性、工艺、外观、造型等多个方面。F 通常会使用一些中性词汇，使产品的基础信息显得理性且客观。

优势（Advantage）代表的是产品优势特性。例如，功效、效果和性能等。它是基于 F 特征而包装出来的，是产品的感性信息，如实用的、华丽的、高效的、可靠的、便利的、安全的等。

利益（Benefit）代表的是用户能够从产品中获得什么利益，这是最能打动人心的部分。销售人员需要将产品的优势与用户的具体使用场景相结合，通过更直接的描述来展现产品的好处。这种描述更多地涉及用户的主观感受，因为利益是他们最关心的问题。相比单纯地描述产品特征或功能，为客户解释这个产品能给他带来什么实际利益往往更有说服力。

FAB 描绘了一个产品从被商家定位到被用户购买的整个过程。

整个销售链条表达：从产品自身出发到消费者购买理由的过程

特征 ➡ 优势 ➡ 利益

它是什么　　　　它能做什么　　　　它能为顾客带来什么利益

FAB 是 FABE 销售模型的简化版。据说，FABE 是由美国俄克拉荷马大学企业管理博士、中国台湾中兴大学商学院院长郭昆漠总结出来的利益推销法。这里的 E（Evidence 证据）是通过数据报告、对比实验、专利证书、用户评价等方式来向消费者证明销售人员介绍的特征（Feature）、优势（Advantage）、利益（Benefit）都真实存在。在实际销售沟通中，销售人员也会把 E 环节分别放在 FAB 之中。

FAB 其实也可以看作一个通用"推荐"模型，可应用于各种"推荐"行为。与朋友分享好物、向他人推荐自己用过的产品，甚至劝说他人采取某种必要的行动，都可以借助 FAB 销售模型来提高沟通效果。

以"推荐自己"的情境为例，我们可以这样表达：F——我具备什么特点；A——这个特点有什么优势；B——这个优势可以给你带来什么好处。它在追求表白、竞选演讲、面试应聘等方面都可以用到。

若情境换成"推荐一部好书"，我们可以这样表达：F（特点）——这是近年来少有的专业图书；A（优势）——它的特别之处是让读者对这个行业有新的认识；B（利益）——最近你不是正打算进军这个领域吗？你一定得看看，这对你帮助很大。

你也可以运用 FAB 的思维方式，向好友推荐你认为出色的影视剧、时尚的衣服、精美的首饰、难得的机会以及迷人的景点……通过这种方式，你能更容易说服对方接受你的推荐。

看起来它和需求月牙铲（需求三要素）一样，也是一个能够劝人行动的思维模型。然而要想让 FAB 更加有效，它还需要增加两个思维环节：T（Tag，标签）和 C（Choice，选择）。

T（Tag，标签）是挖掘被推荐者的自身特点；

C（Choice，选择）是根据推荐对象最主要的特点选择一个对应属性。

一个产品或一个人拥有众多不同的属性。为了满足消费者（或被推荐者）的利益需求（B），我们需要仔细选择要描述哪个属性（F）。这一决策过程要比单纯的 FAB 推荐过程更为关键。

带入一个场景。在某个文创店有两名导购人员，他们都会使用 FAB 模型。在给一位客户推荐产品时，第一名导购说："这个文创产品是大师手工打造（特征），有非常高的艺术价值（优势），可以放在办公桌上当一件艺术品，显露你的文化气息（利益）。"推荐完，客户并没有购买，因为他觉得虽然这个产品很好，但自己并不需要。这时，第二名导购过来，发现这名客户还带着一个孩子，是个爸爸和丈夫（标签），因此他选择从他的孩子入手去推荐这个产品（选择），于是他开始推荐："这个文创产品是纯实木材质（特征），非常环保（优势），您可以放心给孩子把玩儿，并且它也是很好的历史文化启蒙教具（价值）。"这样推荐完，这个爸爸就有了兴趣。趁热打铁，第二名导购说："如果孩子妈妈知道你送给孩子这样一件礼物，她一定非常高兴（价值）。"最后，这位爸爸就拿着它去柜台结账了。

能出现这样的差距，是因为第二名导购在启动 FAB 之前就洞察了客户的需求，即运用 T（标签）和 C（选择）这两个思维环节找到了"这个客户的这个特点"以及"我选择这个角度给这个客户介绍产品"。

就像我在需求月牙铲模型中提到的那样：**目标物是什么，并不取决于它本身是什么，而取决于它被描述成什么。**产品是什么不重要，在消费者眼中它被解释成什么才重要。

T→C→F 这一流程是推荐者深入了解并识别被推荐者（客户）的过程，同时也是挖掘客户最关心利益的关键步骤。由于不同客户对相同产品的关注点可能存在差异，因此只有准确识别客户的"特点"并挖掘出其"关心点"，即确保 T→C→F 流程的正确性，FAB 模型才能发挥最大的效用，这同时是 STP 市场细分理论在微观层面上的运用，T–C–F–A–B 构成了 FAB 模型的完整逻辑。

向他人兜售自己，不能只想展示自己的卓越，更要看对方想要什么才行。

要打败一个敌人，不能只依靠强大的武力，更要看对方恐惧什么才行。

察言观色（TC），洞悉需求（F），有的放矢（AB）。

销售漏斗

——人"要"有所"求"就必然有"要求"

销售漏斗（Sales Funnel）是一个科学的管理模型，用于反映机会状态以及销售效率。它通过直观的图形方式展示了客户资源从潜在阶段到意向阶段再到谈判阶段最后到成交阶段的比例关系，如下图所示。销售漏斗的形状类似漏斗，环节越靠上客户数量越多，环节越靠下客户数量越少。

通过设定销售漏斗中的各层筛选标准，如转化效率、转化时间等，我们可以评估和预测销售结果。销售漏斗也可以更清晰地展现销售行为，促使我们更容易找寻其中的问题环节，实施有针对性的解决办法，破除障碍，打开瓶颈，加大开口。

在西方国家，"销售漏斗"这种说法出现得很早，但第一次对销售漏斗进行了准确定义和系统阐述的，是来自米勒海曼集团（Miller Heiman Group）的两位创始人米勒（Robert Miller）和海曼（Stephen Heiman）。1975 年，"销售漏斗"作为集团的"战略销售体系"的核心内容之一被正式推广开来。时至今日，它已成为商业界广泛使用的销售工具，并派生出了不同版本。

无论使用哪个版本，其在销售方面提供的价值无外乎以下几点：

1. 提升转化效率

销售漏斗的数据分析可以帮助我们制定更加有效的销售策略。例如，发现某个阶段转化率较低，我们可以针对性地调整销售策略，提高转化率。

2. 预测销售趋势

使用销售漏斗可以对未来的销售结果进行预测，进而更好地规划生产、人力资源以及其他相关资源。例如，可以根据潜在用户群数量、各阶段转化率，预估产品数量。

3. 优化人员能力

销售漏斗的数据可以用来评估销售团队的业绩。通过了解每个销售阶段的转化率和周期，确定销售人员在每个阶段的表现，从而靶向提升销售人员能力或优化销售团队的人员配置。

4. 促进跨部门协作

销售漏斗可以作为跨部门协作工具。例如，市场营销部门和产品开发部门可以通过共享销售漏斗数据来更好地理解市场需求和产品现状，从而更好地协作。

5. 提高客户满意度

销售漏斗可以帮助我们通过了解不同层级客户在不同的销售过程中反馈的消费者需求，优化各环节的服务和营销设计，从而提高客户从认知到购买的体验。

我们完全能把销售漏斗这一思维提炼出来，应用在其他领域。因为人们总会有从"普通"中挑出"特别"，从"一般"中找到"优秀"，从"看到"里选出"想要"的过程……从这种过程中，我们能发现漏斗模型其实是一种**管线筛选逻辑**。

只要符合这一管线筛选逻辑的事情都可以尝试用这套理论进行分析和求解，包括提升产品生产合格率、公司人才梯队建设，以及以结婚为目的对异性资源的筛选。举个例子，如果一个人总是找不到对象，那么他需要考虑的问题是：与身边人相比，自己认识的异性是否比较少，与异性的接触时间是否不够多，要求是否过于苛刻，是否没有用心去尝试交往。在这些问题中，哪些阶段可以改善，哪些条件可以放宽？——列举，——思考，就可以找到答案。

为什么销售漏斗应用如此广泛？因为它精准地描述了人"有所求"的状态。

　　人"要"有所"求"就必然有"要求"。"要求"就是"求"这一过程的筛子。筛子在"求"的管线中必然存在先后，也就是优先级。筛子就这样自然而然地按照先后顺序，层层排列出来，形成了"漏斗"。这就是人们"求"的姿态。想求得准、求得好、求得多，就需要我们提对"要求"，提高"要求"，或者少提"要求"。

　　销售漏斗给我们的更大启示不在于销售本身，而在于其所蕴含的"一条管线，层层筛选"的逻辑。利用这一逻辑，我们可以举一反三，发掘更多对自己的生活和成长有促进意义的"要求"并"筛选"，这才是这个模型给我们的最大价值。

"4 Letters" 市场营销系列模型

——每套四字诀都是营销利器

1953 年，营销学者尼尔·博登（Neil Borden）在美国市场营销学会的就职演说中提出了"市场营销组合"（Marketing Mix）这一术语。当时，他只是想说明市场需求或多或少都会受到"营销要素"的影响（原本包括 12 个要素）。他可能没有想到，当年自己种下的"要素"种子，多年后会让"营销"变得如此枝繁叶茂。

4P 营销理论

1960 年，营销学大师杰罗姆·麦卡锡（Jerome McCarthy）将这些要素概括为四大类，并提出了 4P 营销理论。其中包括产品（Product）、价格（Price）、渠道（Place）、促销（Promotion）。4P 诞生于物质相对匮乏的时代，因此营销理论偏向以市场为导向，更注重企业自身。

产品（Product）：企业为顾客提供的货物或者劳务。

价格（Price）：顾客买货物或者劳务需要多少钱。

渠道（Place）：货物或劳务标的从出厂到顾客前的活动。

促销（Promotion）：企业要让顾客购买产品所开展的行为。

4P 的伟大之处不仅在于它简化了营销要素，有助于营销人员记忆、使用和传播，更在于它似乎打通了营销理论的"任督二脉"，从此开启了"四个字母营销理论"的时代。

4C 营销理论

随着市场发展，物质开始变得丰富，消费者面对琳琅满目的商品，消费端如何选择、选择谁，也越来越多地受到企业端的重视。1990 年，营销专家罗伯特·劳特朋（Robert F. Lauterborn）在 4P 基础上提出 4C 营销理论。他以消费者需求为导向，重新设定了四要素，即消费者（Consumer）、成本（Cost）、便利（Convenience）和沟通（Communication）。

消费者（Consumer）：企业不只为顾客提供货物或者劳务，更要考虑顾客需要什么、想要什么。

成本（Cost）：企业不该按照货物或劳务的成本来定价，而应该关注消费者为了满足自己的需求和欲望愿意花多少钱。

便利（Convenience）：企业不只图自己卖东西方便，还要考虑顾客买东西更方便。

沟通（Communication）：企业不能单方面地向消费者促销，而是要在了解消费者（双向沟通）之后做消费者想要的活动。

劳特朋的 4C 理论提醒营销人员，4P 理论存在局限性，不要只考虑企业自身的利益，而应该更多地从消费者的角度出发，关注他们的需求、意愿和便利性。比如，多问问他们："你想要啥呀？""你愿不愿意为我掏钱呀？""你方不方便买它呀？""你心里想啥呢，和我说说呗？"这个时代企业把消费者当上帝才有市场。

这才是营销。

在这个阶段，很多学者和营销专家都纷纷为 4C 站台，批评 4P。然而 4P 还是有不少维护者的。他们认为企业如果没有利润，还谈什么为消费者服务呢？这个问题就留待下一个理论给出答案吧。

4R 营销理论

又过了一段时间，4C 好像也不那么备受推崇了，因为企业太累了，太被动了。于是在 2001 年，唐·舒尔茨（Don E. Schuhz）和艾略特·艾登伯格（Elliott Ettenberg）不约而同地提出了 4R 营销理论。这个理论，既考虑到了企业的利益又兼顾消费者的需求。它像一个和事佬，主动担负起平息 4P、4C 对抗的责任，把营销理论又推高了一个层次。

这里选择用舒尔茨的版本，4R 包含关联（Relevancy）、报酬（Reward）、反应（Reaction）、关系（Relationship）四要素。

关联（Relevancy）：不是企业也不是顾客，而是企业优势与顾客需求之间要保持平衡。

报酬（Reward）：不是企业卖多少钱，也不是顾客花多少钱买，而是一个产品或者劳务既能满足顾客需求，还能让企业赚到钱。

反应（Reaction）：不是渠道的"给给给"，也不是便利的

"喂到嘴"，而是基于顾客的声音，企业在自己的优势范围内做出满足顾客需求的反应。

关系（Relationship）：不是促销，也不是沟通。企业作为园丁，要会种草，也要会养草，更要会割草，收割一部分，留着草根，让草能接着长。你愿意讨好他，他也愿意支持你。

所以 4R 表示，4P、4C 都别争了。

这才是营销。

4S 营销理论

当营销界认为对外营销已经研究到头了，就转而开始对内研究。4S 营销理论表示想要更好地提供营销服务，营销人自身需要掌握 4S 理论，分别是满意（Satisfaction）、服务（Service）、速度（Speed）、诚意（Sincerity）。满足这四点，才是合格的营销人。

满意（Satisfaction）：指有能力让客户满意，可以理解为"我能哄顾客开心"。

服务（Service）：指服务的专业性和广泛度，可以理解为"我啥都能干"。

速度（Speed）：指服务的响应速度和完成速度，可以理解为"马上就办，马上办好，随叫随到"。

诚意（Sincerity）：指让客户感受到你的真诚，可以理解为"我说到做到"。

会营销的人得把自己先营销出去。

这才是营销。

4V 营销理论

4V 营销理论包括差异化（Variation）、功能化（Versatility）、附加价值（Value）、共鸣（Vibration）。

差异化（Variation）：这年头每个顾客都不一样，需求也不同，产品应该有差异，一次只满足一部分客户的一种核心需求就好。

功能化（Versatility）：产品不仅要有满足顾客需求的核心功能，也要有其他功能，或者更多，或者更专业，或者附加一些看起来没什么实际用途的功能，比如好看、稀缺、有档次。

附加价值（Value）：产品的附加价值高才是让企业赚钱、让消费者满意的关键。企业可以通过高新的科技、贴心的服务，以及企业品牌文化等方面来提升附加价值。

共鸣（Vibration）：将高附加价值从企业传递到消费者心中。

4V 的要素看起来相互独立，实际上是层层推进的关系。它可能没有前面那些理论出名，但也是被当今主流企业反复验证的经典理论。据说它是 20 世纪 80 年代后期，由国内学者吴金明等人提出来的，可见其超前的洞察力和前瞻性。

这才是营销。

4I 营销理论

4I 是网络整合营销，具体包括趣味（Interesting）、利益（Interests）、互动（Interaction）、个性（Individuality）四要素。它是由清华、北大总裁班授课专家刘东明提出的社会化媒体营销四原则得来的。我想，这应该是在互联网盛行的时代，传统理论似乎不完全适用，因此推出了这个增强版的补丁。想必成长在互联网下的我们，不用过多解释也能理解其中的含义。如果非要解释的话，也可以这样描述：

趣味（Interesting）："哈哈哈哈"。

利益（Interests）：让你"哈哈哈"了。

互动（Interaction）：评论、转发，我们都在"哈哈哈"。

个性（Individuality）：这个更搞笑，和其他的不一样，"哈哈哈"。

当然"哈哈哈"只是趣味性的一种指代，围绕趣味的感受还有很多，比如惊叹于某项技术，感动于某个瞬间。

4I 理论表明，在网络时代，企业与顾客之间的平衡再次被打破，主动权又开始倾向于客户端。与时俱进。

这才是营销。

4E 营销理论

4E，是奥美互动全球 CEO 布赖恩·费瑟斯通豪（Brian Fetherstonhaugh）提出的营销理论。它包括体验（Experience）、无所不在（Everyplace）、交换（Exchange）、布道（Evangelism）四个因素。

体验（Experience）：这个时代的产品生命周期越来越短，营销人员应该把重点转移到客户永恒的体验上来。

无所不在（Everyplace）：在科技、信息、物质空前发达的今天，营销人员应该利用更多资源让体验走进人们生活的方方面面。

交换（Exchange）：洞穿人性，人们只会为自己的满意度买单，也就是用自己的钱来交换企业为他们提供的价值。产品只是价值的承载物。

　　布道（Evangelism）：好的品牌都有深刻的理念，企业要向顾客乃至全社会传达伟大的思想，让人崇拜。

　　4E 更加贴近当今的时代特点，也更贴近人性。

　　至此，主要的 4Letters 理论就差不多都呈现给大家了，如图所示：

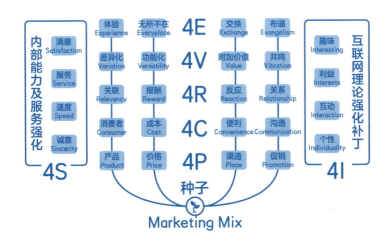

　　看了这张图，我们也会有所领悟：每次理论的推陈出新，都是在前论的基础上，结合时代发展，修正缺陷，补充完善，强化升级有关人、货、场的理念和它们之间的交易关系。不过，请不要误解过去的理论可以舍弃了。每个理论如今都可以在特定条件下发挥价值，未来也如此。最新有最新的优势，经典有经典的价值。

　　这些理论都尽量用"四个相同字母"来总结营销要素，主要也是想帮助营销人，尤其是英语世界的营销人更轻松地获得启发、提醒并思考和解决问题。只是，恰恰因为思想上的路径依赖，让这些理论提出者认准了用"四字诀"的方式去迭代理论。我担心这样会导致理论对营销要素的覆盖总是不那么完美。随着时代的发展，以后继续修正也是必然。

英文字母有 26 个，未来"4Letters"形式的营销理论恐怕还多着呢！

第 4 部分

沟通与学习：
搞定关系、
助力成长的模型

沟通包括理解和表达。理解可以闻道知理，表达可以传道授业，沟通可以为学习增效，使教学相长。学习可以提高你的思考与分析能力，进而让你看清世界，看清自己。

乔哈里视窗

——让知己"知"己，也让己"知"自己

如果你想更了解自己或者让别人更了解你，那么乔哈里视窗可以给你提供帮助。

乔哈里视窗（Johari Window）由乔瑟夫·勒夫（Joseph Luft）和哈里·英格拉姆（Harry Ingram）在 20 世纪 50 年代提出，是一种关于沟通的技巧和理论，它也被称为"自我意识的发现和反馈模型"。它把人际沟通比作一个窗子，根据"自己知道""自己不知道""他人知道""他人不知道"这四个维度，将人际沟通划分为四个区域，分别是开放区、隐秘区、盲目区和未知区。

1. 开放区

开放区指的是自己知道、别人也知道的信息。例如，自己的姓名、性别等基本信息以及部分经历。

如果一个人的开放区很大，会给人一种善于交际的印象。这类人通常容易赢得他人的信任，因为他们对自身的脾气秉性有充分的了解，同时也能清晰地认识到自己的优势所在。这类人与人合作时，常会让人感觉愉快、舒服。

要想增加自己的开放区，可以多表达自己的喜好并主动询问他人的看法。多表达、多展示有助于赢得他人的信任，因为大家都喜欢和看得透、看得懂自己的人交往，这会给人一种稳定感。

2. 盲目区

盲目区是自己不知道、别人却知道的信息盲点。例如，自己无意中冒犯别人的坏习惯，或者别人对你的背后评价。

如果一个人的盲目区较大，会给人一种不拘小节、我行我素的印象。他们本人也的确更加自在随性。然而，这类人通常会有很多他人看得到而自己却难以察觉的毛病。之所以如此，往往是因为他们说得很多，问得很少，不主动挖掘或者不重视别人给他们的反馈。这会导致周围人与他们合作的意愿降低。

3. 隐藏区

隐藏区则是自己知道、别人不知道的秘密。例如，童年的经历、心中的理想、对某些事物的好恶等。

如果一个人的隐藏区很大，通常表现是问得多而说得少，并且很少主动表达自己的想法。这样一来，别人对他的了解就非常有限，也难以判定他到底是个什么样的人。这种行为虽然能够很好地保护自己的弱点，但因为显得过于神秘，也会引起人们的防范心理，降低对他的信任度。如果我们对这类人不够熟悉，通常不敢轻易与之合作。

4. 未知区

未知区指的是自己和别人都不知道的信息黑箱。例如，某些不知是何缘由就会爆发的敏感神经，以及未解锁的天赋和待激活的潜能。

如果一个人的未知区很大，那么关于他的很多信息，他自己和别人都不清楚。这类人通常很少主动询问别人对自己的看法，也不主动向别人表达真实的自己。即使他们身怀绝技或拥有某种天赋，自己也不会清楚，别人就更难知晓。

工作中这样的人并不少见。他们往往不知道自己能否胜任某项"挑大梁"的工作，所以他们不敢争取机会，因为没有相关信息做参考，别人也无法确定他们是否真能胜任。这样，机会也就错失了。因此，我们必须要不断被缩小这个区域并让其他区域扩大，才能发挥自己的优势。

我们每个人身上都存在这四个区域，只是这四个区域的大小各有不同。区域大小会决定一个人在自我认知和人际沟通中的表现，从而让其在他人眼中呈现出不同的形象。为了拥有一个高效而良好的人际沟通环境，我们每个人都应该努力缩小自己的未知区，扩大开放区，积极削减盲目区，适当打开隐藏区。

通过多表达自我，让别人了解自己。通过多询问别人，让自己更了解自己。

在与人交往或者合作中，请发挥自己的优势特长，找到更适合自己的定位、人设和身份角色，以获得更多合作机会，这样可以成就更好的自我。

我们可以想一想，为什么与刚认识的朋友或合作伙伴吃上一顿便饭（不一定要喝酒）就能拉近关系，建立信任？其中一个很重要的原因，就是饭局的沟通环境能让彼此快速放下工作关系上的戒备。在吃饭聊天的过程中，你一句我一句，彼此都有大量信息从盲目区和隐藏区流向了开放区，人和人之间就更容易交流。尤其是聊到畅快处，还会思考人生，探究本质，设想未来。这时候思路大开，沟通中的双方都有机会追问彼此的未知区，让自己的盲目区和对方的隐藏区逐渐缩小，让很多事情豁然开朗。知己"知"己，大多时候都是这么出来的。

让知己知自己，也让自己知知己，更让自己知自己。

RICE 全科问诊模式
——以人为本的四个问题

以人为本的 RICE 全科问诊模式是全科医学领域的一套问诊方法。其中，

R 代表 Reason，原因：指患者为什么来看病。

I 代表 Idea，想法：指患者认为自己出了什么问题。

C 代表 Concern，忧虑：指患者担心什么。

E 代表 Expectation，期望：指患者希望医生提供什么帮助。

简言之，RICE 就是问病人："来干啥呀？你咋啦？你怕啥呀？你想咋的？"

RICE 全科问诊模式不仅关注病情本身，它还能通过患者的自由表达，更好地了解患者的不适体验和就诊需求，从而帮助全科医生提出更有针对性的心理关怀和治疗方案，发挥既治病又治人的作用。

这套问诊模式，不只可以问诊病人，也能"问诊"其他对象。因为"病"这东西不只找人，也不只是人才会得"病"。比如，某个企业生病了，导致运营发展受阻，就需要投资公司的战

略方案来治疗；某个团队生病了，导致管理效率不高，就需要咨询公司的人才培训来治疗；某个产品生病了，导致销售萎靡，就需要营销部门、产品设计部门、制造部门三方会诊来解决；人际关系生病了，导致你对我的态度不好，咱俩得坐下来好好聊聊。

怎么聊呢？自然是 R、I、C、E 四问：

R—原因：最近我们俩的关系不好，是什么原因呢？

I—想法：产品卖得不好，你作为一线销售人员认为它有什么问题呢？

C—忧虑：团队管理不好，你作为管理者最担心导致什么后果呢？

E—期望：企业发展不好，你作为"掌舵人"需要投资公司多少支持呢？

RICE 全科问诊模式可以为各行业的"病症"探寻到病根。这个问诊模式具备普适性的原因在于，RICE 中的每一次提问都会获得一个对方的关键信息："问原因"可以获得他所面对的背景信息；"问想法"可以获得他主观的思考与判断；"问忧虑"可以获得他价值观下的关注点；"问期望"可以获得他自己想达到的目标。背景、思考、价值、目标，就组成了诊断对方问题的四个要素。

只要你所从事的工作是给企业、团队、业务、产品以及其他对象"治病",就可以把自己当成医生,把对方当成问诊的病人,引用 RICE 全科问诊模式了解患病对象的病情。

看起来,这种问诊方式似乎不太恰当。这四个问题的回答都是从病人的角度出发的,充满了病人个人的主观判断。病人只是需要治疗,他并不具备专业医学知识,不能从医学专业角度出发说明问题。对于一位专业医生来说,病人的想法未必能为其诊断和治疗提供太多帮助。一个病症的起因、严重程度以及治疗方法,并不取决于病人的主观意志。既然如此,那为什么还要去询问病人这些本应由医生回答的问题呢?

RICE 全科问诊模式有一个容易被忽视的定语,就是"以人为本"。这意味着全科医生不仅要关注"病",还要关心"人",关心人所关心的一切。RICE 的每个环节都体现了这一理念。它的每个问题都在传达"我重视你""我在乎你""我关心你""我会帮你"。有时候,仅仅是医生所表达出关心和在乎的态度,就已经治疗了大部分"病症"。

当病人来找医生时,大部分情况下他们已经发现了自己的问题(症状)。对于他们来说,医生是他们的希望。他们渴望得到医生的治疗方案,但前提是能感受到医生对自己的重视、关心和在乎。

治疗不仅要治病身,还要疗人心。如果病人感受到不被在乎,即使疾病能够得到治疗,治疗效果也会受到影响。如果我是一名病人,当医生开口关心我时,我会感觉病已经好了一半。

企业、团队、产品在寻求投资公司、培训导师、营销专家时的心态，与病人求医的心态有时是相似的。在这些范畴中，运用 RICE 全科问诊模式的思维，可以帮助我们更有效地完成身心治疗。

莫塔五问

——避免提问有疏漏

不怕医生有脾气，就怕医生叹口气。

为什么我们怕医生叹气？因为我们看到医生叹气，会以为自己的身体已经到了最糟的状态。我们之所以会这么想，是因为我们不知道医生心里是怎么想的。那么医生会想些什么呢？专科医生我不清楚，不过根据莫塔五问，"全科医生"在诊断时通常会考虑以下五个问题：

1. 病人的症状或体征可能有哪些常见原因？

2. 有什么重要的不能被忽略的疾病吗？

3. 有什么容易被遗漏的病因吗？

4. 病人是否患有潜在的常被掩盖的疾病？

5. 病人是不是有什么话还没有说？

例如，如果病人抱怨肚子疼痛，他们通常会想：哪些疾病可能会引起这种症状？在这几个可能性里哪个最致命？还有什么我没想到的病因吗？病人是不是有什么老毛病复发转移到肚子了？病人是不是还有什么生活习惯不好意思对我讲？

莫塔五问是由全科医学领域具有影响力的专家——约翰·莫塔（John Murtagh）提出的一套问诊方法。它与 RICE 全科问诊模式有什么区别？

RICE 问诊问的是病人；莫塔五问问得更多的是医生自己。

这两个思维模式搭配使用效果更佳。医生先用 RICE 问出病人的基本信息；再用莫塔五问查缺补漏；之后再补充询问。如此往复，很多病人没意识到的和医生最初没注意到的信息才会都浮出水面。信息越全面，医生提出的治疗方案也就越准确。

莫塔五问同样可以将"全面分析，找出原因"的理念扩展到更多领域。我们只需将病症、病因等概念替换为现象、原因等，就能形成新的思维模式。比如，企业的某个产品卖不动，就可以采用莫塔五问找到原因。某个产品卖不动，可能是由哪些因素造成的呢？这些因素在消费者眼里，哪些是最重要的、最关键的呢？还有什么我们没想到的原因吗？这市场是不是还有别的潜规则是我不知道的？是不是还有什么没反馈出来的问题？

提炼一下这五个问题，就是：

一问，找出所有可能的原因。

二问，找出其中重要的原因。

三问，检查没考虑到的原因。

四问，追查其他相关联的原因。

五问，搜查未提及（被埋没）的更多原因。

1	具有这种状况或现象的常见原因有哪些？	**找出所有可能的原因**
2	有什么重要的不能被忽略的原因吗？	**找出其中重要的原因**
3	有什么容易被遗漏的因素吗？	**检查没考虑到的原因**
4	对象是否还有潜在的常被掩盖的诱因？	**追查其他相关联的原因**
5	客户是不是有什么话还没有说？	**搜查未提及的更多原因**

这就是莫塔五问的核心思维。它是一个帮助人们全面分析、避免遗漏的思维模型。莫塔五问之所以会产生在全科医学领域，与其特定的治病模式有关。

全科医学，是一个单独的综合性医学学科。它与专科医学领域不同。我们常去的大医院，在眼科、骨科工作的都属于专科医生；而全科医生主要面向社区和家庭，有的在社区医疗机构，还有一些被称为家庭医生或私人医生。全科医生不仅需要关注病情，还需要关心病人。他们通常承担着重大疾病的早期诊断责任，避免小病变大病。他们需要面对形形色色的各类病患，需要识别各种不同症状和心理问题，并在安抚病人情绪的前提下，尽早做出正确的诊断。其面对的情况有多复杂，可想而知。

在这样的前提下，拥有一套分析全面、避免疏漏的诊疗思维，就显得非常重要。毕竟病越早发现越好治。如果在早期医生考虑不周、病人交代不全，忽视了关键信息，可能会造成无法挽回的后果。因此，RICE 问诊和莫塔五问强调以人为本的理念，突显了其重要性及价值。

莫塔五问还可以应用于调查、访谈、引导和分析等行为类型。它虽不能包治"百病"，但至少可以保证"关怀备至，思考严谨"。

> 有一些朋友一定会联想到中医理论中的"望闻问切"。望，是观气色；闻，是听声息；问，是问症状；切，是摸脉象。若将 RICE 问诊模式和莫塔五问放到这里来，往往会被认为这只是"望闻问切"中"问"的一环，但我认为，它大概属于"1 个问 +0.5 个闻 +0.3 个望"。因为在问诊过程中，全科医生也要通过病人的表达来观察病人此时的身体状态和心态。

治病不同于其他，一个细小因素的差异有可能是两种完全不同的病症，一个判断甚至会决定人的去留，不由得医生不重视。医"病"如此，医"人"也是，医"事"更是。由此可见，想做你自己行业中的"良医"，当从"审慎"伊始。

五遍沟通法

——要事求准确，急事求默契

在我们传递重要信息、交代重要工作时，是否遇到过理解有遗漏，执行有偏差的情况？若如此，日本企业推崇的"五遍沟通法"值得借鉴。据说，五遍沟通法是美国质量管理专家威廉·爱德华兹·戴明（William Edwards Deming）基于日本企业总体的生产流程而发明的，所以深受日本企业欢迎。五遍沟通法要求，在给下属交代工作任务时，上级要从不同角度进行五遍信息传递，以降低信息损耗，从而提高管理效率。

五遍沟通法具体是：

第 1 遍：上级自己先交代清楚；

第 2 遍：要求下属复述一遍；

第 3 遍：与下属探讨事项的目的；

第 4 遍：与下属探讨应急预案；

第 5 遍：让下属提出个人见解。

交代一遍、复述一遍、明确目的、制定预案、提出见解。这五次传递，可以帮助员工全面了解工作任务。

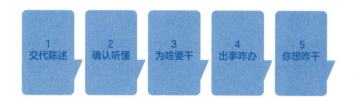

当谈到日本企业的严谨和精细时，很多人会联想到国内某些领导的沟通风格，即"让你自己悟"。这些领导通常会说"不要让我说第二遍！"或者"你自己不动脑子吗？"之类的话。如果你做错了，他们还会说"为什么不问我？"，让下属无所适从。因此，很多人会将这日企的"五"与我们的"悟"，这两种沟通方式进行比较，并认为前者才是正确而有效的沟通方式。

抛开情绪的影响，我认为这两种沟通方式是各有长短的，二者适用于不同的工作环境，重要的事情自然需要充分贯彻。有的管理者甚至做得更严谨，在五遍基础上还要加一些其他的传递方式，比如需要更多人参与进来共享信息，甚至录音、开会讨论，做纪要等。虽然前期信息传递时工作量大了点儿，但这样可以大大减少理解疏漏和执行偏差。从某种层面上来讲，它是可以提高工作效率的（比如，减少了因做错而返工的时间）。

然而，我们在关注五遍沟通的严谨和精细时，也需要关注一下处处使用这种方式的沟通效率。如果每项工作都套用五遍沟通法，必然会占用上下级大量的时间和精力。尤其是一些高频常规的日常业务，套用五遍沟通法没必要。对于这些常规性工作或者相对紧急的事务，其实可以适当简单一点儿，以便快速落实，然而这样对下属的"悟性"（包括理解力、观察力、默契程度等）要求就会变高。

"让下属悟"本身并没有问题，关键在于管理者利用"悟"的目的是什么。除了上面说它能高效推进紧急工作以外，如果管理者只是为了掩盖自己的能力不足或者回避责任，这当然会让下属感到不满；而如果管理者是为了考察一个关键下属的某项潜在能力，则可以考虑使用"悟"这一沟通手段。比如，想看看最近下属小张有什么成长，就可以刻意减少信息交代，让他凭借自己的观察能力、分析能力、应变能力、业务熟练度来完成你给的"差事"。

"悟"式沟通还可以用在激发员工的创造力上。比如，在表达一个课题的大致框架的基础上刻意不交代细节，不对工作做过多限制，并容许大家在课题的理解上存在一定的偏差，剩下的就是期待他们可以呈现出意想不到的惊喜了。

可以看出，有些情况更需要"悟"式沟通，但是话说回来，过度使用"悟"式沟通也会让下属失去方向感和判断力，对他们的成长不利。这点管理者也要注意。

五遍沟通可以准确无误，"悟"式沟通可以高效默契。是"五"还是"悟"，我相信聪明的你一定会根据自己的具体情况灵活选择。

FFC 赞美法

——有效夸人，悦耳动心

"怎么夸人才能更有效？看万能夸人公式 FFC 赞美法！"

"夸孩子别只知道说'你真棒'，用'FFC 法则'夸他，他会更优秀！"

"灵活运用 FFC 赞美法，夸老婆，家庭和睦；夸领导，平步青云。"

……

以上是几条介绍 FFC 赞美法的文章标题。去掉夸张成分，也可以看出 FFC 赞美法好用。具体为何好用？下面我们一探究竟。

夸人只需三步

所谓 FFC 赞美法，就是指在赞美一个人时，先用细腻的语言来表达自己的感受（Feeling）；再通过陈述事实（Facts）中的某些细节，让对方相信你的感受是真的；最后通过比较（Compare），把对方"捧"起来。

我们先看看几种常见的赞美法：

"儿子，这次考得真好！"

"亲爱的，你这衣服真好看！"

"领导，您这次讲话很精彩！"

……

听起来什么感觉？是不是感觉夸得很敷衍？

我们换 FFC 赞美法来试试：

"儿子，这次成绩妈妈看见了你的进步，真为你高兴（感受）。最近你一定偷偷下了不少功夫（事实细节）。尤其是数学，比上次好多了（比较）！"

"亲爱的，你穿这件衣服超显气质（感受）。尤其是肩膀上这个小设计，特别衬你精致的五官（事实细节）。我看你和海报上的模特没什么区别（比较）！"

"领导，您的讲话让我很受启发（感受）。尤其是您提出的增产提效方案非常有指导意义（事实细节）。您不仅是我们工作上的领导，更是业务上的老师（比较）。"

……

显然，FFC 赞美法的表达方式更能夸到人心坎里。

FFC 赞美法能快速拉近关系

社交场所的大部分夸赞都是"真好、真棒、还不错"，总让人感觉不上心、敷衍。分析其中原因，这些词汇都是模糊的评价，缺少说话人自己的感受。相比较下 FFC 赞美法更有效，是因为它强化了夸人的互动（感受），并把主观赞美推向客观评价（事实），让对方知道自己好到什么程度（对比）。FFC 赞美法强化了夸与被夸双方的互动关系。

　　F（Feeling，感受）：我能向你表达感受，说明你身上所具有的某些特质触动了我，让我的内心有了波澜。

　　F（Facts，事实）：我能详细描述事实中的细节，说明我认真观察过你，思考过你的行为和语言，我的夸赞不是敷衍了事。

　　C（Compare，比较）：我通过描述与你有关的对比，让你明确你在我心中的地位，这不仅凸显了你的独特性和重要性，也让你更好地理解自己的具体"段位"。比如上面例子里的"比上次好多了""我看你和海报上的模特没什么区别""更是我业务上的老师"，这些词句会让赞美变得有标准，也能让对方感知到这份赞美的分量。

　　感受，是你影响我；事实，是我观察你；对比，是把感受与事实结合成一个可量化的标准。

"虚伪"的 FFC 配方

　　一般来说，FFC 赞美法的夸赞方法比较依赖真情实感，更适合那些真心想赞美但不会表达的人。只是现实生活往往很"骨感"，明明对某个人没感情，打心里不想赞美，但人在屋檐下，迫不得已得向对方表达两句赞美。

怎么办？好办！这里给大家提供一个"虚伪"的FFC配方：

F（Feeling，感受）：没有感受，就用预期感受。什么是预期感受呢？就是对方觉得会给你带来什么惊喜，会觉得你会有什么反应，你要知道。尽管这种惊喜你确实没有感受到，但你可以"假装"感受到了。比如，你的女友试穿了一件她认为很好看的毛衫，你就可以赞美："哇，这件毛衫真漂亮，让我觉得你的身材更棒了……"

F（Facts，事实）：说明事实时，你看到什么就说什么，能摆在眼前的细节更好说，也更能言之有物。还是赞美这件毛衫，看到领子你就说领子，看到扣子你就说扣子，不用在意你看到的细节和你刚才表达的感受有什么关系，被赞美的人会自己联想。（女友：他说领子，意思是这领子显得我肩更窄了，看起来更苗条，所以身材更好了吧？）

C（Compare，比较）：不知道和谁比，就和你比，或者和他/她自己比。你可以这样说："哎呀，你太会穿啦，可以教教我吗？"或者赞美今天的她比平时的她更好看，甚至可以调侃："哇！你在哪儿学的搭配技巧啊，搭配得这么好！"

可以看出，FFC赞美法好用又不难，可为什么没有被普遍使用呢？说句心里话：因为这么夸人确实累啊！明明用一个"好"字就能解决，但用FFC赞美法得浪费多少脑细胞？你得把"好"

说得有理有据，有整体感受，还得有具体细节。尤其当你没真情实感时，绞尽脑汁去充实 FFC 内容会更加让你疲惫。用它是有一点儿精力门槛的。

不过话又说回来，我们谁都免不了要和形形色色的人打交道，如果想要一个和谐的人际关系，让你与关键人物的关系迅速升温，那么必要时用一用 FFC 赞美法还是很值得的。

FFC 赞美法其实还有一个特殊效果：当我们将这种夸人方法变成习惯，会越来越多地发现你身边被隐藏的美好。用 FFC 赞美法可以发现别人身上隐藏的美好，把它用到自己身上，也一样能找到自己身上的很多优点，把它用到世界中的每个你看到的地方，你就能发现整个世界的美好。

SCQA 结构化表达工具

——小故事 + 小启发，提高表达质量

我们一生中有大量时间都在表达（S），而有效的沟通却很少。表达明明是沟通的基础，但同时也是沟通最大的障碍（C）。那么，如何提高我们的表达质量（Q），SCQA 结构化表达工具或许会给我们一些启发（A）。

在这段话里，每句话都有一个字母，合起来就是 SCQA。

SCQA 模型是一个"结构化表达"工具，由麦肯锡咨询顾问巴巴拉·明托在《金字塔原理》中提出。这个模型的四个英文单词是 Situation（情景）、Complication（冲突）、Question（疑问）和 Answer（回答）。

S—情景，指的是事情发生的背景，能把听者带入进来，引起共鸣。

C—冲突，指的是在这个情景下，你想表达的困难或矛盾。

Q—疑问，指的是根据冲突提出的问题，能引发对方一同思考。

A—解答，指的是问题的解决方案，也是你要表达的中心思想。

使用这种表达模型，语言会显得更清晰，更有条理。比如，你想申请提前转正。

S—情景："领导你看，我工作有段时间了，现在能独立带项目了。"

C—冲突："但我感觉最近自己带项目总被卡流程。"

Q—疑问："这是不是和我还不是正式员工有关系？"

A—解答："如果我能提前转正，手里的这个项目推进起来也会更顺利。"

其实商家宣传也深谙 SCQA 模型之道，很多广告都是这样的结构。

S—情景：得了灰指甲。

C—冲突：一个传染俩。

Q—疑问：问我怎么办？

A—解答：马上做美甲。

S—情景：今年过节……

C—冲突：不收礼。

Q—疑问：收礼还收……

A—解答：称心礼。

许多碳酸饮料的广告都是这样一个套路，甚至一句话没有，但画面传达的节奏也是 SCQA。

S—情景画面：大夏天，大太阳，出来瞎折腾！

C—冲突画面：又流汗，又口渴，不知所措！

Q—疑问画面：很无聊，很难受，想找点儿什么！

A—解答画面：发现它，喝一口，周围全变水！

SCQA 模型之所以被广泛应用，是因为它有效地利用了人的一个心理特点：**相比纯粹的道理，人们更喜欢听故事，看热闹。**"八卦"是人类的天性。再小的故事永远比大道理更让人听得津津有味。让人从故事中获得启发，比讲道理让人去思考和记忆更有效。

SCQA 就是"故事+启发"的逻辑。"情景+冲突"就是小故事，"问题+回答"就是小启发。不管是开发布会演讲、汇报，还是和别人聊天，开头说个故事或者一件小事儿，打造一个场景，建立冲突，吸引人的注意力，再说出自己想表达的东西，就很容易被人接受。

SCQA 模型虽然出自《金字塔原理》，但从某种角度来说，它的表达结构似乎并不与金字塔原理一致。它并没有做到结论先行，它的表达技巧是用别的内容来引出最后的结论，结论放在了最后。因此一定有人心存这样一个疑问：如果 A 解答就是核心观点，我们为什么不用金字塔表达方式，直接抛出核心观点？使用情景、冲突、问题的铺排来引出最后的答案，不显得啰唆吗？

说得没错。没有一种模型是万能的。用什么方式表达需要分情况。

SCQA 结构化表达工具，还有另外一个名字，叫序言表达模式。因此它一般会在序言、引言、开场白等场景中来使用。如果是写文章、演讲或在会议中有单独的时间陈述，也就是你有自己的表达节奏，那么先用情景带入会更容易让人听进去你后边的内容；而如果是基于彼此了解的双向沟通，或是追求效率和结果的谈判，可以用结论先行的金字塔原理，开门见山、直截了当。

基于以上，我们可以得出一个结论：**吸引、认同更重要，就用 SCQA；严谨、效率更重要，就用金字塔。**

SCQA 模型本身也有多种架构，以应对不同的表达需求。以下是三种常见的架构：

1. ASC（开门见山式）架构：回答—情景—冲突

这种架构做到了结论先行，所以适合在工作汇报等追求效率和结果的场合使用。由于领导通常没有太多时间听取长篇大论，因此第一句话就要抓重点，把答案放在前面。例如，可以这样表达："领导，项目审核未达标，因为上面突击检查，我们没有足够的时间做出反应。"

2. CSA（突出忧虑式）架构：冲突—情景—回答

这种架构更强调突出冲突，引起听众对你所描述情形的关注和对答案的兴趣。例如，你可以这样表达："领导，这个项目……唉！我们根本来不及反应啊！上面突击检查，检查结果肯定不合格了。"

3. QSCA（突出信心式）架构：疑问—情景—冲突—回答

这种架构是通过直接抛出问题来引导听众进入情境，让对方感知到所面临的冲突，最后提供解决方案，这样可以突出解决问题的信心。例如："您猜怎么着？他们突击检查！我们根本来不及反应！不过，我们已成功通过这次检查啦！这得益于在您的领导下，我们整个团队平时就严于律己，做事精益求精。"

虽然这些延展很有用，但我仍然建议读者先掌握 SCQA 模型本身比较好。毕竟"锦"上可以添"花"，但无"锦"就绣不上更美丽的"花"。如果基本的还没掌握就去学它的变化，那么反而会变成"四不像"了。

PREP 高效表达方式
——以终为始，结论先行

PREP 是一种高效、干练的表达方式，强调以终为始，结论先行。PREP 就是一个基本贯彻金字塔原理的表达技巧。虽然它并不完全按照金字塔原理的"下一层的 N 个子结论"框架展开，但在语言的线性结构中，它已经诠释了金字塔原理的核心（结论先行，再言其他）。因此，PREP 是一个非常值得经常使用的表达方式。

PREP 的四个字母分别表示：

P（Point）：表达观点、结论；

R（Reason）：解释原因，进行论证；

E（Example）：列举例子，提供论据；

P（Point+）：升华观点，重申结论。

PREP 专治各种表达障碍。如果演讲不知如何开口、写作不知如何下笔、表白磕磕巴巴、汇报一堆废话，就可以套用 PREP 表达方式来改善。

想完成一次即兴表达就可以这样讲：我感到很开心（观点）；因为今天是周末，我终于可以好好放松一下了（原因）；我计划和朋友们一起去爬山（举例）；我希望未来每个周末都能和亲朋好友一起度过愉快的时光（愿望）。

想快速写作可以这样写：一段所思所想（结论）；一段论证（论证）；一段故事（论据）；金句点题（结论）。写作套路当然有很多种，你不知道怎么写就可以先用 PREP，熟练后再做其他变化。

不会表白可以这样说：我对你有好感（结论）；因为你会做饭（原因）；尤其是西红柿炒鸡蛋（举例）；有我妈妈的味道，这让我感受到了生活中的浪漫（结论）。你懂你的暗恋对象，用 PREP 试一试，一定比我表白得更好。

工作出现紧急状况，也可以使用 PREP 这样汇报：领导，这活不能接（结论）；对接这人不专业（原因）；上次就是因为他（举例）；让你赔钱又吃瘪（上次的结果 = 这次的结论）。

PREP 有两个优势：快且够用。

1. 快，是因为结论先行

大多数人平时说话的方式都是 ERP，比如：我发现……（举例），我分析……（原因），所以我认为……（结论）。说者需要时间，听者需要耐心。中间有一个过程没有表述明白，整段话就会成为废话。

使用 PREP 方式，我们首先给出结论，让对方一听就明白我们的意思。如果对话非常简短，我们甚至可以将 PREP 简化为 PRE，省略最后的 P（升华结论）部分。当我们追求效率或者情

况紧急时，如果对方对我们的 P（结论）表示认同，我们就可以
直接跳过 R（原因）和 E（证据），进入下一步。如果对方有异
议，我们再补充 R（原因）和 E（证据）部分也不迟。

2. 够用，是因为逻辑完整

P 是让对方知道一件事（结论）；R 是向对方解释原因；E
是用案例说服对方；P 是进一步让对方接受。这里的第一个 P 和
第二个 P 虽然是重述同一观点，但第二次的重申，具有一定的提
醒、强调、递进的作用，促使对方认同。

除了本书前面介绍的几个与表达相关的模型（金字塔结构、
FFC 赞美法、SCQA 结构化表达工具、PREP 高效表达方式）以
外，表达的方式还有很多种。下面简单介绍一些。

STAR 法则：

Situation（情境）：描述任务发生的情境，即在某个情境下自
己面临的挑战是什么。

Task（任务）：表达自己被赋予的任务是什么，以及需要完
成的具体工作。

Action（行动）：详细描述为了完成任务，自己采取了哪些
具体行动。

Result（结果）：说明通过这个行动，最终取得了什么结果。

这是一种在面试中常用的表达工具，用于帮助求职者清晰地
表达自己的经历和能力。

FIRE 表达模型：

Fact（事实）：强调以事实为基础，提供清晰、具体的信息，

增加表达的可信度。

Interpretation（解读）：理性分析，对事实进行合理解读，帮助听者理解更深层次的意义。

Reactions（反应）：对听者可能出现的反应表示理解，确保表达方式不会引起不必要的冲突。

Ends（结果）：明确表达期望的结果，使听者清楚地知道你的意图和目的。

FIRE 表达模型强调以事实为基础，进行理性分析，以增加表达的可信度。

OFNR 表达模型：

Observation（观察）：观察并描述现象或情况，为后续的感受和需求奠定基础。

Feeling（感受）：诚实地表达自己的感受，以情感的方式与听者建立连接。

Needs（需要）：明确提出自己的需求，直接而清晰地表达期望。

Request（请求）：提出具体的请求，为听者提供明确的行动方向。

OFNR 表达模型先通过观察现象和表达自身感受进行温柔铺垫，后明确需要、请求。这样更容易让对方接受你的请求。

RIDE 说服模型：

Risk（风险）：揭示潜在风险，使听者意识到重要性和紧迫性。

Interest（利益）：阐述满足需求或采取行动后的利益，激发听者兴趣。

Differences（差异）：强调与其他方案的差异性，突出独特价值。

Effect（影响）：描述预期影响，使听者相信这才是最佳选择。

RIDE 说服模型通过揭示潜在风险、明确阐述利益，进而展示独特差异和预期影响，来有效地说服他人。

另外，还有 ORID、OELS、SCRTV、LEAP、ADISC 等表达模型，感兴趣的读者朋友可以自行展开研究。这里要特别注意（我在 SCQA 中也强调了这一点），如果你还没有完全掌握任何一种表达模型，就不要试图同时吸收多种表达模型。那样可能会导致"邯郸学步"，觉得哪一种表达模型都有其道理，最后又不知道如何开口了。

不如就"以始为终"，从 PREP 开始吧。

沉默的螺旋理论

——不要成为"节奏"的"帮凶"

大多数人在表达自我时，如果遇到鼓励则会表现得更加积极；而遇到否定或反对时，则会变得更收敛和沉默。上升到一个群体，将会出现一种有趣的传播学现象——沉默的螺旋。它是一个非常有价值的大众传播理论，值得我们每一个人深入了解。你可以通过它来洞察社会舆论的成因，并让自己避免被某些舆论的声音所左右。

沉默的螺旋理论（Spiral of Silence Theory）描述了这样一种现象：人们在表达自己想法和观点的时候，如果看到自己的观念（或自己赞同的观点）受到广泛欢迎，就会积极参与，积极表达，于是这类观点就会被更大胆地扩散。如果某一观点没人支持，甚至被攻击，即使有人赞同，那些人也不敢轻易表达出来，而是选择沉默。一方的沉默总会造成另一方的增势，循环往复，就形成一方声势越来越强大，另一方越来越沉默的螺旋发展过程。

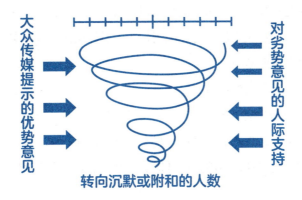

大众传媒提示的优势意见

对劣势意见的人际支持

转向沉默或附和的人数

换句话说，说得"欢"的，往往在一开始就具有一定的优势，之后会越来越受欢迎。然而，这些声音虽然不能动摇那些"持有反对意见但保持沉默的人"，但它可以带动"没有观点的大多数"一起狂欢，并使这个观点成为舆论层面的主流，占据传播优势。

沉默的螺旋是一个传播学概念，因为名字比较特别，所以使笔者在知道它后的很多年里始终记忆犹新。在交流学习、公司开会、日常讨论以及与朋友聊天中，我时常能够感受到这个"螺旋"的运转。这个理论很容易被人刻意利用，现在人们常说的"带节奏"就是如此。

当沉默成为"休止符"，响亮的声音将成为"节奏"。

沉默的螺旋能够旋转起来的原因是，人希望自己免被孤立或受到攻击。我们要知道，在传播效率更高的地方，沉默的螺旋也会转得更快。如今，人们表达观点和发表评论的渠道越来越多，也越来越便捷。如果这个螺旋被别有用心的人所利用，它就可能会被用来转移大众注意力，颠倒是非，引导风评。这将带来很大的危害和负面影响。

沉默是节奏的帮凶。

这个理论应该被"没有意见的附和者"知道。当一个声音越来越主流时，我们应该多一些观察和思考，这个螺旋是否向着不正确的方向转动，而不是盲目接受观点并附和，让节奏带来的危害增大。

这个理论更应该被"沉默的大多数人"知道。这样，他们就能知道，不能总是通过沉默来避免被攻击，那样之后受到的危害可能会更大。勇敢地发出声音，让沉默的螺旋朝着正确的方向（至少是平衡的方向）回旋，才是避免不良舆论造成危害的有力行动。

有句经典俗语讲得好："不是'声音大'就有道理！"沉默的螺旋理论是政治学家伊丽莎白·诺尔－诺伊曼（Elisabeth Noelle-Neumann）于1972年提出的，她认为在影响公众意见方面，大众媒介发挥着巨大作用。这个50多年前就出现的理论只是用来描述当时的现象，提醒当时的人反思。然而在50多年后，在这个更多人都能表达自己观点的今天，这种现象显得更加汹涌——声音大就是有道理。

我主张"反沉默的螺旋"也是想给沉默的人提个醒：请不要总是保持沉默。虽然沉默有时是一种"智慧"，但当需要我们表达时却选择了沉默，那可能是对不公正、不道德、不正确的放任。

SECI 知识转化与创造模型
——利用"螺旋"创造新知

SECI 模型是一个关于知识转化与创造的模型。它由野中郁次郎（Ikujiro Nonaka）于 1990 年首次提出，随后得到竹内弘高（Hirotaka Takeuchi）的进一步完善，因此它也被称为 Nonaka-Takeuchi 模型。这一模型旨在为日本企业的知识管理架构提供独到的见解，同时它也具有创造知识的作用。

SECI 模型首先对知识进行了两种属性的定义。

隐性知识： 包括个人感悟、经验、体验和认识等，它是一种深藏于个体大脑中的、"难以言表"的感觉或认知；

显性知识： 包括通过提炼和总结得到的语言、形成的文字、影像、模型或其他可视化载体，是可以"表达出来"的知识。

SECI 模型用于描述隐性知识与显性知识相互转化的过程。它明确了四个关键的知识转化维度：

S（Socialization，社会化）：这一阶段涉及个人内心的感悟和个人通过非正式交流形成的个人感悟。它描述了隐性知识转出的过程，如思考。

E（Externalization，外显化）：在此阶段，个人将感悟进行一对一交流或小圈子分享，逐渐形成可以公开表达的知识。这是隐性知识转化为显性知识的过程，如为人师。

C（Combination，组合化）：在此阶段，公开表达的知识得到融合和完善，形成更系统的知识并得以广泛传播。这是显性知识进一步外显化的过程，如教材。

I（Internalization，内隐化）：在此阶段，个体接受系统化的知识并将其重新转化为自身的内心感悟。这是显性知识转化为新的隐性知识的过程，如学习。

通过这四个维度的流转，新知识的创造得以实现。

因此，掌握了隐性知识和显性知识的概念以及 SECI 模型四个维度的含义，便能理解知识是如何流转并创造出来的。知识的"社会化—外显化—组合化—内隐化"分别对应知识的"出隐—入显—出显—入隐"。由隐至显，由显至隐，每完成一次螺旋上升，就会有一轮知识创新。

此外，为了支持四个知识维度的流转与创造，还需要孵化知识的空间，即场（Ba）。以下是这四个场的简要描述：

创始场（Originating Ba）：这是一个个体分享经验、交流感受的空间，如咖啡厅、午休时间的闲聊、线上聊天窗口等。

对话场（Interacting Ba）：这是个人将经验整理成公开知识的空间，如工作笔记本、朋友圈、小组分享会等。

系统场（Systemizing Ba）：这是将显性知识组合成系统知识的空间，如图书馆、媒体平台、大课堂等。

练习场（Exercising Ba）：这是促使系统知识转化为个体感受的空间，如自习室、体育场、训练基地等。

值得注意的是，在原模型中 Systemizing Ba 被表述为 Cyber Ba，意为虚拟场或电脑场。时下两种表述都有传播，不过笔者认为 Cyber Ba 相较于其他三个场（创始、对话、练习）概念范畴有些狭窄，所以这里采用了结果指向性更强的 Systemizing Ba（系统场 / 整合场）。

场（Ba）可以被理解为环境、场合或场所等，它对人的影响至关重要。我们可以主动创建与各个维度相对应的场，以便更好地获取和创造知识。

社会化阶段：当你对某个信息、现象有所感悟时，可以主动找人交流，通过碰撞和共鸣，把这种感觉表达出来。

搭建创始场：创设一个安静的环境，找一个可以和你交流感受的人。

外显化阶段：当自我认知得到明确、感悟得到他人的认同和验证时，就可以采取行动。

搭建对话场：这一步，需要将感悟落笔成文，发布在个人媒体上，或者在组织内举办个人分享会。

组合化阶段：当个人知识公开发布后获得了一些反馈和补充时，可以进行整理和完善。

搭建系统场：选择一个特定的环境或空间进行吸收、编辑和整合至关重要。例如，课堂、培训会、读书空间、电脑中做思维导图或组织社群等都是合适的环境。

内隐化阶段：当感觉获取到的知识可以为自己所用时，需要创造一个练习的环境。

搭建练习场：个体可以在日常练习、思考时间、总结环节或反思时间中，对所吸收的知识产生新的感悟。

SECI 模型对企业知识生产的过程进行了相当深入的研究，但是这一模型也有局限性。

第一，它只陈述创造过程，并未对如何提高知识创造效果做说明；

第二，没有考虑有些人并不愿意分享自己认为很宝贵的知识与经验；

　　第三，这是个封闭系统，未提及企业外的社会化知识对企业内部的积极影响。

　　对企业来说，SECI 模型为知识创造提供了指导；对个人来说，它也有助于理解圈层或社会层面的知识创造过程，并利用这一过程提升自我。

共鸣能量释放模型

——找好传播时机，让知识"爆发"价值

曾经有这样两则新闻：一个员工辞职后，退掉了400多个群；另一个员工辞职后，手机静音了一年。这两则新闻相隔不久先后上了热搜，引发了很多打工人的共鸣。在这个快节奏的时代背景下，许多人都能够感受到工作中的压力和疲惫，而这些新闻事件恰好触及了大家内心的共鸣点。

本节介绍的思维模型就叫共鸣能量释放模型。它表达的是这样一种现象：当某些信息或知识被公布、揭示或传播给大众时，会引起人们情绪上的强烈共鸣，这种共鸣伴随着巨大的能量。

要了解能量激发的原理，我们首先要明确两个概念：共有知识与公共知识。共有知识是指大家都知道，但彼此并不知道对方知道的知识。公共知识则是指大家都知道，并且还知道其他人也知道的知识。与此类似，信息层面也有共有信息与公共信息的区别。

所谓的共鸣激发，就是一部分的共有信息或知识被公布出

来后，在转变为公共信息或知识的过程中，可以释放出巨大的能量，产生共鸣。这个过程我们可以用下图表示。

巨大能量

共有知识 ——→ 公共知识
　　　　揭示

如果一名政治家在竞选演讲中准确捕捉到并表达出选民心中的期望，那么在演讲结束后，就会获得大量选票。在这里，被揭示的共有信息为：选民的期望；能量释放的形式为：大量的选票支持。

如果小品或脱口秀演员用夸张的表演或巧妙的语言揭示了我们生活中的某些细节，就会赢得满堂喝彩。在这里，被揭示的共有信息为：每个人生活中感悟到的相同细节；能量释放的形式为：喝彩和掌声，甚至提升了演员的知名度。

如果某部电影或电视剧精准地刻画了普通人的生存状态，呈现了我们所向往的生活画面，就会赢得票房、口碑和广泛的推荐。在这里，被揭示的共有信息为：观众亲身经历的、内心的感受和向往；能量释放的形式为：票房大卖、口口相传、话题热度上升。

在短视频内容或朋友圈的文案中，如果能够捕捉到那些有趣细节，挑起人们心中未曾表达的情绪，这条内容就会成为爆款。在这个案例中，被揭示的共有信息为：被忽视的细节和被压抑的情绪；能量释放的形式为：点赞、转发、评论和推荐。

这样的例子还有很多，甚至在日常生活中也能看到这种现象。比如，当有人落水、晕倒或发生交通事故时，围观者可能都有救助的意愿（共有信息），但又担心自身安全或寄希望于他人。此时，如果有一个人站出来说出大家心中的担忧并号召大家行动（揭示成公共信息），那么大家就会齐心协力施救。在社会层面，一个感人的故事或一句经典的口号也能激发广大群众的希望和梦想，掀起一个时代的浪潮。

利用这股能量，我们可以实现自己的目标，而这种能量的激发不仅依靠自然形成，还可以通过主动培养或挖掘来催生。要主动培养共鸣释放能量可以遵循以下步骤：

1. 能量积累

在这个阶段，要客观培养共有知识。在小圈子中培养相似的经历，也可以为特定个体提供相同的知识与信息，这个阶段是在进行能量积累。

2. 能量确认

接下来要主动发掘共有知识。我们先要从曾经的经历中提炼出自我感受，然后与小众群体做试探性交流，确认某一信息或知识是否具有普遍性，这个阶段就是在进行能量确认。

3. 能量迸发

这个阶段需要进行共有知识的揭示。我们先要整理好知识、信息，选择一种表达方式或展现方式，然后在适当的时机在公共平台上进行传播，以引发广泛共鸣，交换对自己有利的能量。

4. 能量均衡

通过共鸣、讨论和分享，我们把共有知识逐渐转化成公共知识。当能量完全释放后，将回归平静状态。

5. 重新积蓄能量

公共知识被广泛接受后，它将在特定圈子、领域、社群或社会层面转化为新的经历。这些经历可以成为培养新的共有知识的温床，为下一轮能量激发做好准备。例如，通过二次创作、玩梗等方式再创作和再传播。因此，我们可以通过对公共知识的讨论与感悟，重新积蓄能量。

以上步骤和 SECI 知识转化与创造模型的逻辑类似。

为了保证能量迸发对自己有利，我们需要准确识别一个信息或知识所处的阶段，即从共有状态到公共状态之间过渡的位置。

在信息或知识仍处于完全共有的阶段时，即其他人还不了解彼此所知道的，此时揭示它将会引发第一轮的能量迸发。这一阶段能量迸发往往最为激烈，但具体激烈程度会受到多种因素的影响，包括揭示者的表达方式、知名度、揭示时机的选择以及传播渠道的影响力等。

在第一次揭示之后，该信息或知识并不一定完全成为公共知识，它可能处于一个"半共有半公共"的状态。也就是说，在某些人群中已经实现了公共状态，但在另一些人群中可能还没有被广泛接收，这就需要后续的激发或者随着时间的推移才能逐渐波及这些人群。在这个阶段，仍然存在可以被激发的能量，可以对这一信息或知识进行再次揭示，例如网络文章的二次发布、短视频的洗稿搬运、微博话题的分享转载等。

最后，当这一信息或知识非常接近公共知识状态时（接近完全公共阶段），也就是这个信息或知识只有极少数人还不了解，但大部分人已经知道，此时，如果还想通过"揭示"来获得能量，就需要慎重考虑。因为在这个阶段已经无法激发太多的能量，相反地，更多人可能会觉得你"过时了""老掉牙""信息滞后""大惊小怪"。这会让传播者处于一个比较尴尬的地位，甚至被大众嘲笑、反感，相当于被激发后的能量反噬。如图所示：

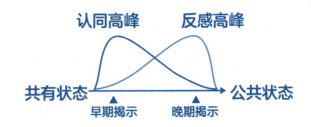

在激发能量的过程中，我们需要密切关注信息或知识所处的阶段，以及其在不同人群中的传播和接受程度。通过准确判断和灵活应对，我们可以更好地利用能量迸发的机会，实现个人和团队的目标。另外，我们也要注意避免在信息接近公共状态时过度揭示，以免造成不必要的负面影响。

"能量"是有好坏的，也是"不认人"的，当你想要揭开"它"时，需要明白，它可能是阿拉丁神灯，也可能是潘多拉魔盒。

SQRRR 高效阅读法
——高效阅读，高效学习

在娱乐方式层出不穷的今天，阅读变得越来越奢侈。很多时候，我们拿起了书，也看了字，却总是觉得阅读无趣。字从眼底过，脑中不留痕。这里给大家介绍一个高效的阅读模型。它是由教育心理学家弗朗西斯·罗宾逊（Francis P. Robinson）提出的SQRRR 阅读法。自提出以来，这种阅读方法就备受推崇。如今，它已成为被世界公认的高效学习（阅读）方法。

SQRRR 分别代表浏览（Survey）、提问（Question）、阅读（Read）、背诵（Recite）、复习（Review）五个学习阶段。

1. 浏览

这是阅读的第一步。其目的是让我们了解一本书、一本教材、一篇课文的大体内容，在脑子里搭建逻辑框架，对阅读材料有个基本的认知。浏览的主要落脚点在序言、目录、每个章节的大标题、小标题、章节首尾段、自然段首尾句和结语。另外，还要注意一下书中的一些插图，如图表、图片、公式等，这些通常是作者对重点、难点的强调。

2. 提问

通过浏览，我们能够大致了解一本书、一本教材、一篇课文的内容，找到知识盲点，把"不知道自己不知道"变成"知道自己不知道"，进而围绕这些"不知道"提出问题。如果不知道如何提问，可以尝试"面对面对话"。

所谓面对面对话是把书当成作者和读者两个人的对话内容。

从作者"面"来提问：这本书、这一章、这一段，作者说了什么？背后想表达的核心观点是什么？对他来说，哪些地方是重点？

从读者"面"来提问：这本书、这一章、这一段，我能获得什么？获得了又有什么用？对我来说哪些地方是难点？

从"双面"来提问：作者表达的观点我是否认同？我是否有方法或者实例可以证明他的观点正确或者错误？

"面对面对话"技巧效果通常都很好，因为阅读本身就是一场读者与作者的交流。知识传递过程的核心就是知识输入方要明白知识输出方在输出什么知识，输入方也要知道自己想要什么知识。这里面提出的"问题"就是阅读的引子，是交流的介质。没有问题的阅读，就像听与己无关的大会报告。大部分时候，我们一读书就困的症结就在这儿。问题问得好，阅读不瞌睡！

3. 阅读

进入阅读阶段，我们需要带着之前提出的问题去寻找答案。这将激发我们的阅读兴趣，并深化对知识点的掌握。如果没有前面浏览和提问阶段的准备，我们可能会在精读时不得要领，感觉作者只是在平铺直叙，难以集中注意力。

　　然而，精读并不是逐字逐句地读，而是需要精细地确定哪些内容是重点、难点。虽然书中的大部分文字都是一样大的，但这并不意味着作者在平铺直叙。就像说话一样，阅读也讲究抑扬顿挫。加粗、变色的文字是作者要强调的内容。对于自己不理解的难点，我们也需要多读几遍。把宝贵的精力用在关键的地方，才是精读的要领。

4. 背诵

　　这是我们在阅读之后，对整体内容进行一次复盘和整理的过程，以此加深对知识的理解和记忆。Recite 译为背诵，但这个阶段也可以被叫作"概括"。

　　如果是学生，可以背诵课文、短章节、知识要点等，让知识内化吸收；如果是普通读者，针对一本书，可以进行概括，即通过回忆和总结书中的主要观点、论点和论据等，在脑海中形成一个高度凝练的认知。

5. 复习

　　为了进一步巩固阅读收获，我们需要时常回顾复习，以便获得对知识的长期记忆。当我们有新的经历之后，回过头来看，又可以获得新的收获，温故知新。

SQRRR 高效阅读法是一套标准的"学习"逻辑。具体而言，S（Survey）相当于预习；Q（Question）是带着疑问思考；R1（Read）是学习；R2（Recite）相当于课后练习并背诵全文；R3（Review）是复习。因此，SQRRR 阅读法并不仅仅适用于高效阅读，它在自学中也可以发挥出"高效"的作用。

有人会说，像这么翻来覆去地读，怎么能称得上"高效"呢？

首先，高效在于它能够让我们在精读中"跳读冲浪"。也就是通过前期的预览和提问，识别出"已知的"和"相对不重要的"内容，从而更有效地分配接下来阅读的精力。这样可以避免在不重要的信息上浪费时间，提高阅读效率。

其次，高效并不单纯指"高速度"，它还包含"高效果"（高质量）。它注重收获量与耗时之间的性价比。虽然这种阅读方法看似花费了比一般通读更多的时间，但吸收和消化的知识却可以比相同时间的通读更多、更深刻。从性价比角度来看，这种方法是高效的。

买书如山倒，读书如抽丝。读书就是这样，别嫌慢。"貌似读之徐徐，实则收之累累"才是 SQRRR 的精髓。

费曼学习法
——让别人也懂，你才是真懂

在这个瞬息万变的时代，学习能力成为每个人不可或缺的核心竞争力。谁拥有强大的学习能力，谁就掌握了应对挑战、抓住机遇的秘诀。费曼学习法（Feynman Technique）被很多人称为"史上最强学习方法""世上最好的学习方法""全球公认的终极学习法"。最妙的是，这个顶尖学习法还易学易用。

费曼学习法来源于诺贝尔物理学奖得主、纳米技术之父——理查德·费曼（Richard Feynman）。关于费曼学习法的解读内容有很多，但它们大同小异，基本上都是把它分为四个步骤：Concept（学习概念）、Teach（传授知识）、Review（查漏补缺）、Simplify（简化比喻）。单纯解读这些步骤可能会抓不到这个学习法的精妙之处，实际上，它最核心的要点是第二步——Teach（传授知识）。一句话：**去教别人，让他也懂。**

把学习的知识讲给别人。如果我能让你听明白，我也就学到了知识的精髓，也就是说，我通过思考怎么让你懂来变相让自己真的懂、更加懂。这就是费曼学习法的核心要领。回想上学时，想弄懂某一道应用题，与"听老师讲然后自己练"相比，给不会的同学讲一遍会掌握得更扎实。

　　费曼学习法强调，知识从输入到吸收，再到输出，才算完整的学习过程。如果没有输出，充其量只是对知识眼见、耳闻，让自己的大脑知道而已。费曼学习法的达成标准是通过自己的讲解，让听的人达到与自己当下相同的认知水平。当然完成这个过程之后，你对某个知识的认知水平还会进一步提升，而这时候的认知水平才是费曼学习法中"学到"的水平。

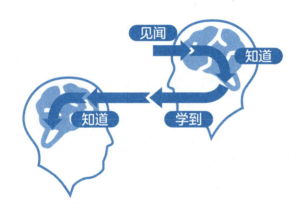

　　网络上流行这样一句话：好喜欢这种知识划过大脑却不留痕迹的感觉。人们表面上说喜欢，实际上却是表达无法留住知识的无奈。如果按照费曼学习法来看待这句话，这都不叫"过"脑子，最多算过耳朵。让知识从眼睛和耳朵里进脑子再从嘴巴里吐出来给别人，才是过了脑子。只要过了脑子，一定会留下痕迹。

　　学习方式有千万种，耳听、嘴说、手写都是。如果按照

吸收效果对学习方式进行排列，那么传授知识（也就是去教别
人）是最有效的方式之一，如下表所示。这是因为**教别人需要
整合所有的学习步骤，教别人自然也能提高自己的吸收效果和
学习效能。**

几种学习方式的吸收效果对比表

学习方式	吸收效果
听	5%
看	10%
边听边看	20%
示范	30%
讨论	50%
练习	60%
边学边练	70%
教给别人／马上运用	90%

　　你要教别人，就得自己先弄明白。这就需要你通过听、看、
写等方式理解基本概念。这实际上是通过多种渠道同时学习的
过程。

　　你要教别人，就得负责任，尽量保证知识的全面和准确。这
就需要你对自己的知识进行考证确认、查漏补缺。这实际上是一
个复习和巩固的过程。

　　你要教别人，就得学会如何把知识讲清楚。这可能需要使用
生动的例子和恰当的比喻来解释复杂的概念。这实际上是深化理

解的过程。

　　只是说明白还不行，还得让对方抓住要领，更好理解。这就需要将所有的内容压缩成言简意赅的几句话或几个词，甚至使用新的工具，如利用某个脑图软件做笔记。这实际上是化繁为简的过程。

　　至于示范、讨论、练习，这些常规的学习步骤，在你教别人时都会自然而然地用上。因此我们无须浪费脑细胞刻意去记它们。要掌握费曼学习法，就记住"想办法让他懂"这个要领。

　　有人担心"教会了徒弟饿死师父"，但请记住："去教别人，让他也懂"只是手段，而"让你更懂"才是目的，可不要本末倒置了。

TTT 培训思维

——自己当老师，学会教好"学生"

TTT（Training the Trainer to Train），全称直译为"培训培训师去培训"，简言之，培训培训师。它是国际职业训练协会（IPTA，International Professional Training Association）的培训师认证课程，也被称为国际职业培训师标准教程。

TTT 课程包括培训师的言行举止要求、穿搭规范、教具使用规范、素质要求、角色定位、授课技巧、授课工具的运用以及异常情况的处理等方面。TTT 的目的是要让培训师更好地将培训内容传达给学员，让学员更好地吸收，所以课程中也包含了 PPT 使用技巧、培训金字塔原理、教学内容可视化表达、教学互动方式等，这些都是围绕课程的核心目的而展开的内容。

TTT 思维非常值得借鉴，因为在日常的学习、工作、生活中，我们无时无刻不处在分享、教授、学习、吸收的成长循环中。

古人言，三人行必有我师。反过来也成立：三人行我必为师。

任何人都处于社会关系中，任何人都有自己的所长所短，任何人都既可以学，也可以教。如果说"三人行必有我师"是一种谦虚的学习态度，那么"三人行我必为师"就可以理解为一种积极的分享态度。每个人都有值得向别人学习的地方，也有值得被别人学习的经验。如果你想分享你的经验，就需要考虑如何提升分享效果。这样，TTT 也就有了另一种含义：

Teaching the Teacher to Teach——把自己当成老师，学习如何教好"学生"。

我所谓的 TTT 思维，是一种注重"检查知识、经验，分享培训效果"的观念。它不仅有助于我们深入反思自身的传道授业方式，更能够发现知识分享效果的优化空间。

再次强调，TTT 思维并不是具体的教学方法，而是一种思维观念，是一种强化反思的思维回路。时常对自己进行"TTT"，可以提升自己的分享能力、传授能力，甚至是感染力、影响力。

在自我"TTT"时，我们可以关注以下三个优化方向：

1. 模型比喻，道具展示

在说明几个事物之间的复杂关系时，随手摆几样东西（杯子、钢笔、手机、鼠标）当教具代表不同事物。讲解的同时，通过指示和变换实物位置来直观展现它们之间的关系和变化，这样对方就更容易明白。再如公开讨论时，通过把自己的核心观点制作成手举看板（物理 PPT），把关键词打在上面，现场一边拿着牌子一边讨论，你想表达的核心观点就可以更深入人心。

2. 模拟对话，声情并茂

这方面，我们可以多向村口大妈学习，像她们唠家常一样，通过丰富的面部表情和肢体语言来传递知识，给对方留下深刻印象；也可以一人分饰两角，模拟两个人现场对话，这样你的陈述就不会那么单调，听者也会更容易听进去。

3. 情景再现，边学边做

在培训过程中，师徒共同模拟操作步骤，同时师父实时检查学徒的动作和成果。一个做，一个学，这么一对比，师父就会发现哪个动作不对。师父发现得快，徒弟知道得准（知道自己具体哪里出了问题）。这要比用嘴描述更高效，也更容易让学徒记住。

总体来说，TTT 虽然被定义为一套认证课程，但其核心还是表达"培训培训师去培训"这一基本概念。具体如何培训，还需要其他相关思维模型对其进行填充。只要是符合"培训培训师"

目的的方法和工具，都可以填充进去。此外，我所强调的 TTT 思维（Teaching the Teacher to Teach）旨在鼓励我们重视并反思自己的分享方式，以提升分享的效果和个人的传授能力。

使用 TTT 思维，可以"T"别人，可以"T"自己。大家都可以成为老师。我想说，其实谁学谁教无所谓，我们不必在意"教"与"学"的身份，重要的是我们应该关注自己在"教学"过程中的收获。

ADDIE 培训课程开发模型
——从课程开发到一切开发

ADDIE 是一套经典的培训课程开发模型，也是教学设计（Instructional System Design，ISD）理论的一种参考模型。

ADDIE 模型包含五个环节：

分析（Analysis）包含课程调研和需求分析，研究学习者想学什么，讲师该教什么。

设计（Design）是根据分析结果设计课程大纲，研究学员该怎么学，讲师该怎么教。

开发（Development）是根据大纲开发内容，研究具体学哪些、教哪些，学多少、教多少。

执行（Implementation）就是让讲师实施课程教学，并从中获取讲师及学员反馈。

评估（Evaluate）就是根据反馈评估教学成果和目标差距，并找到问题环节进行优化。

ADDIE 的每个环节几乎环环相扣，它的每个步骤看起来似乎简单明了，但实际上，每个步骤的操作方法、手段和技巧都有一定的门槛。可以说，ADDIE 简约而不简单。

ADDIE 有一个特别的地方需要说明，就是 E（Evaluate 评估）可以作为每个其他环节的直接回路。它并非只在最后一步发挥作用，而是贯穿整个"ADDI"（分析、设计、开发、执行）过程。通过对每一阶段的评估和优化，我们可以确保教学方向的正确性和目标的准确性，从而避免在 DDI（设计、开发、执行）都完成后才发现效果不佳。这种 A（E）D（E）D（E）I（E）的方式，针对重大教学项目比较适用。

当然，对于普通教学或对有效率要求的课程开发，常规的"结束后再 E（评估）"的方式也有它自身的优势。你可以在完成 ADDI 的大循环之后，根据 I（执行）环节讲师和学员的反馈，再进行统一的 E（评估）。

相较于每个环节都加入 E（评估），在最后做 E（评估）的好处有三点：

1. **快速**。你可以马上实施教学，因为没有"反复地评估"作为羁绊。

2. **准确**。通过整体的教学反馈，会更容易抓住问题环节，发现精彩之处。如果不实际完成最后整体的教学动作，而是在理论阶段就反复评估，就很难发现具体哪里会出问题，哪里反而有意想不到的精彩。

3. **深刻**。经过一套完整的教学开发过程后，对评估中的问题和优势会有更深刻的印象，这有助于进一步优化教学过程。

除了传统的讲师—学员关系，ADDIE 模型还可以应用于其他教学的关系中，如老师—学生、师父—徒弟和前辈—晚辈等。这些传授者可以利用它来提升自己的知识传授能力。

ADDIE 的思维方式也可以应用于产品开发。在产品开发中：

A（分析），进行需求调研，知道目标消费者需要什么；

D（设计），进行定位设计，根据消费者需求设计产品，给产品做包装和定位；

D（开发），进行生产制作，注意批量制作的成本控制，包括时间成本、合格率等；

I（执行），在投入市场阶段选择正确的传播渠道、铺货渠道，匹配适合的促销手段；

E（评价），获得反馈，并根据反馈调整、优化、迭代产品。

此外，ADDIE 的思维模式还可以应用于软件开发、技术开发、路线开发以及资源开发等领域。可以说，ADDIE 更像是一种基础的开发型思维。

除了 ADDIE 模型之外，还有很多其他的课程开发模型。每种模型都有其各自的特点和适用范围。这里简单介绍几个，感兴趣的朋友可以自行深入了解。

BSCS 5E 教学模式：包括吸引（Engagement）、探究（Exploration）、解释（Explanation）、迁移（Elaboration）和评价（Evaluation）。它是由美国生物学课程研究会（Biological Science Curriculum Study，BSCS）提出的一种科学教育教学模式。

BOPPPS 教学模型：包括课程导入（Bridge）、学习目标（Objective）、预评估（Pre-assessment）、参与式学习（Participatory Learning）、后评估（Post-assessment）和总结（Summary）六个教学环节。它是一种以教育目标为导向，以学生为中心的教学模式。

CDIO 教育模式：包括构思（Conceive）、设计（Design）、实施（Implement）、运行（Operate）四个环节。它是一种以产品研发到运行的生命周期为载体，让学生主动在课程之间有机联系的实践教学方式。

CBET 模型（Competency Based Education and Training Model）即能力本位教育培训模式。它是以某一工作岗位所需的能力作为开发课程的标准。流程包括六步：分析宏观经济政策以及时长需求、根据岗位描述分析岗位职责、进行综合能力或专项能力分析、明确教学目标和标准、制订培训计划、实施教学和评估并定期检验更新。

另外还有泰勒原理、塔巴七步模式、斐勒圆环、科尔课程设计模型、朗催课程设计模型、迪金反省性的螺旋、史北克（Skilbeck）课程设计体系、詹森（P–I–E 模式）……

我们也可以转换视角，将自己视为需要接受培训的人，自为己师，利用各种课程开发模型的优势，将所学的知识和经历转化为要开发的课程，梳理知识体系。

加涅九大教学事件
——全能高效教学法

九大教学事件是一种高效的教学方法。它由教育心理学家罗伯特·加涅（Robert M. Gagné）基于"为学习设计教学"而提出的教学策略。它能使"教学活动"与"学习者的学习心理过程"相契合，有效加强学习者的学习效果。

这九大教学事件分别是：

1. 引起注意

教师通过提出新颖的、有差异的、非常规的认知或者问题，吸引学生的注意力，激发他们的学习兴趣，帮助他们打开新知的大门。

2. 明确目标

既然交代了"新知"是什么，那么教师就要向学生明确教学方向和达成标准，让学生知道能学到什么内容，要学到什么程度。

3. 回顾已知

在正式教学之前，教师先要带领学生回顾已经学过的知识。

它是通往新知识的起点，所以需要以此为锚点来链接"新知"。

4. 呈现内容

这是正式的教授过程，把知识传递给学生，以教材、道具、游戏为媒介，让师生加深互动，让教学更生动，让知识更容易吸收。

5. 提供指导

在教授新知识后，教师需要趁热打铁，让学生进行练习。在练习中，教师提供适当的指导，帮助学生完成作业。这是"半独立"练习的过程。

6. 引导行为

学生完成练习后，一定会有所感悟。教师可以通过提问的方式引导学生总结收获，使内在的知识得以外显。

7. 给予反馈

如果学生表达正确、表现良好，教师应该及时给予肯定的回馈，反之亦然。因为在刚刚吸收"新知"的阶段，获得及时的肯定和纠正对学生来说非常重要。

8. 评价结果

教师要让学生独立完成作业，并检查学生对知识的最终掌握情况，再对其获得知识的结果进行评价。这是学生"独立"练习的环节。

9. 保持与迁移

完成前述步骤只是开始，教师还需要引导学生通过复习、练习等方式巩固知识，并让学生对知识进行进一步提炼和追问，促使学生举一反三、活学活用。

　　根据加涅九大教学事件中每个事件的功能，我们可以把它们分成三个不同阶段。按照可查资料，这九大事件会被这么分配：

准备期：事件 1、事件 2、事件 3

教学与实践期：事件 4、事件 5、事件 6、事件 7

评估与迁移期：事件 8、事件 9

　　这种分配方式没有问题，整体逻辑是合理的。然而，如果按照知识的移动和消化逻辑来重新分配这三个阶段，会更容易理解：

新知铺垫期：事件 1（知新）、事件 2（锚定）、事件 3（温故）

新知传递期：事件 4（传授）、事件 5（练习）、事件 6（接收）

新知消化期：事件 7（指正）、事件 8（掌握）、事件 9（启发）

　　相较于原有分配方式，新分配方式的变化只是事件 7 从第二阶段的结尾，被挪到了第三阶段的开头。

　　这么分配的原因：事件 6 引导行为，实际上是学生在老师这里完全获得新知后的第一次感悟和输出。从这一刻开始，新知识已经完成了从老师到学生的转移，并留在了学生这里（严谨来讲，老师并没有失去这个知识）。这是一轮知识传授的终结。事件 7 给予反馈则是老师在学生有认知之后做的第二次强化型传授，用于夯实知识。后面的事件 8（掌握）事件 9（启发）都在属性上与第二阶段的事件 5（练习）与事件 6（接收）——对应。

基于这种逻辑，九大教学事件就比较好理解了：

在新知铺垫期：

事件1，引起注意——老师打开新知大门；

事件2，表明目标——让学生先望到终点；

事件3，回顾已知——让学生回看起点。

在新知传递期：

事件4，呈现内容——向学生"首次"传授知识；

事件5，提供指导——让学生"首次"半独立练习；

事件6，引导行为——提问，让学生完成吸收。

在新知消化期：

事件7，给予反馈——向学生"再次"强化所传授的知识；

事件8，评价结果——让学生"再次"独立地练习；

事件9，保持迁移——复习、练习、活用，让学生巩固知识并延展。

加涅的九大教学事件是一种系统化、科学化的教学方法。它以学生吸收知识的过程为出发点，强化师生之间的互动。它可以帮助培训师、教师和讲师更好地组织和完善教学活动，提高教学质量。

真正有效的"教学"应该是一种教与学的双向探索，要探索教师怎么"教"得好，也要探索学生怎么"学"得好。

SOLO 分类评价理论
——让认知有方向、有方法

SOLO 分类评价理论，全称为 "Structure of Observed Learning Outcome"，即可观察学习成果结构。这一理论是由教育心理学家比格斯（J. B. Biggs）首次提出的，旨在客观评价学生的学业表现。根据 SOLO 分类评价法，比格斯把学生对某个问题的学习结果由低到高划分为五个层次：前结构层次（Pre-structural）、单点结构层次（Uni-structural）、多点结构层次（Multi-structural）、关联结构层次（Relational）、抽象拓展层次（Extended Abstract）。

1. 前结构层次

学生不太理解问题且无法找到解题思路，逻辑混乱，仅凭直觉进行判断，无法正确得出答案。（4×9=？乘法是什么意思？应该是个很大的数，蒙一个吧！40！）

2. 单点结构层次

学生对问题有一定的理解，但只能凭借自己掌握的单一或有限的线索得出答案。（乘法嘛，我记得乘法口诀，四九三十六，答案是 36。）

3. 多点结构层次

学生能够充分理解问题并有多种解题方法，但不能将这些思路结合起来，形成完整的知识体系。（不用口诀我也可以自己算，它是 4 个 9 的意思，也是 9 个 4 的意思，得数都是 36，可是 81×16 怎么算呢？）

4. 关联结构层次

学生不仅知道问题的多种解法，还能找到问题的本质，从而举一反三，回答同类别的其他问题。（我不仅知道 9×4=36，我还知道 3×3×2×2=36，81×16=9×9×4×4，很多乘法问题我都可以解答了。）

5. 抽象拓展层次

学生不仅能够理解问题的本质，还能将问题进行抽象概括，推到理论层面，将其融入自己原有的认知体系中，并延伸思考、迁移思维，一通百通。（乘法就是加法的延伸，是一种加法的速算方法，只要加法中每个加数都一样就可以换成乘法去计算。）

如上页图，用可视化表达就显得很直观。我们对某一方面的认知结构的提升，也确实就是这样一步步走上来的：从"无知懵懂"（前结构）到"一知半解"（单点结构），从"知道很多"（多点结构）到"原来如此"（关联结构），最终到"无非如此"（抽象拓展）。

SOLO 分类评价理论为我们提供了认识"认知水平"的直观视角，同时这个理论也能为我们提供更多关于认知方面的新认识：

1. 人的认知提升可以找到明确的路径

我们可以先用 SOLO 分类评价理论判断自己当前的认知结构层次，然后通过了解下一个认知结构层次的特点进行有针对性的训练。换句话说，当我只知道某个问题的一种解法时，接下来的任务就是去寻找它的更多解法；知道更多解法后，就去找到它们之间的关系以求得这个问题的本质。如果在提升过程中遇到瓶颈，我们也可以尝试跨领域学习，提升跨领域的认知结构层次。通过跨领域的抽象拓展，来提升自己在原有领域的认知结构层次，如跨学科学习或跨专业应用。

2. 人的认知并不单一，且它们各有高低

所谓"尺有所短，寸有所长"。比如某人对历史很感兴趣，虽然懂得很多，但都是散点，并没有达到看透历史发展规律并促使自己形成一套历史观的程度，而他在人情往来方面却有很多独到见解，但是他口才不好，所以不能把这些见解充分利用，而只能替他身边理解能力强的朋友出主意。这个人在历史、人情交

际、口才方面分别有高低不同的认知结构层次，这就是他相对整体的认知特点。我们每个人都有自己的特点，人的认知也因此具备了多样性。

3. 认知有不同的展示角度，角度不理想，评价打折扣

虽然认知结构层次只有五个，但它的呈现方式有很多。例如，想表现自己口才好，倘若用绕口令的方式去呈现，尽管说得很清晰、很快，但仍然会被判断为较低的认知结构层次（单点结构：他看起来也就嘴皮子基本功不错，更多的就没有了）。如果换成有理有据地表达一个观点让人信服（多点结构：他还很会劝别人，讲得条理清晰，我被说服了）或声情并茂地讲个故事让人感动（关联结构：他讲起了我们小时候的事情，竟然把我说哭了，他好懂我，好懂人性），呈现效果显然更好。找到更合适的认知呈现方式，可以更好地把自己的水平展现出来，获得更高的认知结构层次评价。

4. 人的总体认知水平难评高低

基于第二点和第三点我们可以知道，一个人偶尔展现出的单一方面的认知结构层次的高低，并不能成为判断其整体的认知结构层次的依据，甚至都不能作为这一单一方面的认知结构层次评价的依据，比如他这次的展示角度可能不够理想（或太过理想）。然而，我们总是以偏概全地去判断自己或他人的整体认知水平。例如有人口才好，我们就认为他很聪明，进而认为他的认知水平高；有人不擅长处理人际关系，我们就认为他情商低。口才好不代表聪明，聪明也不意味着认知水平高。往细了说，某个人侃侃而谈，有可能只是聊到了他熟悉的领域（展示角度非常理想），

也有可能是这段"偶尔出现的"侃侃而谈恰巧被看到了而已，这都不能作为其认知水平高的依据。因此，不要妄加评论一个人的整体认知水平，也不要轻易接受别人对你整体认知水平的评价。

5. 想要做总体评价也不是不行

一个人的多种认知结构层次可以组成他相对整体的认知结构层次。为了全面了解一个人的认知结构层次，我们需要整合其在各个领域的综合表现。例如，一个人不仅在口头上能够流畅地表达自己的观点，在书面呈现上，他的思路同样条理清晰，在待人接物方面，他也有自己独特的技巧等。我们把他的多个维度综合表现汇总之后，就可以粗略地判断这人整体认知水平为相对较"高"。尽管我不主张对认知水平做出这么粗暴的评价，但也不得不承认，做这种总体评价在很多时候是有必要的。然而，我想请你注意，有时候你对某人"认知水平高"的评价也可能是来自他的刻意呈现。他的日常水平可能不如他现在的"高光时刻"的水平。因此，"路遥知马力"，多花点儿时间深入了解并从更多角度观察尤为重要。

SOLO 分类评价理论对认知结构层次的分类符合人们对事物认知由浅入深、由简至繁的过程。它让我们认识到人的认知是复杂多样的，它指引我们找到展现和提升自己某一认知水平的方向。与此同时，它也提醒了我们不要轻易对别人以及自己的总体认知水平做评价，更让我们感受到人的认知还有很多尚不明确的地方。因此，对 SOLO 分类评价理论，我们需要慎思慎用，这样才能让它在我们手上发挥应有的效用。

GROW 成长模型
——掌握教练思维，获得成长原力

成长的要义是什么？

GROW 成长思维模型是约翰·惠特默（John Whitmore）在《高绩效教练》中提出的核心方法论。作为一套强效的管理工具，它能够帮助管理者更好地指导和激励团队，提高工作效率和绩效。

GROW 模型来自四个英文单词首字母：Goal（Goals,Goal Setting），聚焦目标；Reality（Reality Check），明确现状；Options，探索方法；Will（Way Forward），行动意愿。

模型看起来无非是一个"明确目标—发现问题—思考问题—解决问题"的过程，但因为其组成的单词是 GROW，即成长，就显得意味深长了。我认为，这不是创建者约翰·惠特默为了刻意制造巧妙而玩的一个文字游戏。这个 GROW 的背后有要义，否则它不会备受推崇。

约翰·惠特默本身是职场教练领域的领军人物，GROW 模型背后其实是一套独特的"教练思维"。

1. 什么是教练

教练不同于老师和顾问。老师主要负责传递知识和技能，顾问则提供解决方案，而教练的职责是帮助人们学会"自己成长"。教练的专业技能并非来自特定领域的专业知识，而是源于教练本身的技能和经验。

换句话说，一个成功的教练不一定是某个领域的佼佼者。如果在某个领域太专业，则很容易被人崇拜，你说啥学生就会听啥，教练就变成了老师；或容易让人产生依赖，跟随者要啥你就给啥，此时教练又变成了顾问。因此教练所谓的专业，应该是教练这件事本身，就是让一个人在他身边能学会自己成长。

2. 如何用 GROW 模型实现成长

GROW 模型是用教练思维来引导对方自己定目标、自己找问题、自己去解决，从而获得自我成长，这才是真正意义上的成长。实现这一目标的有效手段就是让对方学会向自己提问，在 GROW 模型的每一个环节中都要贯彻提问这个手段。具体就是：

（1）不要提示他"你该怎么样"，而是要问他"你想怎么样"；

（2）不要评价他"你这个做得很好，但那个不行"，而是要问他"你自己有什么优势，发现了什么问题"；

（3）不要建议他"你最好这么做"，而是要问他"你想到了什么解决办法"；

（4）最后也不要说他"这么做效果差，那么做更好"，而是要告诉他"既然想怎么做，那就去做"，没什么大问题就让他去尝试，最多你也就是提醒一下他这么做会出现什么状况，问他"如果出现了这种状况，你会怎么调整，有没有备用方案"。

不管是面对下属、晚辈，还是关系不错的朋友、前辈，想让一个人更快成长，引导提问就是比直接建议更有效！**建议等于说教，而说教让人反感。**当一个人听到别人给他的建议时，他可能会下意识地拒绝建议，哪怕这些建议是正确的，因为给建议就是在说他不行，需要指导；即使他承认这些建议正确，也不一定会情愿地按照这些建议去行动。这就容易引发对抗，不利于他的成长。然而，通过提问的方式引导他，所有的思想都是从他自己的脑袋里产生的，都在强调"我行"，他就会积极主动，对问题印象深刻，并把"他的想法"更好地落实到行动上。

3.GROW 模型的先决条件

要确保 GROW 模型的有效性，有一个先决条件，就是双方的目标必须是一致的，都追求向好的效果。如果你问对方他想要实现什么目标，而对方回答说只想"混吃混喝"；问他自己的优势是什么，他说是"能吃能睡"。他像"地瓜"一样使劲儿往下长，不配合你，你就没法用 GROW 模型来帮助他。达成目标一致性的关键，是创建对教练对象的"觉察"，并帮其建立责任感。与教练对象成为伙伴、积极倾听对方（包括肢体语言和语气等隐性信息）和提出开放性的问题，是挖掘他内心的积极目标，并帮助他建立责任感的有效方式。

4.GROW 模型也适用于自我成长

要实现自我成长，我们需要让自己内心成长出一个自己的教练，不断给自己提出问题。当然，我们不能仅仅满足于简单的问题，要学会对自己层层逼问。在体育竞技中，我们经常看到教练逼着运动员不断突破自己的极限，通过提出更高的目标和给予更多的鼓励来激发运动员的潜能。

具体来说，就是**要把目标问到足够具体；把现状问到能看透自己；把选择问到不能更多；把行动问到可以落地。**"这目标有挑战性吗？""情况就这些吗？""没有更好的选择吗？""我能立刻去做吗？"这样层层逼问，才能促使自己不断进步。

至此，我们可以得出结论了：GROW 背后的要义是它的教练思维。用提问代替建议，用逼问激发潜能，让人在自我实践中，达成自我校准、自我修复、自我激励的自我成长状态。

蔡加尼克效应

——用"这事儿还没完"加强记忆

人们总是对"未完成"的事情印象深刻。

蔡加尼克效应（Zeigarnik Effect），因苏联心理学家布鲁马·蔡加尼克（Bluma Zeigarnik）而得名，也称蔡氏效应。它指人们相较于已经完成的工作，对未完成的或被打断的工作记忆更深刻。

人们天生就有将一件事"完成"的倾向。当一件事处于"未完成"的状态时，人的脑海中会下意识地出现"去完成"的提示，并且只要事件"未完成"，这样的提示就会反复出现，直至人们做出"去完成"的行动，使事件处于"已完成"的状态才会停止。对于事件本身的记忆，会在这种反复的提示中得到加强。

　　既然了解了蔡氏效应，那么我们是否可以利用"未完成"的 BUG（漏洞），达成"强化记忆"的目的呢？

　　未完成 BUG 1：制造 1% 的"未完成"，可以让 99% 的"已完成"变得更好。

　　比如，在一份报告大体完成的情况下，刻意留下总结的段落不写，制造 1% 的"未完成"。接下来的一段时间，"未完成报告"会让人始终有"去完成它"的冲动。这种冲动会让人在做其他事情时，心里始终装着它。这种对报告的"挂念"会让人有机会在做其他事情时获取更多灵感，促使报告最终完成的质量更高。

　　未完成 BUG 2：已完成后再退回未完成的状态，比直接完成它印象更深。

　　当我们发现做错了一道题，查看了正确答案，这并不算真的弄懂了这道题。为了彻底弄懂它，我们可以先按照答案去解一遍，再将答案擦掉，将这道题抄入错题本，刻意制造"未完成"的状态。这样会加深对解题过程的回忆，促使我们理解得更加深刻。

　　同样，利用"已完成"的 BUG，也能达到"弱化记忆"的目的。增强记忆虽好，但并不是所有的事情都记得越深刻越好。对于想要"弱化"的记忆，同样可以从蔡氏效应中获得启发。

　　已完成 BUG 1：重新定义"已完成"弥补缺憾。

　　热恋中的人往往会美化恋爱的过程，期盼恋情变成婚姻，爱情能够天长地久。当恋情发展没有获得人们预想中的结果时，这份美好就成了"未完成"的状态。人们会患得患失，一点儿小事也会引发人的失意，让人无法释怀。如果在潜意识里将其标记为"已完成"，人就会踏实很多。

这里所谓的"已完成""未完成"都是人主观设定的标准。人们将恋爱到婚姻再到天长地久都看作"爱情"这"一件大事"，在这个过程中恋爱了没结婚，结婚了不长久都会被人们视作爱情的"未完成"。这种"未完成"的缺憾对渴望天长地久的人伤害巨大。

实际上"恋爱""婚姻""天长地久"是三件独立的事，应该独立看待。如果恋爱过程中分手了，就可以视为"恋爱已完成"，释然地面对这一段恋情，避免沉沦其中。

需要注意的是，蔡氏效应并不适用于解释"初恋情结"。网络上有很多"情感专家"会将蔡氏效应与初恋情结联系起来，将人们对"初恋"的深刻记忆解释为"恋情"的未完成。这其实是禁不起推敲的。

如果是因为"未完成"而导致的记忆深刻，那么第二次失恋、第三次失恋，都属于"未完成"的状态，记忆深刻的程度应该不亚于"初恋"。可事实上，初恋的"未完成"永远会比之后几次恋情的"未完成"更让人记忆深刻，而且很多与初恋对象结婚生子的人（已完成）也依然会对初恋时的美好状态念念不忘。可见，人们对初恋的深刻记忆与它有没有"完成"无关。

以此类推，除了初恋，第一次出国、第一次工作、第一桶金，不管结果是否"未完成"，让人印象最深刻还是因为它们的"首次"。因此我认为，相较于蔡氏效应，用首因效应来解释初恋情结更适合一些。初恋的特殊性在"初"，人们对第一次的经历（第一次恋爱、第一次牵手、第一次接吻等）总会刻骨铭心，即"初"才是人们刻骨铭心的原因。

既然如此，为什么还有那么多人会将蔡加尼克效应与初恋联系在一起呢？刨除一部分"专家"对这一思维的理解偏差，我认为一个很重要的原因是"初恋的未完成"响应了大部分人的情感市场。大多数人的初恋最终以分手告终，所以用蔡氏效应来解释初恋的遗憾，能够挑动大众的情感，引发共鸣，从而获得更多人的关注。

已完成 BUG 2：重新划分"已完成"释放压力。

跑过马拉松的人应该都知道，马拉松的路程长度容易让很多跑步爱好者望而却步。大部分人在跑马拉松的过程中会认为自己体能有限，承受不了"去完成"它的心理压力，因而选择中途退出。

如何减小这种心理压力呢？马拉松从起点开始到终点每隔5千米左右会设立一个补给站。有经验的长跑爱好者会根据这些站点将整个马拉松路程分为几段。每跑完一个5千米（看见补给站）就把它当成一个"已完成"的小目标，借此减小"完不成"全程的精神压力。进一步讲，一个大的人生目标、年度计划，大项目，大工程，一时半会儿处理不完的日常事务，不都是马拉松吗？"已完成"还是"未完成"，其标准很多都是自己定的。因此，人为地将复杂或困难的事物分成多个部分并逐个"完成"，可以减小心理压力，提高完成任务的信心。

请注意，重新定义"已完成"与重新划分"已完成"这两者是有区别的。

重新定义"已完成"是将"误认为是一件事"的事情还原成"原本各自独立的几件事"（理想化的爱情→恋情、结婚生子、天长地久）。

重新划分"已完成"是将"原本是一件事"的事情主观认为成"各自独立的几件事"（马拉松→5千米、5千米、5千米……）。

两种方法表面相似，实质却不同。是"重新定义"还是"重新划分"，要看面对的具体概念是什么。

我们需要对抗与生俱来的完成欲，避免落入"想完成"的心理旋涡。

"完成欲"是人的天性。它对不同性格的人会产生不同的影响。就过分强迫自己"完成"的人而言，他们会因为追求完美而事事都要完成，这就会导致其他重要的事情被延误，捡了芝麻丢西瓜。就过分害怕"完不成"的人而言，他们会因此讨厌"开始"，不敢行动，从而失去宝贵的机遇和缘分。这两类人都是太过看重"完成"这件事。"完成欲"可以推动我们积极做事，但也要警惕这种"完成"心态的极端化带给我们的影响。

对于这两类人，我想说：完（不）成而已，这并不是一件多么了不起（大不了）的事。

细节效率思维
——对学习细节的思考

细节效率模型，据说是查理·芒格的 100 个思维模型之一。网络上可以找到很多关于这个思维模型的介绍。它提醒我们要有抓住关键细节的意识，这样可以通过改善细节来提升效率。

没了。没了？

如果真是这样，那么我可以认为"细节效率"作为一个被投资大亨推崇的"思维模型"是不合格的。根据网络可查资料和思维模型爱好者发布和转载的文章来看，如我所说，大家对这个模型的描述都非常简单，而且基本都是这样一种结构：第一，解释什么是细节；第二，解释什么是效率；第三，说明细节对效率有多重要；第四，告诉我们要抓住细节并提升效率；第五，举个例子……通篇缺乏新意。另外，从思维模型的角度来看待，它既没有公式，也没有可视化表达，更没有可落地的步骤。这让我们怎么发现细节，抓住什么细节，又如何改善细节呢？所以它只能算作一个观念或者"一句哲理"，并不能被称为"思维模型"。

正当我感觉失望，不再打算深入研究的时候，我又不甘心地看了一眼芒格举的例子（或者说是被大量文章引用过的那个经典例子），忽然发现了不一样的东西。

这个例子简单来说是这样的：某公司要招聘负责报销业务的人，来解决全公司 700 人的报销问题，但只想招一个，不过工资可以给得比较高。来面试的人很多，但一听到报销的工作量，差不多都被吓跑了。最后只有一个人留了下来，他说他能做好，但需要提前设定几条规则：

第一条，每一个人写报销单之前先看一个填写报销单的培训视频。

第二条，填报销单要计分，报销单分成四部分，每一部分 25 分。四部分都填写正确才能得到 100 分，哪一部分不合格就要把这一部分的分数扣掉。

第三条，每个人每次的报销得分决定了他下次报销的待遇。例如，这次是 100 分，下次最先打钱；这次是 75 分，下次报销要等一星期；这次是 50 分，下次就要等两星期；这次是 25 分，下次就得等一个月，这次得了 0 分，下次就得等三个月才能报销回来。

公司答应了他，按照他的三条规则实行报销。结果大家填写报销单的规范性大大提升，审核成功率也大大提升，报销的效率也大大提高了。

相对于"细节效率"这个概念，我倒觉得这个案例的价值更大些。它给了我们一个重要启发：当我们想在合作中提高自己的效率时，不要只考虑自己这一个方面的因素，一定要与这个"合作链条"绑定在一起。**在效率维度上，实现利益绑定，就可以实现"你让我高效，你就能高效"的良性循环。**

作为一个指导提升认知的模型，与其抽象化地告诉我们通过抓细节来提效率，倒不如给我们哪怕一条具备指导意义的行事方略更好，比如这个报销的例子。

其实，我对这个模型的了解过程，也揭示了一个学习的关键细节：如果一个知识，一开始给我们的感觉是"它无用、太简单，甚至是废话"，先别急着抵触它、拒绝它。我们可以尝试用一个正向心态再去解读一下它，这样很可能会从其他角度找到能够为己所用的新价值。这就像考古鉴宝，挖出一个破旧物件，你得多转几个角度耐心看看，擦一擦上面的尘土，没准儿就不会错过这件宝贝。

人与人的差距，有时就体现在看待表面无用的人、事、物的心态上。不论在学校还是在社会，这种心态都会带来成长效率的差距。这就是一个关键性细节。

　　你看！这不就是"细节决定效率"吗？当我们从了解细节效率的大道理，到探讨道理中的报销案例，再到从案例中找到新收获，然后再通过新收获感悟一种学习心态，到这里，我们就又回归到了"细节效率"本身的意义上。这是不是一种思想埋藏在寻找思想过程中的巧妙？如果不去洞察细节，是否就发现不了这个"模型"所传递的价值了？

　　大部分人在面对"大家说有用"但对"自己无用"的信息时，都抱有一点儿**"垃圾桶心态"**，即我现在用不上的信息就是"无用信息"，就应该被扔进垃圾桶；而注重细节的人面对这样的信息时，常抱有**"收藏家心态"**，即大家都觉得它有用，那一定是我暂时没有发现它的价值，应该先收藏起来，等到自己成长到一定的高度再"蓦然回首"，会恰好发现它露出知识光芒的角度。

励志公式辩证思考

——学习重于方向，不必忧于结果

有一段时间，网络上疯传着两个算式：

$$1 \times 1.01^{365} = 37.8$$
$$1 \times 0.99^{365} = 0.03$$

这是日本一所小学一张海报里的内容，偶然被国内网友发现并转载后引起了热烈的讨论。公式含义不难理解："1"代表一个人初始的水平，"1.01"代表一个人1%的进步幅度，"0.99"代表一个人1%的退步幅度。每天进步1%，一年后会强大37.8倍；每天退步1%，一年后就退化到接近于无。

由于这个公式的得数太能说明进步的重要性了，于是各企业、教培机构纷纷推出类似的励志海报，甚至在此基础上进一步衍生出很多这一公式的变化公式（比如把进步增加到2%，一年后差不多有1400倍，强大到无与伦比；比如用 $1.01^3 \times 0.99^2 < 1.01$ 告诉我们，三天打鱼两天晒网不如老老实实每天工作）。

至此，励志公式在全社会引发了一次非理性热潮，但短暂狂欢过后，我们再次平静地回看这些励志公式，就会发现其中的几个问题。

1. 人并不能保证时时进步（退步），而是处于时进时退的状态

进步不只靠坚持，它与状态也有很大关系。这个阶段状态好，进步会很快；那个阶段状态差了，进步就慢，甚至还会退步。日日周而复始，月月时起时伏，努力一年下来，发现进步好像也没达到 37.8 那么多；感觉自己浑浑噩噩一年，退步好像也不至于达到 0.03 那么惨。时时进步只是一厢情愿。实际的结果并不像公式描绘得那么振奋或可怕。

2. 人也不能保证处处进步（退步），而是处于此进彼退的状态

进步不只看状态，它与精力也有很大关系。我们的精力是有限的。有限的精力只能专注于有限的事物。这就意味着一旦专注于某件事，就得放弃其他事。综合来看，专注某一点带来的提升与放弃其他点带来的退步总是互相交错。是进步还是退步很难定性。有时候人们看待的进步，并不是一个人的能力雷达图在扩大，而只是雷达图改变了形状，面积还是和从前一样。强调处处进步，既不符合事实发展，也不符合客观规律。

3. 人也不能保证直线进步（退步），而是处于进慢退快（进快退慢）的状态

当我们逼近能力极限后，进步 1% 都十分艰难，这就是人们常说的天花板。另外，很多技能稍有懈怠，退步 10% 也是常事。

在励志公式中，人的进步幅度表达过于理想化，不符合事实。就像短跑运动员想跑得更快，就不得不每天付出巨大努力坚持大量的体能训练，这才能在几个月后再快个 0.01 秒。此时出现伤病什么的，都会导致成绩明显倒退。从证伪角度出发，假设励志公式是正确的，那么人类百米纪录要不了多久就能突破"零"秒大关，跳高跳远也可以跨越太平洋、抵达月球、穿越柯伊伯带，直至奥尔特星云！这显然不切实际。励志公式的结果在这类问题上，显然太理想化。

现实中有太多变量，励志公式并不能代入那些不确定的变量。我们在审视这个模型时，应该去糟取精，辩证看待。

励志公式是一个"披着数学外衣的逻辑流氓"。我们只需理解公式表达的"逻辑"道理，而不要沉迷公式后面的"流氓"结果。否则，盯着 0.03 会让我们过度焦虑；盯着 37.8，也会让我们因为进步不如预期而丧失信心。这些都不能给我们带来持续健康的成长动力。

第 5 部分

计划与行动：让你想清楚、动起来的模型

想了那么久，学了那么多，我们总要有所行动，才能真正改变自己。计划为行动绘图，行动为你的人生填色，我们都需要一个缤纷的人生。

SMART 原则

——帮你设定优质目标

如果你缺乏行动力，那可能是因为你的目标没有设定好。

SMART 原则，是由乔治·杜兰（George Duran）于 1981 年在《管理评论》发表的一篇文章里提出的一个管理法则。他认为，大多数管理者不知道如何设定目标，所以企业需要提供明确的标准供他们遵循。如今，它几乎成为所有人优化目标的工具。

SMART 原则由五个要素组成，分别为明确性（Specific）、可衡量性（Measurable）、可实现性（Attainable）、相关性（Relevant）和时限性（Time-based）。它可以通过这五个要素来优化我们的目标，从而让我们为目标而行动。

SMART 五大要素

S 代表明确性（Specific），意思是，我们的目标应该是明确具体的。通常我们表达目标总是很含糊，比如希望自己"越来越好"，那怎样算好呢？明确性要求我们给定一个具体标准，这样我们才能按照这个标准去落实。

M 代表可衡量性（Measurable），意思是，在实现目标的过程中，我们要能随时确认目标达成的程度。比如，现在做了多少，还差多少，每一步需要多久……这些都要明确。有看得见的进度，我们才更容易坚持。

A 代表可实现性（Attainable），指目标是可以实现的。"可实现性"里有一个非常重要的字——可。"可"有两层含义：一层是具备挑战性，必然实现的或者轻松实现的过低目标"没必要"；另一层是能达到，不能实现或者难以实现的过高目标"不能要"。可，不是一定，也不是无法；可，代表着目标最好"卡"在你的能力边界上方，通过努力，你就能够到。

R 代表相关性（Relevant），是指目标的关联对象，应该是你的总体目标或者终极目标，也就是当下这个事情所得到的结果，必须能让上层目标变得更容易实现，否则这一层的目标就是南辕北辙，毫无意义了。

T 代表时限性（Time-based），就是设定完成时间。计划要按照这个时间去完成。尽管有的目标在客观上并不需要明确的时间，主观上也难以确定那么具体的时间，但是总要设定一个时间，才能让自己向着目标开始推进。不管怎样，先设定一个再说。

SMART 更合适的思考顺序

有些朋友已经非常熟悉 SMART，但就是记不住 SMART 各要素的具体含义。记不住也正常，因为它是为了在英语语系国家更好地传播而组合成"聪明"这个单词的。然而，这样它就忽视了模型正常的思考顺序。

SMART 正常的思考顺序我认为是这样：R（相关性）—S（明确性）—M（可衡量性）—T（时限性）—A（可实现性）。

1. 相关性：首先，我们要明确这个目标或事项是否与自己有关系，是否与核心目标、总体目标相关，若无关，后面也就不需要进一步考虑了。

2. 明确性：确定相关后，就需要制定目标的具体标准了，明确做什么、做多少，才能实现这个目标。

3. 可衡量性：接下来就是设定目标的关键节点和对应进度了，也就是让自己明确做好这个节点就相当于完成了 50%，完成那个就相当于完成了 80%，让自己心里有数。

4. 时限性：随后要根据这个进度来明确每个环节应该给出多少时间来完成。把控时间，以便更好地掌控进度。

5. 可实现性：最后，要关注目标的整体情况，也就是判断自己是否能够在这段时间里（T），通过这些步骤（M）顺利完成这些事情（S），以达成最终目标（R）。如果遇到困难，就需要调整标准或重新安排时间。

日常工作贯彻的很多都是这套逻辑顺序。比如老板听你汇报或者你听下属汇报，脑海里一般都会有这几个问题：

相关性："你先打住！这项目和我们的年度目标／企业愿景有关吗？"

明确性："好，那你具体想怎么干，干成啥样，想清楚了吗？"

可衡量性："好，那具体步骤是什么？其间能随时给我汇报进度吗？"

时限性："好，那你能保证这个项目 8 月份之前完成吗？"

可实现性："费劲？那你说什么时候能给我？"

例糙，理不糙。做事背后的正常逻辑，也基本是 R—S—M—T—A 这样。

除了在企业高效管理方面发挥作用，SMART 原则（或 R—S—M—T—A）还可以应用于个人成长、学习和生活等方面。下面是几个应用场景。

当有人向你借钱时，你先别问借多少，也别问能不能还，更别问啥时候还，你要先问自己：他有没有钱和你有关系吗？你借给他之后，他和你还有关系吗？这就是"R—相关性"的考量。

在部门协调配合和安排工作时，如果你听到对方说"太忙了没空"，你可以让领导问他：忙什么事情，这些事情需要多长时间完成，为什么需要这么长时间。不弄清楚，对方就永远在"忙"。这是"S—明确性"和"M—可衡量性"。

当有人总对你说"改天请你吃饭"但从来没请过你时，你应该向他问清楚"改天具体是哪天"。这是"T—时限性"。

如果你决定减肥并设定了一个明确、可衡量和有时限的目标，如减 1 餐，5 分饱，1 个月减 30 斤，看着目标挺周全，有关联、够具体、能衡量、有期限，只是这目标是你刚吃完定下的，你得过几个小时到下个饭点了，再看看它可不可实现。

再如，我设定了一个目标，让自己更有钱。我该这样完善它：

1. 看 R—相关性，考虑为什么： 有钱能让生活更舒适。这个大目标没问题。

2. 看 S—明确性，考虑做什么： 该选择努力工作升职加薪，还是另谋出路自己干，还是折中搞个副业？到底干什么，我要想清楚。

3. 看 M—可衡量性，考虑怎么做： 要规划出每个阶段要做的事情，哪个阶段可以有起色，哪个阶段可以变现，哪个阶段能财务自由，给自己完成它的信心。

4. 看 T—时限性，考虑做多久： 这个目标我多久达成？30 岁以前？40 岁以前？给自己耐心。

5. 看 A—可实现性，考虑行不行： 检查一下，这个目标是我真能达到的，还是在月底"吃土"饿得产生了幻觉？

通过 R—S—M—T—A 思考得出的目标，就比"我想更有钱"这种干巴巴的目标更清晰，更容易让自己行动起来。

SMART 原则的意义有两个。一个是当我们面临一些比较令人迷茫和困惑的事情时，SMART 原则可以为我们指明方向；另一个是对于我们熟悉的事情，运用 SMART 原则可以提醒我们周全思考：这事和我的最终目的有没有关系？热血激情过后我能不能做到？我具体要做些什么？有没有计划？做的过程中能不能看到进度？最晚什么时候能完成？……运用 SMART 原则排查一下，会有所受益。两个意义，无论哪个都能让自己越来越优秀。

现在再回头看"SMART"这命名，你是不是觉得非常巧妙？学会使用 SMART 就是能让你更聪明！

双目标清单思维

——有舍有得，少即是多

沃伦·巴菲特（Warren E. Buffett）与他的私人飞行员聊天，发现飞行员对未来感到非常迷茫。为了帮助飞行员排解迷茫，巴菲特建议他列出 25 个短期目标，并在下次见面时给他。

在第二次见面时，飞行员把清单递给了巴菲特，但巴菲特没有接，而是让他在这 25 个目标中找出最重要的 5 个。这样，飞行员就有了两个目标清单：一个是"他认为最重要的 5 个目标"清单；另一个是"其他 20 个相对重要的目标"清单。

飞行员一拍脑门，说："我明白了，我现在就着手实现这 5 个目标，至于其他 20 个目标，我会抽空再慢慢实现。"巴菲特却告诉他："不，扔掉另外 20 个目标！"飞行员听后愣了一下，然后理解了巴菲特的意图。

有人会把事情划分出轻重缓急，而有人则将事情"一刀切"为"做与不做"。巴菲特的双目标清单思维属于后者。这个故事讲述的就是他所提倡的双目标清单思维。这种思维主张，先将目标写出来，分成"做"（简称为 A 目标）和"不做"（简称为 B 目标），然后把 B 目标清单"扔掉"。这样做的目的就是让我们只专注最重要的事情，更快更好地先完成它。

至于被放弃的 B 目标，在完成 A 目标之后，可以根据当时的需要重新"捡"回来，然后结合新的目标进行排序。人生短暂，精力有限。先完成几个重要目标，总比把所有目标放到一起"折腾半天，最后都无法完成"要好。

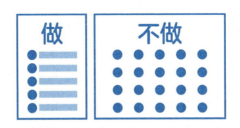

双目标清单的意图很明确，但有一群不够果断的人，他们选择了 A 目标后，又会对 B 目标恋恋不舍，看着 A 想着 B，纠结、拧巴。如果你也如此，我给你提供三个看待 B 目标的角度：

1. B 是银子

银子虽然值钱，但你只有一双手，在金子和银子中做选择，当然要扔掉银子，两只手都去抓金子。想象一下：当你有了金子，那些银子在你眼里就不那么重要了。

2. B 是渠

这里的渠是"水到渠成"的渠。有些 B 目标和 A 目标是有相关性的。完成 A 目标，B 目标也会变得更加容易实现。你可以先集中精力完成少部分的 A 目标，然后以其为水，推动大部分的 B 目标共同完成，实现水到渠成。这是可以考虑的。

3. B 是假的

这些 B 目标可能比 A 目标更加重要，只是你在给目标排序时，没有将个人的喜好考虑进来。你只关注了应该做的事情，而忽略了你喜欢的事情和你擅长的事情。对于大多数人来说，一件事能不能坚持下来，并不依赖自己在"逆风"状态下的自律和努力，而更得益于"顺风"状态下的乐意和享受。

从理性的角度来看，完成"应该的"目标可能比完成"喜欢的"目标更具性价比，但是对事物的热爱可以激发出双倍的动力，让低性价比的"喜欢"目标更容易实现。当你感到犹豫不决并仍然对 B 目标念念不忘的时候，尝试将喜好和擅长纳入评估标准，重新对目标进行排序。因此，面对这种纠结，你可以考虑用"六顶思考帽"，尤其是戴一下红色帽子，来帮助自己重新决策。

上面三个角度，应该能让不果断的人坚定地做出选择。接下来，回到双目标清单本身。

双目标清单实际上是在告诉我们：鱼和熊掌不可兼得。我们大部分时间习惯于思考：这事做了会有多好。然而很少人会用逆向思维去思考：这事没做会有多好。如果前者是盲目地"内卷"，那么后者就是积极地"躺平"。放弃也是一件好事。

《孟子·离娄》中讲道："人有不为也，而后可以有为。"只有先选择不做一些事情，才能有所作为。俗话说"有舍才有得"也是这个意思。先舍后得不仅是一种自己与外界之间的交易，更是一种对自我的重新塑造。通过"断舍离"来清理人生的缓存，才能把更重要的东西填充进来。

注意，有舍才有得与双目标清单并不完全相同。有舍才有得是一种人生规律，而双目标清单是这个规律之下的一种方法。只知道有舍才有得而不知道如何去做，会让人有一种"道理都懂，但过不好人生"的感觉；只知道去掉 B 目标，而不理解舍是为了得，会不得要领，让人纠结、遗憾和后悔。

虽说鱼和熊掌不可兼得，但通过一次"选择"清单的动作，我们既能更好地成就自己，又能获得"不选"的智慧。这算得上是"一种选择，两种收获"了。

OGSM 计划与执行管理工具
——确保战略落地，目的、目标有效达成

OGSM 是一个强大的计划与执行管理工具。它是由现代管理学之父彼得·德鲁克（Peter F. Drucker）提出的目标管理理念演变而来的。它可以帮助企业非常有效地落实策略，因而被全球许多顶尖公司沿用至今。

OGSM 又被称为"一页项目表"，其核心理念是"共同协作"，即通过它来达成企业的各个团队之间、团队的各个成员之间彼此配合，实现既定目标。这种管理工具的优势在于其结构简单明了，整个计划可以清晰地呈现在一张纸上，使得计划的传达、监测、执行和贯彻都一目了然。

目的	目标	策略	测量
打造差异化优势，为顾客创造惊喜、愉快的购物体验	创新品类占比30%（+5%）	拓展独特的差异性产品，为顾客创造产品惊喜	开发 5 个差异性产品
			差异性产品销售额：X 元
			新品反馈：> 90 分
		打造线上线下联动的周末特卖场，提高客流量	特卖场销量：X 元（+50%）
			线上参与率：50%（+30%）
	顾客满意度 > 90%（+10%）	加强会员服务，提升会员忠诚度	VIP 满意度：95%（20%）
			VIP 复购率：95%（20%）

OGSM 主要包含以下内容：

Objective—目的，用来指引企业发展方向，又叫长期目标，用文字描述。

Goals—目标，用来明确阶段成果，又叫短期目标，用来支撑长期目标，用数字描述。

Strategies—策略，是实现目的和目标的方式，即怎么做能达到目标，用文字描述。

Measures—测量，具体要完成什么事务，做到什么标准，用数字描述。

其中，Measures—测量可以展开为具体人员、人数、时间、工作事项、完成标准等。它通过对 Strategies—策略的达成，来确保 Goals—目标的达成，从而最终达成 Objective—目的。

目的、目标、策略、测量（OGSM）之间的关系非常紧密，有这么几层关系：

1.目的是主体前进的大致方向，目标是实现目的的量化标准，策略是实现目标的具体方法，测量是实现策略的量化标准。

2.目的和策略是用文字描述的方向和方法，属于定性要素，保障目标和计划的有效性；目标和测量是用数字描述的标准和规范，属于定量要素，保障目的和策略的可行性。

3.目的和目标属于规划与管理（做什么）；策略和测量属于落地与执行（怎么做）。

4.目标是目的的分解；测量是策略的分解。

四个环节环环相扣、层层递进。

OGSM 四个环节的首个汉字合起来是"目目策测"，这也可以被当作 OGSM 的另一个叫法。

目目策测，纵横有道

在横向上，组织可以围绕统一的"目目"，在同一层级的多个部门或在同一团队内的多个人之间横向拉通。我们可以通过共同分解"目目"来制定各自的"策测"，并通过完成各自的"策测"实现统一的"目目"。因为"目目"属于规划、"策测"属于落地，所以通过横向拉通，我们就可以在同一层级

内，完成从规划到落地的连贯动作，避免"想"与"做"的
脱钩。

在纵向上，"目目策测"也确保了上一级的管理者与下一
级的执行者之间的思想沟通与行动贯彻。此时，需要上一层级
中的"执行者"在面向下一层级时转变为"领导者"。让每个
上一层级的"策测"都能成为下一层级的"目目"。通过"策
测"与"目目"的转换，就可以完成"最高目目"自上而下的
贯彻。因此兼备"承上执行"和"向下管理"的中层，在这里
极为关键。

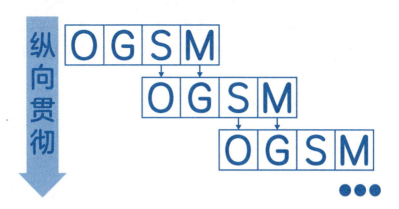

通过横向拉通与纵向贯彻，就能让组织内的全体成员知道为什么、是什么、做什么，以及怎么做。这样，组织就能够确保"整体战略的规划"与"达成战略的行动"同频。

目目策测有三大优势：好用、易用、实用

1. 好用：只是"项目"与"指标"

前面说过，目的和策略是文字描述的方向和方法；目标和测量是数字描述的标准和规范。换种说法，目的和策略相当于"项目"；目标和测量相当于"指标"。"目目策测"之所以能够"纵横有道"，正是因为"项目"与"指标"的默契配合。"项目"为"指标"搭框架，"指标"为"项目"做填充。据此，属性相同的"目的和策略"与"目标和测量"才可以层层对应，落实顺畅。

向下落实时，上一级的S—策略能对应下一级同属"项目"的O—目的，上一级的M—测量能对应下一级同属"指标"的G—目标。向上回应时，这一级的"项目"与"指标"（本级"目目"）就可以升级到上一层的"项目"与"指标"（上级"策测"），并向上类推，完成最高"目目"。整个运动轨迹，非常像45度角的伸缩衣架挂钩。

目的	目标	策略	测量
提升第二季度总体营业额	产品销售营业额 +15%	现有成熟产品组合销售	完成组合装：5 套
			现有组合产品替换原有赠品
		打造差异化优势，为顾客创造惊喜、愉快的购物体验	创新品类占比 30%（+5%）
			顾客满意度 > 90%（+10%）
	售后服务营业额 +5%	增加服务产品	开发新的服务项目：2 个
			现有服务升级：1 个
		对新服务进行广泛告知	现有会员通知率：100%

目的	目标	策略	测量
打造差异化优势，为顾客创造惊喜、愉快的购物体验	创新品类占比 30%（+5%）	拓展独特的差异性产品，为顾客创造产品惊喜	开发 5 个差异性产品
			差异性产品销售额：X 元
			新品反馈：> 90 分
		打造线上线下联动的周末特卖场，提高客流量	特卖场销量：X 元（+50%）
			线上参与率：50%（+30%）
	顾客满意度 > 90%（+10%）	加强会员服务，提升会员忠诚度	VIP 满意度：95%（20%）
			VIP 复购率：95%（20%）

目的	目标	策略	测量
打造线上线下联动的周末特卖场，提高客流量	特卖场销量：X 元（+50%）	增加线下特卖场地面积	从 100m² 增加到 120m²，开口增加到 4 个
		所有线下特卖场选择最佳位置	本商场中厅
	线上参与率：50%（+30%）	加大线上前期推广力度	预算增加 20%，增加弹窗广告
		与各线上平台合作打造购物节	618 购物节

2. 易用：一张纸而已

"目目策测"使用起来非常简便，不需要复杂的软硬件设备。它可以是一张纸、一份板书、一份表格、一页 PPT，方便全体成员观看，理解并达成共识，展开协作。

3. 实用：因为灵活

同时具备管理身份与执行身份的"中层"可以根据实际需求灵活使用上、下层级的"目目策测"。如果要了解大局，可以从上一层级的"目目策测"中求得答案，如企业核心战略目标。通过这种方式，他们可以评估本层级执行时是否偏离方向；如果要关注落地，可以从下一层级的"目目策测"中求得答案，如下属部门或成员的具体执行内容。这样可以评估本层级目标是否合理；如果要强调准确执行，可以直接抄上一层级中与本层级有关的"策测"，并且不过度干涉下一层级的"目目"，只需向下属的各个部门要他们的结果就好。

最重要的是，这些既需要做管理者也需要做执行者的中层，一定要扮演好自己的双重角色。总是跟着你的上级飘在天上摇旗呐喊，或者跟着你的下属弯腰埋头蛮干瞎干，都会把你这一层的目目测量拉断。

在人类世界中，组织的建立是为了能让许多渺小的"个人"组成更强大的"巨人"。这就需要组织也得像一个完整的人一样，有大脑去控制，有手脚去执行。指令像神经控制肌肉一样层层传递。因此，组织便有了"管理者"与"执行者"这两个角色，以求上下思想统一、左右步调一致。"目目策测"解决了两个关键问题，一是实现了"大脑"对"手脚"的有效指挥，二是避免了"手脚"间的冲突和内耗，确保这个"巨人"反应快，跑得远。

心流与次心流

——让自己忘我地行动

"心流"这个词最早是心理学家米哈里·契克森米哈赖（Mihaly Csikszentmihalyi）在 1990 年出版的《心流：最优体验心理学》一书中提出的。米哈里调研了各行各业的人，发现人们感到最幸福的时刻都是一种相似的状态，即全神贯注、沉浸其中的忘我状态。

所谓"忘我"，我们可以理解为忘记身体的存在，甚至忘记环境、忘记时间，只保留自己的意识，用意识去感受自己所专注的一切。

心流状态很难进入，而一旦进入，你就会沉浸于当下的事情，感觉世界的纷纷扰扰都与你无关，时间静止了，烦恼消失了，甚至饥饿、口渴、身体上的疼痛等，都无法轻易为你的大脑传递信号。这就是心流。心流除了能给我们带来幸福感，它还能提高我们做事的效率和效果。

我们如何构建心流呢？

有三个主要条件，分别为目标、反馈和 5%～10% 的小挑战。

首先是目标。目标就是"目之可见的标靶"。对于行动来说，目标就像呼吸得用肺、喝水得张嘴一样不可或缺。目标越明确，行动就越有效，而有效才是行动的意义。如果你经常感觉生活没有意义，每天无所事事，负面情绪一堆，那很可能是因为你缺少目标。

其次是反馈。反馈就是能在行动过程中不断给自己肯定和鼓励，让自己逐渐养成行动惯性。如果把这种即时反馈用于工作，就会减少工作带来的精神阻力。每次行动前，设定好奖励规则，在工作完成到某个进度点时触发奖励，就能调动工作积极性，让自己始终保持一个良好的工作状态。

最后，5%～10% 的小挑战。有研究发现，当目标完成难度略高于能力的 5%～10% 时，人最容易产生心流。太简单会无聊，太困难又会焦虑。说到这儿，你可能会犯难：毕竟不无聊又不焦虑的度很难把握，5% ~ 10% 的难度也很难量化。如果有这种感受，我建议你直接忘掉百分比，并这样理解它：你做的事分为三部分，一部分是你早就熟悉的，一部分是你刚学会的，剩下一部分，是你没做过的。早熟悉的事情做起来轻车熟路，能让你享受到轻松感；刚学会的事情做起来不太容易，但能搞定，能让你享受到价值感；没做过的事情不太多，还算容易成功，能让你享受到一点儿成就感。这样，你就能得到每一部分带来的奖励，也容易产生心流。

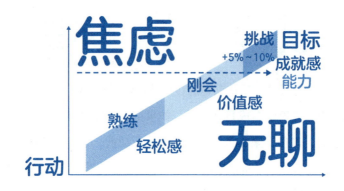

做到以上三点，你做起事来就会又快乐又高效。它可以和SMART 原则匹配，目标相当于 S—明确具体的目标，反馈相当于M—可衡量的进度，小挑战相当于 A—可实现中的"可"。目标思维类模型总有相通之处。

说回来，尽管心流会让你做事快乐又高效，但一个残酷现实却是：很多人花了很多钱、用了很多时间，学习探索如何产生心流，也按照上面的方法进行了实践，最后却收效甚微。为什么会这样？因为，人们只是看重心流能为自己带来超高的效率和丰厚的成果，充满了成功学的功利性。换句话说，我们求的是心流带来的"结果"，而非"心流"本身。

真正的心流可遇而不可求。它只跟随你自己内心的真实想法而自然流动，但自然产生的真实想法并不都是我们应该做的"正确做法"；能产生心流的行为也不都是理性思考后而选择出来的有价值的行为。心流无法成为被人们利用的工具。用构建心流来强迫自己爱上"正确"的行为或做"有价值"的事，总归是无法达到预期的。主动设计心流，大概率也只能搭建出一个可以接近心流的"次心流状态"，让自己减少一些消极，增加一些积极。能做到这种程度就很不错了。我们不要指望它能让自己"开挂"。

当然，尽管"构建"次心流的效果没有"自然心流"那么好，但至少也比不构建它要强。因此该构建还得构建。只是我们要清楚一点：把一个"实用"的思维工具从理想化的神坛上拉回现实，才能恢复它本来的"实用"价值。将工作设计成游戏，虽然不如直接玩游戏快乐，但总比不快乐地工作要快乐。

在没有快乐时，没有不快乐，就是快乐。

WOOP 反拖延模型

——防拖延，治懒惰

拖延是败事之源，懒惰又是人的本性。

著名心理学家加布里埃尔·厄廷根（Gabriele Oettingen）研究发现，目标需要与个人的愿望和实现它的障碍进行明确比对才更能让自己真正行动起来。她创立了 WOOP 思维模型，这个模型专门用来控制人的惰性，帮助我们减少拖延、实现愿望。

WOOP，是将 W（愿望，Wish）、O（结果，Outcome）、O（障碍，Obstacle）、P（计划，Plan）组合起来，形成"明确愿望—想象结果—思考障碍—制订计划"的思维习惯。

1. 明确愿望

WOOP 思维模型首先要求你确定一个可以实现的愿望，而不是不切实际的幻想。它可以是完成今天的某项工作，也可以是一年后达成某个成就；它可以是你想要在本月完成多少销售业绩，也可以是你希望几年内获得多少财富。请注意，WOOP 思维模型每次只能专注于一个愿望。如果同时处理多个愿望，会使你左右难顾，无法集中精力去实现任何一个愿望。

2. 想象结果

WOOP 思维模型的第二个步骤是尽可能具体地想象愿望实现后的结果和景象。如果你希望升职加薪，可以想象自己坐在独立的办公室，使用高端的笔记本，并有下属替你完成现在你觉得很烦又不得不干的工作；想象自己的生活变得更有品质了，下班后去健身、游泳，欣赏自己完美的身材；想象你有了一些积蓄和闲暇，可以带家人去心仪已久的景点旅游……这种想象的画面越具体，就越能激发你采取行动的欲望。这与吸引力法则有些相似，通过想象和期待美好的结果来吸引更多积极的事情发生。

WOOP 思维模型中的想象结果（Outcome）和 10+10+10 旁观思维模型有些类似，它们相同点是都在想象未来。二者的区别是，WOOP 思维模型中的想象结果（Outcome）是尽量想象自己达成目标、实现愿望之后的种种场景，以增加行动力，接近目标；而 10+10+10 旁观思维模型强调避免因错误决策而导致你远离自己的目标。

3. 思考障碍

障碍是阻止你实现愿望的核心因素，思考障碍就是思考哪些因素会阻止你达成愿望。这些障碍包括具体的行为，如习惯性拖延、爱吃垃圾食品等；也包括情绪状态，如三分钟热度、天天很消极、凡事不了了之等；还包括一些可以预知的客观因素，如身边人的看法、竞争对手的阻挠等。思考障碍时要尽可能多地考虑各种可能的情况。

思考障碍这一步非常重要。因为在实际执行过程中，障碍总比预想得更多、更大，甚至大到让你想放弃的地步，所以思考出的"可能的障碍"越多，反而越有利于你克服它们。如果你对障碍未知，那么当它们突然出现时，你会毫无准备，受到较大的打击；如果你有心理准备，障碍出现时，就能够更好地应对，就不那么容易受到"突然袭击"。

此外，那些"可能的障碍"往往不会全部出现。一种情况是没有全部出现，那你实现愿望的过程一定比预期更加顺利；另一种情况是没有全部出现，但出现了其他的新障碍，这时你可以用"可能的障碍会全部出现"的心理预期，来应对那些实际出现的"一部分预期内的障碍"和"一部分预期外的新障碍"。

当然，千万不要无脑撞南墙。如果障碍实在太大，那么你就需要评估这个愿望的合理性。如果不合理，就需要你调整愿望（W）并重新"WOOP"。

4. 制订计划

这个计划并不是指一般的"目标达成计划"，而是针对你预估的障碍所做的一套"克服这些障碍"的攻坚预案。如果上一步（思考障碍）是从精神层面获得对障碍的心理准备，那么这一步（制订计划）就是从执行层面制定解决障碍的具体举措。

例如，想学习一些副业技能，但会遇到每天下班后体感疲惫或加班无法抽出时间等障碍。为了克服这些障碍，可以制订以下计划：

如果回家感到累，则执行：洗个热水澡，快速恢复一下状态。

如果加班没空学习，则执行：申请调休，补上落下的课时。

这只是案例模型，你可以根据自己的特点和实际情况制订适合自己的预案。具体有效性如何取决于你设定的预案。

愿望	学技能 搞副业	
结果	学成后有零花钱 & 不担忧失业……	
障碍	障碍1 下班太累	障碍2 加班没空
计划	预案1 ┌If 下班太累 └Do 热水澡	预案2 ┌If 加班没空 └Do 调休补回

有人说："我知道这个思维模型，我也好好用了，可为啥没效果？"没效果是正常的。思维可以助力你的行动，但并不决定你的结果。有些愿望看起来容易实现，但因为对人没什么诱惑力，动力不足，实际上就难以实现。有些愿望客观上本就很难实现，成功率天然低，即使付出足够的耐心、毅力，实现起来也还是困难重重。

"改不了拖延症"是大多数人的心声，"懒惰"是根深蒂固的本性；但"还是想改掉自己的拖延症"也是大多数人的心声，这

说明想让自己变得更优秀，也是一种人性。

亲爱的读者，你一定有让自己变得更好的愿望（W 愿望），你也想过优秀的自己会是什么样子（O 结果），你想过这个过程肯定会有无数的困难（O 障碍），于是这本书才有幸遇到你，成为你"改变自己"的一部分（P 计划）。

这样的你，一定会变得更好！

福格行为模型

——它能让你行动起来

这节介绍的思维模型，能让你做出自己想做而不能做的事；也能迫使对方做出他能做而不想做的事。它就是福格行为模型（Fogg Behavior Model）。

福格行为模型是以斯坦福说服力科技实验室主任福格（B. J. Fogg）的名字命名的。这个模型指出，行为（Behavior）的发生需要同时具备三个因素：动机（Motivation）、能力（Ability）和提示（Prompt）。[注：P 的另一种说法是 T（Triggers）触发器。]

换个角度说，动机 M 是指一个人想要做某件事的欲望，等于"想做"；能力 A 是指一个人完成某项任务的"能力"，等于能做；提示 P 是指能够引发行为的信号，等于"做吧"。

表达公式为：B=MAP。

我们可以看一下这个模型的可视化表达，如下页图所示。

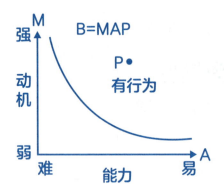

其中，横坐标代表能做的程度，由难到易；纵坐标代表想做的意愿，由弱到强；函数线代表行为线；实心点代表触发提示。

能触发的行为都在行为线（函数线）上方，离线越远就越容易成为习惯。比如，随手扔垃圾很简单。无法完成的行为都在行为线下方，越接近原点（又难又不想去做的点）越不会去做，比如一份吃力不讨好的工作。

大部分人日常纠结而做不到的事情，只有三种：一是能而不想，比如上班；二是想而不能，比如上班偷懒；三是又能又想但缺乏触发条件，比如和心仪的对象表白。

使用福格行为模型解决这三个问题非常简单，做两件事情就够了：一是挪，二是炸。

1. 挪，就是把自己的行为点挪到行为线以上

一种挪法，是增强你的动机，动机越强，越能削减难度，减少障碍。比如没有孩子的夫妻在有了孩子之后会更加努力赚钱养家，因为孩子的到来增强了父母"把未来变得更好"的动机。增强动机的具体方法可以参考 WOOP 反拖延（实现愿望）模型。

另一种挪法，就是向右降低行为难度，把不能的变成可能的。人们常说"把困难分解，事情就变得容易"就是这个道理。比如，你想给孩子一个"更好的未来"，但更好的未来是什么却不够清楚。这时把"更好的未来"分解成"吃得更健康""穿得更漂亮""住得更舒适""受到更好的教育""玩得更开心"……并在这个基础上进一步分解成更简单的、能做到的事情。降低难度的具体方法可以参考诺依曼思维。

所谓挪，要么竖着挪动机，要么横着挪能力，要么一起挪。只要到了行为线上方，行动就变得轻而易举了。

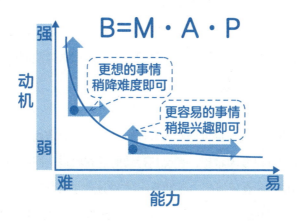

2. 炸，就是扩大触发条件，像炸弹一样，引爆这个行为点

比较"顺应人性"的一般行为，只需要一个简单触发条件就够了。比如，孩子哭了，你会哄；孩子摔倒了，你会扶；孩子乐了，你也会跟着笑。这都是基于父母对孩子的爱（动机）和你怎么去表达爱（能力），而因孩子的某种反应（触发条件）自然做出的相对应的反应（行为）。

对某些人来说属于"违逆人性"的行为，一般的触发条件就不太够了。例如，起床和减肥，虽然睁开眼睛和跑步都是相对简单的行为，你既想做又能做；使用闹铃和体重秤，会触发一些行为，但效果并不理想，因为这些条件不够"炸"。为了真正触发这些行为，我们需要设计一种强烈的、能够引发行为的触发条件（触发器）。例如，一个会跑的闹钟，如果你不起床去抓住它，它就会一直乱跑并响个不停；每天晚餐称重后都将其发到社交网络上，触发被朋友监督的条件，这会更容易让你有减肥的动力。

由此可知，当你发现预期的行为并未发生，根据这个模型来分析，原因可能是动机不足、能力不足或提示不足。你要实现预期，只要针对不足之处进行调整就可以了。如果你能同时调整三个因素，效果会更好。

福格行为模型也可以劝人采取行动。如果想鼓励他人坚持不懈，我们可以夸大希望，多说其行动的潜在收益，同时弱化其面临的困难，并设定清晰的触发条件。"做这件事会帮助很多人（加动机），并且这是你的特长（减难度），正好今天我也在，我们一起来研究一下怎么把这件事做好吧（有条件）！"反过来，如果想劝说他人放弃某件事情，就可以弱化希望，夸大其面临的困难，并消除相关的触发条件。"做这件事没什么意义（减动机），而且不容易成功（加难度），再说谁会帮你呢（没条件）？"

提起劝人行动，前面曾提到过一个有关消费者行为分析的思维模型——需求月牙铲（需求三要素）。它与福格行为模型可以部分匹配。需求月牙铲中的缺失感 + 目标物，对应的就是福格行为模型的动机，需求月牙铲中的获得力则对应福格行为模型的能力。只要在月牙铲上施加一个力（触发条件），就可以让月牙铲中间的杆子（获得力）缩短，让缺失感（月牙）和目标物（圆饼）拼合。二者各有偏重。需求月牙铲偏重挖掘动机，为行为积累"势能"；福格行为模型偏重行为本身，为行为激发"动能"。

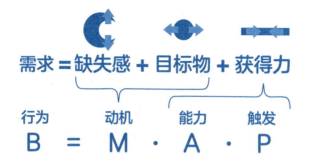

另外，福格行为模型也可以和 HOOK（上瘾）模型部分匹配。HOOK（上瘾）模型中的触发包含了福格行为模型中的动机和触发条件；而 HOOK（上瘾）模型中的行为其背后的钩子就是"能简单做到"，对应福格行为模型中的能力。不同的是，HOOK（上瘾）模型的奖励和投入，福格行为模型没有。我想，触发行为和行为上瘾之间的区别可能就在这里。多一些靠运气得来的不确定奖励和让人难以自拔的沉没成本，或许就是某种行为最终成瘾的关键。若真如此，那么我们就可以借用 HOOK（上瘾）模型的后两个要素，构建一个行为的可持续计划。

看来，劝人行动的方法也都大同小异，思维相通。只要用好它们其中一个，就可以做你想做，成你能成。

耶克斯－多德森定律

——找到最高行动效率的动机点

在我们的认知里，动机越强，做事积极性越高，发挥得也会越好，工作效率会随着动机的增强而出现线性增长趋势。然而，心理学家耶克斯（R. M. Yerkes）和多德森（J. D. Dodson）在研究中发现，**动机强度和工作效率之间并不是线性关系，而是倒"U"形的曲线关系。**动机过低，缺乏积极性，工作效率低；动机适中，工作效率最佳；动机超过峰值，会让人处于过度焦虑和紧张状态，记忆、思维等心理过程的正常活动都会受到影响，效率也会随之下降。他们将这种现象总结为耶克斯－多德森定律（Yerkes–Dodson Law）。

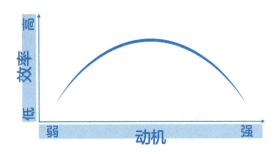

　　不仅在工作方面，学习、表演以及生活中的诸多行为中都会出现耶克斯 – 多德森定律描述的情况。简单来说，就是当你很想要又不是特别想要的时候，你的行为表现最好或者说效率最高；没那么想做时，就没什么效率；特别想做或者担心做不好时，更容易发挥失常。

　　耶克斯和多德森还发现，如果我们面对的任务难度不同，表现的峰值位置也会不同。越是困难、复杂的任务，往往在有一点儿动机的时候去做，就能达到最佳效果；而越是容易做的事情，往往在非常想做或不得不做的时候，效率才会更高。如下图所示：

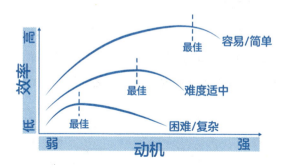

　　仔细想想，这与我们的实际行为状态还是一致的。面对一个特别想得到的或者一个特别怕失去的东西，我们的表现总是"一言难尽"。如果在一个稍微正式一点的场合，面对一个比较重视但又不是特别重视的人时，我们的表现会比较自如，甚至还会陶醉于自己的完美表现。如果在生活中看到"一地鸡毛"，首先就是心情变得糟糕，接下来就是"爱咋咋的""原地躺平"，效率几乎为"零"。等到自己心平气和后，便会耐心地扯出"线头"，剥茧抽丝，一步一步做下去，效率还是会提起来的。举个简单的例子，日常生活中打扫房间、洗脸刷牙这一套琐事，平时很少积极去做，就算做，速度也不是很快，但如果今天家里要来客人或者上班起床晚了，那么打扫房间、洗脸、刷牙、穿衣、吃饭的效率就会非常高。

　　汇总一下这些现象，耶克斯－多德森定律表达了这样一种规律：面对难度低、动机弱的事情或者难度高、动机强的事情时，我们都不会有很好的表现。事情难度、动机和表现水平三者的关系总体呈倒"U"形曲线，并且峰值表现的位置也会随着难度的递增向着更低的动机方向前移。另外，根据每个人的阅历、经验和性格的不同，人们表现的峰值位置也会有所不同。有的人偏前，有的人偏后。即使是同一个人，也可能会因为面对问题的不同，峰值位置有所不同。不管怎样，总体关系还是呈倒"U"形。如下图所示：

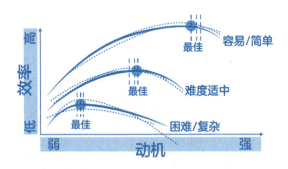

　　这就是在提醒我们：简单的事情，不愿意做时可以先不做，不要逼着自己马上去做（等待动机提高，以提升效率）；不太容易搞定的事情，也不要逼着自己干着急，先放一放可能更好（等

待动机降低，以提升效率）。**当你放过自己，这些烦恼和困难也会"放过"你。**

这个模型给我们的最大意义，就是在奔向一个目标或者想要达到一个目的时，要多观察自己的状态和感受，并不是更积极、更有野心、更有欲望、更想得到、更怕失去、更挑战极限，就会有更好的表现、更高的效率、更快的成长。很多时候，不那么想得到，才会更容易得到。

MVP 最小可行性产品
——先完成，再完美

你喜欢憋大招吗？我说的不是游戏，是生活。

请想象这样的场景：一个喜欢全面准备的人，希望一开口就把话讲得有理有据，全面清晰；一旦行动就把事做得漂漂亮亮，让人无可挑剔；一次性就把作品完美呈现，让人赞叹不已。

这场景你喜欢，我也喜欢，但你知道吗？"憋大招"并非全然有益。在游戏里，你屏气摇杆憋大招，但对方只要出个"轻拳"就把你打断了。生活中，你"憋大招"说话、做事，一旦被人"打断"或者否定，你也就难以呈现精心准备的完美内容。面对这种情况该怎么办呢？不妨试试 MVP 思维。

MVP 是"Minimum Viable Product"的首字母缩写，即"最小可行性产品"。这一概念由埃里克·莱斯（Eric Ries）在《精益创业》一书中提出，指的是企业可以以最小的成本开发出可用的基础产品，虽然其功能较为简单，但能够快速测试产品在市场中的反应，便于企业根据市场反馈进行迭代优化。换句话说，企业可以利用 MVP（最小可行性产品）低成本试错，继而不断改良和完善产品。

　　MVP 有一个非常形象的比喻，就是当企业想开发一辆车子投放到市场，不应该按照"轮子—发动机—方向盘—汽车"的方式，而应该按照"滑板车—自行车—摩托车—汽车"的方式进行市场检验，以确认能否满足人们对交通工具的需求。这种简化版的"滑板车"就是汽车的 MVP。

　　MVP 有两个要点：一是"最小"，二是"可行性"。"最小"围绕自身，代表自身开发成本最低，开发速度最快；"可行性"围绕目标，代表具备基本目标价值，满足核心需求。在两者之间找到交集，就可以得到最小可行性产品。

　　如果只考虑最小而忽略可行性，开发出来的产品就是"无人需要的废品"；如果只考虑可行性而忽略最小，则可能是"总放鸽子的迟到"；如果不考虑最小，也不考虑可行性，则是"闭门造车的自嗨"。

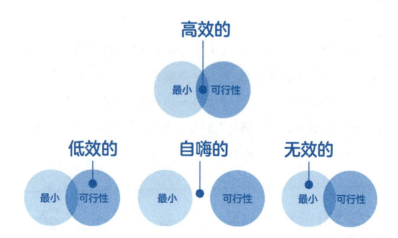

随着互联网的发展和生活节奏的加快，"低成本试错"的 MVP 理念的应用越来越广泛。我们做很多事情，不仅要了解自己所拥有的资源和能力，同时也要了解对方需求，找到最小与可行性的交集，来构建一个最小可行性方案（Minimum Viable Plan）。以表达诉求为例，"让对方快速做出反应"总好过"完美地啰唆半天，对方都不知道你最终想表达什么"。这就是前面所说不要只想着"憋大招"的原因。当然解决办法可以参考 PREP 高效表达方式。

诸如此类的例子有很多："用简短的发言先向对方表达感谢"总好过"花好几天心思准备厚礼，日后再联络感情"；"先跑通 demo，后修补 BUG"总好过"发现截止日期提前，无法按时完成"；"快速做两套草稿，先试探方向"总好过"精心准备一套方案，最后被客户拒绝"；"在几个经济试用装中轮换试效果"总好过"买一件组合优惠套装，用两次，不好就扔掉"……这些都是先用最小快速试探，验证可行后再做迭代的例子。

提炼成公式来表达上面的例子：

先说结论＞长篇大论

及时致谢＞日后拜谢

快速上线＞酝酿经典

两套草稿＞一套完稿

多试几个小的＞一次买个大的

这就是运用 MVP 思维的优势。

至于 MVP 之后，如何验证并持续改良 MVP，就不属于 MVP 分内之事了。当然，我们可以利用其他思维优化验证。企业往往通过数据分析和用户调研，获得信息反馈，来验证 MVP。既然如此，那么作为一个个体，也可以通过获得周围人的反馈来验证 MVP。另外，我们还可以利用 PDCA、GRAI、KISS 等思维模型（后面会提到）辅助验证，进行优化和改进。

同很多思维模型一样，我们不必记住 MVP 的来源或者它的英文名称，我们只需理解和掌握"最小可行性"这一思维即可。有些人明白这个道理，但实践起来却很难。因为我们心里有两座难以跨越的大山，一座叫作"完美主义"，另一座叫作"理想主义"。在这两座大山下，这么做事情会被认为是"将就""糊弄"。然而，完美主义会让我们把目标定得过高，使得这座山看起来高不可攀；而理想主义则会让我们认为目标很容易达成，使得这座山看起来离我们很近。如果目标定得太高、太近，我们攀登起来就难上加难。

无论是最小可行性"方案",还是"产品""作品""话术""服务"……它们希望我们能暂时忘掉心中的完美画面,放下手中的理想蓝图。把高度放下,把距离拉开。以最小可行性为台阶,向着目标快速迈开步子;以不断优化迭代为阶梯,逼近完美,达成理想。

先完成,再完美。也许最小可行的 MVP,会让你最大可能地成为"MVP"。

PDCA 循环

——越做越好的秘诀

PDCA 循环是统计质量控制（SQC）之父——沃特·阿曼德·休哈特（Walter A. Shewhart）提出的质量管理方法。然而，这一方法实际上是由质量管理大师威廉·爱德华兹·戴明（William Edwards Deming）采纳并推广的，并最终使其得到了广泛应用。因此，PDCA 循环又称戴明环。

PDCA 循环将质量管理分为计划（Plan）、执行（Do）、检查（Check）和处理（Act）四个阶段。一般来说，完成一个完整的 PDCA 循环需要：

P，在计划阶段，收集信息，分析情况，确认目标，制订计划；

D，在执行阶段，围绕目标，采取措施，落实计划；

C，在检查阶段，评估效果，分析原因，总结经验；

A，在处理阶段，针对有效方法制定标准，指导以后的工作，针对问题提出解决方案，并交给下一个 PDCA。

如此反复，持续循环，就可以逐步实现对管理对象的持续优化，也可以优化我们的思想和方法，提高我们的工作能力。

PDCA 不仅可以单独循环，还可以大环套小环，小环保大环。也就是说，我们可以在一个 PDCA 中的某一环设定更小的 PDCA，也可以把这个 PDCA 放进更大的 PDCA 中，成为大循环中的一部分，保证大环完整。例如，某个大型项目在执行阶段（中循环的 Do），你需要每日规划（P）接下来的工作（D），工作中时常检查（C），事后反思，及时调整（A），以避免日后在持续执行中遇到同样的问题（这是小循环的 PDCA）。当这个大型项目完成后，它还可以作为年度战略中的一个典型案例，为整个公司制订下一年的发展计划提供经验和启示（进入大循环的 Act）。

PDCA，很多人都使用过或者至少听说过这个非常经典的思维模型，但总会有初学者表示自己理解得并不透彻。这其中原因有两个：第一，在培训和分享时，一些企业或部门会向着越来越精细、越来越复杂的方向去解读 PDCA，使得它的理解门槛逐渐变高；第二，PDCA 本身的 Do 和 Act 这两个单词，都有"行动"的意思，让人迷惑。这种复杂和迷惑对初学者来讲，有点儿不"友好"。怎么办呢？

我们要相信一点：如果一个模型被运用得如此普遍，其内在一定是越研究越简单，而不是越理解越复杂。我在这里切入一个足够"清爽"的角度，让大家重新认识一下 PDCA。

我们把 PDCA 放在一条时间线上拉开。**P 是思考—D 是行动—C 是思考—A 是行动。P—D 是"计划"的思考与行动，C—A 是"总结"的思考与行动。**

进一步说，P 是面向未来的向前思考，就是计划，研究下面怎么做；D 是思考后的行动，就是执行，按照计划做下来；C 是面向过去，向后思考，就是检查，反思一下做得怎样；只是反思也不行，还要有所行动，所以 A 是反思总结后的行动，也就是处理，好的怎么处理，不好的怎么处理。

我们在工作中总会强调"凡事要合理规划，事后要做好总结"，也总在强调"不要只说不做，不要只做不思考"，就是希望大家能够平衡事前、事后的思考和行动。PDCA 就做到了平衡我们经常强调的"计划与总结、思考与执行"。

PDCA 的本质就是平衡计划与总结、思考与行动的思维框架。只要在这个框架指导下完成工作，就能避免"行而不思""过而不省"等根本性问题。也正因为 PDCA 是一个框架，所以它被广泛应用于个人提升、活动项目优化、生产质量优化等各种优化管理中。至于在该框架下具体实施哪些步骤和内容，还需要考虑所处的领域、具体的行业及当下所面临的问题。

从认知的角度来说，PDCA 循环是一个螺旋升维的过程，即边做边总结边进步。但无论 PDCA 多么强大，它总要有一个起点，这个起点就是"行动"。

木桶原理

——短板别太短，长板要两条

以前，木桶原理告诉我们：木桶能装多少水，不取决于木桶里最长的那条板子，而取决于最短的那条；想多盛水，就要补足短板，尽量让自己在方方面面都做到优秀。

现在，这道理不对了。因为出现了一个颠覆它的新理论，叫作"反木桶原理"。它的含义是，一个人能获得多少利益，不取决于他的短板，而取决于他最长的板子。

在这个共享合作的时代，每个人都在拿着最长一块板子（优势），向外谋求合作去组成新的木桶。你的这块板子有多长，就决定了你的价值有多大。长板越长，你能参与构建的木桶就越大，你在其中获得的"油水"就越多。因此，现在人们不再关注你的"短板"，而只关注你的"长板"，也就是"你的优势有多突出"。

为什么"补短板"的木桶现在不好用了呢？这需要追溯这个"补短板"的木桶原理所产生的背景。过去我们都在学校里上学，学校比学习，学习比成绩，成绩比分数，分数看学科。然而当时就那么几个学科，也就是木桶的板子就那么几块。以百分制为标准，如果数学得 99 分，语文得 19 分，当然得补足短板才能显著提高分数。分数有上限，科目也有，木桶的比喻在这里就非常贴切，道理也说得通。然而等毕业之后，走入社会，一切都变了，木桶自然也变了。社会里没有 100 分，只有追求卓越，还永无止境，上限被打破；没有了学校学科里的"老九门"，只有三百六十行，还行业细分，数量无穷大。标准没上限，数量无穷大，相对来看，自己身上就是数不尽的不足。这时候你没办法去给"自己的木桶"补短板（完善自我），只能拿着最长的板子和别人去"拼木桶"（谋求合作）。

为什么当今人们那么崇尚合作共享，就是因为大家都想明白了这件事。无论是创业、打工、攒局、搞项目，都需要用你的长板去凑事业、公司、平台、部门、团队等不同的木桶。在这个环境里，把木桶思维反过来，才行得通。

然而，我想说原来的木桶原理并非在社会中一无是处。是"补短板"还是"拼长板"，要看自己的水平和所处的环境。

如果所处的环境没有天花板上限或自己各个方面的水平都远没有靠近天花板，那么，反木桶思维更适用。比如，处于充满变化和永无止境的各种商业竞争环境，就是要不断创造和强化自己的优势，积极合作，共同做大。另外，差生提分，满分的天花板对他没什么意义。差生提分要先提高自己感兴趣的学科，先让一个科目及格。他在学校就得优先使用反木桶思维，而不是木桶思维。

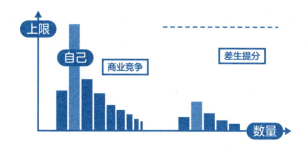

如果所处的岗位环境存在发展上限且完成任务需要的能力又不多，同时自己也已接近或触及天花板，则应该采用木桶思维。比如某些综合岗位上的人才，需要保持几种专业能力的均衡全面，又比如某些企业培训以拉齐团队能力为目的。

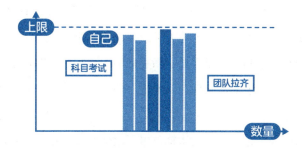

木桶思维强调短板决定成败，注重全面发展，减少个人缺陷。反木桶思维则强调发挥长板优势，鼓励强强联合，创造更多财富。两者各有其优点。我们常常可以看到，有些产品因为设计出色但营销不足而无奈退市，或者员工专业能力满分但因为不会表达而被迫离职。因此在许多情况下，我们应同时运用木桶思维和反木桶思维。比如，在优势领域专项提升的同时，确保其他基础能力达到及格线（如表达力、理解力、组织力等）也是非常重要的。

木桶的全面发展和反木桶的扬长避短，二者并无优劣之分。使用木桶还是反木桶，我们应该辩证地看，至少不该一踩一捧。

短板决定成败
全面发展 减少弱点

长板发挥优势
鼓励合作 创造价值

最后，我再提个"反反木桶理论"。当你在某个领域触及天花板，提升乏力时，不妨将注意力转向其他相关领域，分流精力，在能力相通的其他方面做跨界提升，创造"第二优势"。比如，让自己成为在顶尖主持人里最会说相声的，在武林高手里最会写诗的，在 PPT 写手里最会做视频的，这些都会提升你的竞争力。这就是介于木桶原理和反木桶原理之间，又不同于二者的反反木桶理论。

当你为了抢夺一个大木桶位置，用你的长板和对方的长板拼得你死我活时，你还能再拿出其他的长板来，打对方一个"措手不及"。

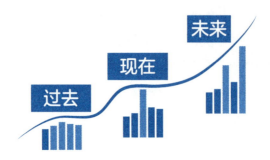

断裂点理论

——以"小损"防"大损"

2003 年 4 月，美国登山探险家阿伦·罗斯顿（Aron Ralston）不幸跌入犹他州大峡谷，右臂还卡进了岩石中。在等待救援无望后，他决定断臂自救，最后成功脱困。这个故事后来被拍成了电影，名字叫《127 小时》，因为极具感染力，获多项奥斯卡提名，轰动一时。

断臂求生的背后隐藏的是对风险的评估与判断，是一种"断裂点"思维。

断裂点（Breakpoint）思维的核心含义是，用一个很小的可以承受的损失来避免无法承受的系统性风险。简言之，**通过"自损"达到"止损"，以"小损"防"大损"**。比如电路系统的保险丝、汽车的保险杠，用于断裂泄压的爆破帽和爆破片，这些都是工程领域中常见的断裂型安全保护装置。

实际上，我们身边确实充斥着很多蕴含断裂点理论的解决方案。比如：

股市中的熔断机制——波动太大，大家就别玩儿了！

公司中的管理红线——要是有虚假报销，你就别在这儿玩儿了！

员工入职能接受的底线——要是996还不给上社保，谁在这儿和你玩儿？

甲方设定的虚拟底线——再让我被迫用你的第一稿，你就别和我玩儿了！

乙方预留的方案马脚——你既然喜欢第一稿，就别翻来覆去玩儿我了！

男朋友的原则——要是再和他说你单身，那你俩玩儿去吧！

女朋友的情绪——要是下次再凶我，你以后就别找我玩儿了！

这些都蕴含着断裂点思维，以小损防大损。

值得注意的是，我们不能认为一个系统线路的断裂点只有一个，它也可以分级别设定多个。这些断裂点可以视为一个个预警信号，用于防止上一级系统遭到进一步破坏而影响整个系统。例如，球员禁赛机制可以视为防止体育精神出现滑坡的断裂点，而赛场上的红牌则可以视为防止球员做出出格行为的断裂点。黄牌又可以视为防止掏红牌的断裂点，而裁判严肃认真的比比画画则可以视为防止掏黄牌的断裂点。反过来，球员的战术犯规，也可以视为阻止对方反超比分的断裂点。再如，在一个社会组织机构中，从内部约谈到通报批评，再到处分留档等，每一个给组织（或组织中的多个人）带来的小损失都是为了防止整个组织出现更大损失的断裂点。

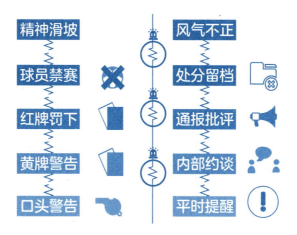

同样，在成长的道路上也有很多滑坡风险，需要我们建立自我管理的机制，在关键时刻"以小损防大损"。例如，设定提醒事项：当发生什么时，我们应该怎么样；或者及时告诫自己：偶尔犯错没有关系，这只是提醒自己避免造成更大损失的断裂点。另外，我们也可以把别人对自己的"善意提醒"看作一种"断裂点"。如果我们在收到提醒后不及时回应和改进，就可能导致后续更大的损失，比如人前失态、错失友谊等。

人生处处有风险，敢于断臂，才能生存。

冗余备份
——有"大损"，能"凑合"

明明商场已经有电梯，为什么还有楼梯？明明让一架飞机起飞，一部发动机就可以了，为什么还要再加几部？为什么这个够用了还要准备那个？要解释这种现象，就要提到"冗余备份"。

在工程学中，冗余是指利用系统的并联逻辑，向系统添加额外的组件，从而提高系统的可靠性。它告诉我们：**重要的东西一定要多备份，哪怕有一两个"挑大梁"的出问题，还可以拿备用的顶替上，以确保系统正常运行。**电梯旁边的步行梯、飞机上的"多余"发动机、汽车后面的备胎、买衣服多送的扣子、外卖多送的筷子……这些都是冗余备份。

当然，冗余备份模型并不是简单的备份概念，它有以下三个特征：

1. 不是所有备份都在主件出现故障后才启动，有些备份也可以参与系统的日常运转；

2. 备份往往会让系统增加一定的额外成本，具体增加多少，要看设计备份的水平如何；

3. 备份不一定和主要工作部件一样，但一定需要具有能达成相同目的的作用。

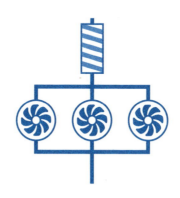

那么，如何将冗余备份思维应用到我们的生活中呢？

举个例子，如果将家庭收入视为一个系统，你的副业和爱人的收入都是这个家庭收入系统的冗余备份。这样一来，如果一个人失去了工作，只要另一个人收入稳定，即使一段时间内会生活拮据，日子也还能过。在生活中积极贯彻这个思维方式，就会让你在与他人遇到相同危机时，别人停摆，你却能应对自如。

这里又有一个问题：增加备份就一定是对的吗？不一定。毕竟冗余备份要"吃掉"额外的成本，不计成本地增加备份肯定不行，而且不同的系统出现问题所带来的影响也是不同的。我们需要具体情况具体分析。

分析的关键点在于成本是小于还是大于原件损坏后"潜在的损失"。如果成本＜损失，那么就需要备份；如果成本＞损失，那么就可以不用备份。道理肯定是没问题的，但是备份的成本多高才算太高呢？预设的损失发生的概率有多大？我们应该如何计算呢？这些问题似乎没有人能够给出明确的答案，这就像"只谈毒性不谈剂量就是要流氓"一样，"只讲规则而不给标准"也是比较草率的建议。

鉴于此，我在这个模型的基础上，再补充一个公式，尝试更好地评估备份成本和潜在损失之间的关系：

当事故发生的最大损失 × 事故发生率 > 备份投入成本时，你可以备份冗余。

如果你觉得这个不够细致，还可以选择下面这套更复杂的公式：

公式一：事故发生的最大损失 ×{1-（1- 事故发生率）^ 总运营时间内的使用次数 }= 没有备份的损失值 A

公式二：备份的首次投入成本 + 单位运营时间的运营成本 × 总运营时间 = 有备份的成本值 B

当 A > B，可以备份冗余。

也就是说，在同样时间下，对比不做备份可能出现的损失和备份后产生的消耗，看看哪个更大。也要考虑在这个时间段，系统使用次数是多少，相应地，冗余备份在这段时间里正常运转还需要投入多少来维护和保养。比如事故最大损失是 100 万元，发生故障概率是 1%，这个系统你最多需要使用 10 年，这 10 年内你需要使用 50 次这个系统，那么在没有备份的情况下，10 年内的损失期望值（没有备份的损失值）大约 40 万元（发生故障的可能性约 40%）。备份的首次投入是 20 万元，一年内维护它需要

1 万元（单位运营时间的运营成本），需要维护 10 年。因此有备份的成本值总计需要 30 万元。没有备份的损失要比增加备份的成本多 10 万元，这样就可以考虑对这个系统做一个冗余备份。

　　这套公式可能也不够严谨（比如随着时间增加，备份运营边际成本可能也会增加）。另外，它也不见得适用于所有情况，因为每个人对一个系统的价值的判断标准是不同的，不过你可以参照这套公式的思路，自行制定一套适合你的公式。即使你不会制定公式也不必过于担忧，因为需要用到公式的实际情况并不多。大部分情况下"有备成本"与"无备损失"的差距还是比较明显的。

安全边际

——保留多，意外少

安全边际，在工程学中又叫安全系数，英文为 Safety factor，是指一个结构能够承受的负载超出预期负载的程度。安全系数的值大于 1，并且值越大，表示结构越安全。例如一辆货车，它的理论载重（100 吨）与实际载重（小于 100 吨）之间比值越大，就意味着它的安全系数越高。

安全边际（率）是企业管理领域的名词。其核心概念与安全系数类似，被用于衡量企业经营风险。在企业管理中，安全边际可以通过计算销售总额与成本之间的差值来得到。具体公式如下：

安全边际 = 销售总额 − 成本

同时，安全边际率也可以用来衡量企业的安全程度，其计算公式为：

安全边际率 = 安全边际 / 销售总额

通过计算安全边际率和安全边际，企业管理者可以更好地了解企业的经营状况和风险水平，从而采取相应的措施来提高企业的经营效益和稳定性。例如，一家企业运营成本为 80 万元，总收入为 100 万元，那么它的安全边际就是 20 万元。如果我们用 20 除以 100，所得的值为 20%，这就是它的安全边际率。一般来说，安全边际越大或安全边际率越大，企业的承受能力就越强，生产经营的风险也就越小。通常情况下，安全边际率在 40% 以上代表很安全，这个数值可以作为一个参考。

安全边际提醒我们做事要"留够余地""保留弹性"。这样，组织的抗压能力就能变强。即使出现意外，也不会彻底"损毁"或者"失灵"。

生活中，我们也要有这种思维观念。比如，半小时能到的路程，最好提前 40 分钟出发；遇见喜欢的人，你可以充满热情，但不能毫无保留；做生意，多留一些给对方讨价还价的空间，以促成合作。

安全边际、断裂点理论和冗余备份都是工程学领域的思维。它们都是用来保护一个系统安全运转的保护性思维。它们之间有什么关联，差异又在哪里？

安全边际，强调在自我运转的范围内留有一定的余地，减少意外情况的出现概率，基本不会付出额外的成本。

断裂点理论主张以自己的小损失来代替整体的大损失，从而保护重要的组件不被破坏，但通常也会使装置停运，需要付出一定的成本。

冗余备份，是在一个装置暂停运转时，使用其他备份装置代替工作以维持整体系统的运转，其付出的成本较前两者更大。

三种保护思维都不能保证万无一失，所以在实际使用中，通常会采取单项重复或者多项组合的形式，来保证一个重要的工程系统更加稳定可靠。

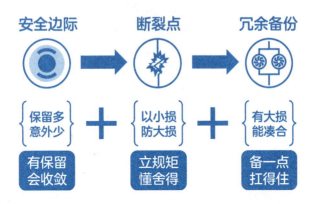

相应地，我们也可以用这"保护三件套"来给自己的生活、工作做规划。

比如，一个人的底牌、一家公司的资金周转、一个家庭的生活用度，都要适当有所保留，这运用的就是安全边际的思维。在一些事情上设定底线，一旦有人触碰到了，要以一定的方式制止对方继续试探下限，这就是断裂点思维。当然，这么做可能会让你付出一些代价或者增加一些其他隐患，比如丢了项目、丢了客户、丢了工作，或者丢了人才、丢了朋友。在这种事情发生之前，你可以考虑先增加一些冗余备份，留个后手。这样在断裂受损的过渡期，它让你有余力维持一段时间，渡过难关。总体来看，用"保护三件套"来规划工作和生活，可以增加人生系统的安全，可谓一举多得。

人生无常，未来难知，凡事留余地，划底线，做备份，方能从容应对。

护城河理论

——建立自己的竞争防御体系

古代重要的城邑大多有护城河。在城邑四周挖开沟，引水而入，形成人工河，可加强城墙的防御能力。所谓城池，指的就是城墙和它外面的护城河。（西方的古代城堡也有类似的壕沟）

城邑需要护城河，企业想要发展得好，发展得久，同样也需要"护城河"。股神巴菲特就曾提出过著名的"护城河理论"：当企业占领一块市场后，就要思考如何防止竞争者进入、瓜分、抢夺市场，以保证自己持续获利，而最好的解决方法便是"挖护城河"。

　　换句话说，企业想要持久发展，必须形成一个对手不易模仿的优势和一套易守难攻的经营战略，以防止外来者"进城"，掠夺本属于你的财富。这个"护城河"就是企业的核心竞争力和不可替代性。

　　既然"护城河"如此重要，企业该如何搭建呢？巴菲特从经济角度给出了企业搭建"护城河"的四个关键性要素，分别是成本优势、网络效应、无形资产和迁移成本。

　　成本优势包括独占资源、生产规模、运输便利、地理就近、运营高效等可以降低成本的因子。售价 2.5 元一瓶的可乐，就是通过规模极致降本的案例。

　　网络效应主要指用户集群产生的效应。你的产品使用者越多，则越容易建立用户生态，形成良性循环。比如，某些聊天软件以及围绕它搭建的社交游戏平台。

　　无形资产包括品牌价值、技术专利、高门槛经营许可等。简单来说，就是别人提供不了的产品和服务，你能提供。

　　迁移成本又叫转换成本，指用户对一种产品建立使用习惯并产生依赖后，离开它会引发很多麻烦，如需要从旧平台导出大量文件、需要重新适应新产品等。

说得通俗一点儿，"护城河"的四个要素就是：

我很实惠（成本优势）

大家都用（网络效应）

你要的我能给（无形资产）

找别人你费劲（迁移成本）

这四个要素可以不必都包含，只要其中一个要素中的一种优势达到极致，你就能获得足够坚固的竞争壁垒。

说到这里可能有人不解，"护城河理论"为什么一定是四个要素，而不是三个或者五个，或者说一定是这四个，而不是其他四个？它背后有什么逻辑？

1. "成本优势"大多关乎有形资产，而它对应的是"无形资产"，两者表达了事物的一实一虚；

2. "网络效应"是吸引人前来，而"迁移成本"则是防止人离开，表达了人的一进一出。

这就是成本优势、网络效应、无形资产、迁移成本四个要素的逻辑属性。事物的虚实结合可以让人易进难出，人的易进难出又能够强化事物的虚实优势，这就是这四个要素的逻辑关系。

当"护城河理论"的本质被提炼出来后，我们就可以把这种商业思维迁移到职场与生活当中。比如，你可以思考下面几个问题：

第一，你是口袋里有钱还是家里有地？是能力超群还是外表出众？还是啥都没有，但要价便宜？这些问题对应你的有形资产。

第二，你是学历很高还是经验很多？是有某种特长还是技术过硬？还是具有高于他人的勤劳、忍耐等精神特质？这些问题对应你的无形资产。

第三，你是否善于与同事、朋友友好相处？是否善于管理和整合资源，成为人际关系的焦点？这些问题对应你能否吸引更多人来到你身边。

第四，你是否具有让身边人离不开你的本事，比如老板离开你，工作不顺手，朋友离开你，生活不精彩？

通过以上问题，从几个方面挖掘自己的优势并将其充分发挥出来，你就能形成自己的"护城河"。

不过，护城河建立后你也并非高枕无忧，因为优势会被超越，对手可能时刻都在研究你。你在这边"挖沟砌墙"，对手可能已经在给你的护城河"填土"、在你的城墙上"架梯子"了。因此，持续维护好自己的护城河也至关重要。

维护护城河的有效方法是**不断在自己的优势方面学习、发展和迭代，努力做到人无我有、人有我优、人优我异。**

这时你可能会问：这几点我都做到后，结果发现别人也"异"了，我该怎么办？很简单，"异"就是差别，只要你有与竞争对手不一样的地方，你就能形成自己的独特优势；而一旦对手跟进，你就有时间和机会比他做得更好。这样，就又进入了新的"人无我有、人有我优、人优我异（异即'人无我有'）"的循环中，你就能让自己持续保持优势。

四象限法则

——高效管理自己的时间

　　四象限法则是比较常用的时间管理方法，由管理学家斯蒂芬·柯维（Stephen Richards Covey）提出。该方法通过将事情按照重要性和紧急性两个维度进行划分，将待办事项分为"重要且紧急""重要不紧急""紧急不重要""不重要不紧急"四个类型。

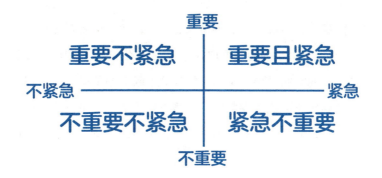

通常情况下，人们会首先处理重要且紧急的事情，然后处理紧急但不重要的事情，再处理重要但不紧急的事情，最后处理既不重要也不紧急的事情。由于缺乏合理的统筹规划，在处理紧急事情上花费过多的时间，会导致原本并不紧急的事情变得紧急，而使自己总是处在应对紧急事情的恶性循环中。

四象限法则的核心观念是，我们应该将主要精力集中在处理第三个——重要但不紧急的事情上。我们应该为这类事情做好计划，避免它们因为被耽搁而成为紧急且重要的事情。面对其他三类事情，我们可以优先做好手头重要且紧急的事情，一般情况下这类事情并不是很多；将紧急但不重要的事情授权给别人去做，以解放自己的时间；同时，尽量避免陷入那些不紧急也不重要的事情。简言之，紧急且重要的事情，马上做；紧急但不重要的事情，授权做；重要但不紧急的事情，计划做；不重要也不紧急的事情，减少做。

值得注意的是，当我们焦头烂额的时候，总会容易把看似紧急的事情也当成重要的事情来看待，因此我们需要使用一下非 SR 思维来对手头的急事加以分辨。与此同时，也要时刻提醒自己：你的时间是很宝贵的，那种"把眼下的急事一并处理算了"的观念是不值得推荐的。总是着眼于当下，而不高瞻远瞩对时间加以管理，那些"不急"也都会纷纷转到"急"的窗口上排队。

通过对四类事情进行合理规划，我们可以改变自己繁忙低效的工作状态。模型的这一核心观念比较好理解，就不再进一步展开说了。下面说一下它的动态性。

1 重要且紧急 **马上做** 又重要又紧急的事情
实际很少

2 紧急不重要 **授权做** 看起来很急
想想又没那么重要

↑ **3** 重要不紧急 **计划做** 最应该重视起来的
提升效能的关键点

4 不重要不紧急 **少做** 尽量不要陷入这类事情

生活中，是不是经常听到身边人这样指责你："你有空刷手机，没空陪孩子？""你有空看电视，没空洗碗？"你自己是不是也发现了类似这样的问题：明明白天就能完成的工作，却总是要拖到加班来完成？明明还有更重要的事没做，却先做了一些无关紧要的事？

出现这样的情况，可能是因为你没有正确划分事情的轻重缓急。某些看似无关紧要的事情，如散步、闲聊或刷手机，并不是始终不重要不紧急的。它们的重要性会根据当事人的状态和环境而发生改变。

四象限法则的另一个重要观念，是对现有优先级进行重新调控。以闲聊为例，如果一个人在极度紧张、焦虑的时候选择与他人闲聊，这可能意味着在当时的情况下，闲聊能让他放松下来，暂停持续的精神消耗。这时候"闲聊"就比其他事情"更紧急"。如果一个人很长时间都保持精力高度集中，此刻已经非常疲惫，快到极限了，那么他就特别需要做一件别的事情让他获得休息，缓解疲惫。这时候"闲聊"就比眼下重要的事情"更重要"。这里也可以结合中间态放松模型来理解。

　　我们需要对不合理的优先级进行重新调控。这里请注意，需要调控的不是四象限模型的顺序，而是在这个顺序下的具体事情。因为这些事情的轻重缓急是一直变化的。当你通过一阵闲聊达到了休息的目的，调整好状态后，闲聊的优先级就会迅速下降，回到不紧急也不重要的位置上。这时，你就应该重新投入原来重要的事情上。然而这时候，你的内心会出现一种自责："刚才我干了什么？明明知道这件事没做完，我怎么还去闲聊了呢？"其实没必要这么想。如果闲聊后你能重新集中精力，做事的效率也会提高，那么在那段时间闲聊反而是一件正确的事。

　　最后，我们不妨做一次价值延伸。利用时间管理四象限法则，除了可以高效管理"自己"的时间，我们是否还可以影响对方做事的优先级，让对方先做出我们想要他做的事情呢？你可以想一想有什么办法能让他把"那件事情"重视起来。

三八理论

——精明支配自己的 8 小时

世界上最公平的就是时间。

每个人每天都拥有相同的时间：24 小时，也就是三个 8 小时，并且利用方式也都差不多。第一个 8 小时大家基本都在工作，第二个 8 小时大家都在睡觉，第三个 8 小时都由自己支配。

三八理论认为，第一个和第二个 8 小时大家都一样，没有太大区别；人与人之间的差距，主要取决于如何支配第三个 8 小时。

对于第三个 8 小时，一般支配方式为消费、交易、投资。消费是指把时间用在吃饭、打游戏、娱乐、发呆等事情上，让自己

获得放松，以便拥有更好的状态；交易是指把时间直接交换成看得见的价值，比如搞副业赚钱、加班换调休或换取加班费等；投资是指把时间用于学习和提升能力，虽然不能马上兑换价值，但有可能让未来的自己变得更值钱。三八理论鼓励我们多把时间用于投资，而不是消费上。

然而，在我看来，消费、交易、投资都很有必要，我们不能认为一味地减少消费、增加投资才是正确的。每个人的发展迫切程度、当下缺钱程度、上升空间大小等因素各有不同，对第三个 8 小时的支配也必然不同。即使是同一个人，当下所处的环境不一样，身心状态不一样，支配比例也是不一样的。比如说，你感觉自己最近工作太多太累了，可能就会增加消费，作为放松或对自己的犒赏；最近不太忙，精力旺盛，那就趁机增加投资，获取收益。

这里需要注意一点：一旦你选择了投资，要尽量争取出至少 2 小时不被打扰的时间。这也是三八理论所要表达的核心。因为有一些投资（如学习和思考）在一个连续的、不被打扰的时间里才更加高效。连续 2 小时不被打扰，所创造的价值会远超过 8 个一刻钟。

　　然而，对于有些人而言，这连续的 2 小时都是奢侈的。在当下的社会环境中，每个人的压力都很大。一些人在工作的 8 小时以外还会加班，把自己可支配的 8 小时，用于继续交易（换加班费）甚至消费（没有加班费的"自愿"加班，但多少也会有一定的投资属性，比如锻炼业务熟练度和获取晋升的可能）。此外，再加上上下班通勤、必要的应酬、打点生活琐事、陪伴家人等，个人的可支配时间就所剩无几了。哪里还有时间用于学习和思考呢？

　　的确，这是很多普通人不得不面对的现实。往坏处想，老板最希望普通人可以持续输出廉价劳动力，所以在一定程度上也不太希望他们有充足的可支配时间，让自己成长为公司养不起或不需要的"人才"。如果你的老板真这样想，那么你也不必"客气"。更何况，人本来就更需要优先为自己的未来做打算。

　　如果第三个 8 小时被加班占用而让你无法充分支配，第二个 8 小时还要保持充足睡眠而不能轻易支配，那么你就只能从第一个 8 小时入手"以退为进、以'摸'代'投'"。

　　所谓以退为进，就是不建议你找那种太拼命才能做好的工作。这属于短期看起点很高，但长期看却可能让自己"窒息"的选择。因为起点很高的工作容易填满你的生活，不会让你有时间去思考其他。当工作成了你的唯一，你便成了工作的奴隶。这样哪里还谈得上继续进步、持续前行呢？

　　如果可以，不妨稍稍退退，寻找一个通过 80% 的努力就可以掌控的岗位，保留 20% 的弹性精力来迎接偶尔的挑战型任务，平时也可以用来做自我提升；或者在现岗位上适当"放放水"，摆出十分努力的样子，但实际只用七分，保留三分。比如，原本应该三天完成的工作，你两天就完成了，可以先不提交，留下一天的时间进行自我投资。我们是按社会必要劳动时间交换所得（工资），而不是个人的辛苦程度。这点要注意。

所谓以"摸"代"投"，更好懂。意思就是多利用"摸鱼"的时间来搞"投资"。别人摸鱼玩游戏，你看书；别人追网剧，你学习；别人消费，你投资。这样一来，你和你的同事们不就此消彼长了吗?

世界上最公平的就是时间，每个人每天都是三个8小时。你耕耘你收获，你收获你成长，很公平!

能力圈

——清楚自己的能力边界

"能力圈"这个概念是巴菲特提出的。巴菲特用它解释了自己在互联网行业向好的情况下，不肯投资的原因。在巴菲特看来，互联网行业超出了他的能力范围。正因为坚持了这种"不懂不投"的理念，巴菲特在投资上少犯了很多错误。

巴菲特说："如果你知道了能力的边界所在，你将比那些能力圈虽然比你大5倍却不知道边界所在的人富有得多。"查理·芒格也说过："如果你不清楚边界在哪里，就不能算是一种能力；如果你不知道你的能力范围在哪里，你就会身陷于灾难之中。"

对于巴菲特和查理·芒格来说，关于投资，最重要的就是能力圈原则。这项原则也同样适用于个人成长：只要你在自己的能力边界里做事，就能比别人更有优势；反之，如果不知道自己的边界在哪里，做事就可能遇到更大的意外风险。因此，清楚自己的能力边界，要比能力大小和扩大能力圈本身更重要。

那么，能力的边界在哪里呢？

这就要依赖于人们对自己"认知的认知"了。通常来说，人们对自己"认知的认知"分为四类：不知道自己知道，知道自己知道，知道自己不知道，不知道自己不知道。一个人的能力边界就在知道自己知道的范围之内。

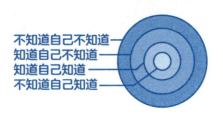

值得注意的是，在这个范围内，还有一层叫作"'自以为'知道自己知道"的迷雾区。自己实际知道的范围一定会比"自以为"自己知道的范围更小，二者之间存在一团迷雾区，这种情况每个人身上都会出现。**如果你不够了解自己，不知道自己的能力边界在哪里，你的迷雾区就更大，实际能力就更小。**这也在提醒我们，保持谦虚谨慎的态度并时常反思，是一件非常重要的事。

加上迷雾区后，我们就能更加清晰地解读出能力圈内外的几个区域了：

第一圈，不知道自己知道，是内化为本能的或暂时遗忘了，但可以随时激活的区域。

第二圈，知道自己知道，是真实清楚并理解的区域。

第三圈，自以为知道自己知道，是实际只了解一点儿但并没有想象中那么深入的区域。

第四圈，知道自己不知道，是知道它的存在，但还不够了解的区域。

第五圈，不知道自己不知道，是完全没有接触、完全未知的区域。

由此可见，能力圈在一定程度上与我们常说的"人贵有自知之明"很相似。

我们不仅要清楚地了解自己的能力边界，还要扩大自己的能力圈。

如何扩大呢？

首先，认清自己，谨慎反思，巩固学习，驱散迷雾。

其次，多想多做，把"知道自己不知道"的变成"知道自己知道"的。

做到以上两点，你就会扩大自己的认知范围，进而把之前"不知道自己不知道"的变成"知道自己不知道"的，进入能力圈扩大的良性循环。

这里需要再次强调一下：扩大能力圈并不是能力圈所要表达的重点，能力圈的大小不是关键，清楚它的边界才是。因为只有"知道自己知道"才能有把握去做，也才会把事情做好，并有更多收获，这叫明智。

不知道自己知道，还去做，这叫草率。

以为自己知道，去做了，这叫愚蠢。

知道自己不知道，还去做，这叫鲁莽。

不知道自己不知道，就去做，这叫疯狂。

疯狂之后，就是灭亡。

从前我们认为的是，提升自己的能力最重要（能干什么）；而巴菲特先生所提示的是，知道自己的能力边界最重要（不能干什么）；而我想表达的是，能力边界有"迷雾区"，驱散迷雾"找到"边界更重要（知道能和不能）。

换句话说，一个人不知道自己有多大本事，本事再大也没用。

军标六性

——扩展自己的能力边界

军标，指的是"国家军用标准"，是为保证军工产品的通用质量而制定的严格标准。它涵盖了可靠性、测试性、维修性、适应性、安全性和保障性这六个方面的性能。因此人们通常称其为军标六性、国军标六性、军工六性。

我们在职场中贡献自己的价值，可以看作为公司提供一种独特的产品以交换自己所需的利益。我们应该具备一定的"产品思维"。军标六性对我们完善职场能力体系有非常重要的参考意义。下面，我以对应职场能力的方式来分别介绍军标六性。

1. 可靠性

可靠性是指产品在规定条件下完成规定功能的能力。

你可以简单理解为：枪能开，炮能打，雷能炸。

对应职场能力来说，就是发挥稳定。马马虎虎中的"偶尔惊喜"，虽然更容易被人记住，但它不如兢兢业业中的"不掉链子"。老板对一个人委以重任或者公司选择一个合作伙伴，有"惊喜"当然好，但更看重的是一种"交给你，我放心"的心安。

2. 测试性

测试性是指产品能及时并准确地展现其状态，并隔离其内部故障的能力。

你可以简单理解为：看得出来好不好用，好用到什么程度。

对应职场能力来说，就是随时能让周围人了解自己的状态。你只自己"闷头"干是不行的，你更需要让其他人知道你在干活、干到了什么进度、大概什么时间可以完成。当你状态变得不好时，也不要硬撑，及时坦诚地表达自己需要休息、调整状态，以避免那些合作者对预期产生误判，影响合作效果。

3. 维修性

维修性，是指产品在实施维修行为后，具备保持或恢复状态的能力。

你可以简单理解为：一旦坏了，特别好修。

对应职场能力来说，就是能及时调整自己，快速恢复状态。世界本来是无常的，在意外出现时，能够及时启动事先准备好的应急预案，保证自己的状态快速恢复，工作重新回到正轨，就是一项非常重要的能力。

4. 适应性

适应性，是指产品在各种环境下能实现其所有预期功能和不被破坏的能力。

你可以简单理解为：在哪儿都能用。比如一把枪，在极寒、极热、潮湿等极端情况下都能使用。

对应职场能力来说，就是工作中要把经常遇到的变化纳入计划之内。很多工作不是自我封闭的、完全无干扰的。大到更换供应商、进行业务方向调整，中到隔壁公司装修、早高峰地铁停运，小到时不时被打断加个临时会议……这些都是工作环境的一部分。我们如果总是把这些小理由挂在嘴边，管理者不会认为我们之所以活儿没干好是因为被干扰了，而会认为是我们禁不起干扰才没干好活。变化是工作的一部分，适应变化也是工作能力的一部分。

5. 安全性

安全性，是指产品具有不导致人员伤亡、系统毁坏、财产损失或不危及环境的能力。

你可以简单理解为：别伤自己人。

对应职场能力来说，强调在合作中成就自己的同时，最好也能让合作的人感到满意。自己"成事儿了"，也让支持者和合作者沾沾光；出问题了也能坦然面对，别甩锅。如果大家觉得与你合作总是没有安全感 / 荣誉感 / 成就感，以后再开展合作就会越来越难。

6. 保障性

保障性，是指产品的设计特性和相关的保障资源，满足平时和战时使用要求的能力。

你可以简单理解为：产能快速提升。军工产品一旦进入战时状态，需求量就会激增。我们需要充分考虑产品是否具有保证高效率满足战时需求的特性。

对应职场能力来说，就是指关键时刻能"顶上去"，有爆发力。一旦遇到紧急情况，能利用一些可复制的套路快速应对；或者作为管理者，能协同其他资源，批量解决突发问题。管理扁平化、运营模块化、作业流程化，这些都是能够灵活应对这类状况的有效保障。

简单来说，军标六性分别代表了产品用着不坏（可靠性）、知道好坏（测试性）、坏了好修（维修性）、哪儿都能用（适应性）、用着放心（安全性）、越用越多（保障性）六项性能。

以上分别对应职场的专业靠谱（可靠性）、及时反馈（测试性）、调整恢复（维修性）、适应变化（适应性）、愉快合作（安全性）、紧急应对（保障性）六种能力。

军标六性的产品思维之所以比较特别，是因为它与一般商业产品思维不同。军工产品在战场，商业产品在商场。商业产品希

望发挥极致优势，是追求上限的逻辑；而军工产品不容半点儿差错，是保障下限的逻辑。

把军标六性作为一种能力面板，持续提升每一种特性，你就更容易成为团队、公司、合作伙伴的主心骨和定心丸，拥有更大的上升空间。

奥卡姆剃刀
——若无必要，勿增实体

哲学家亚里士多德说："自然界选择最短的道路。"

数学家托勒密说："我们认为一个很好的原则是通过最简单的假设来解释现象。"

物理学家爱因斯坦说："科学理论应该尽可能简单。"

他们都在说同一个道理，这个道理可以用奥卡姆剃刀来表达。

所谓奥卡姆剃刀（Ockham's Razor），核心含义只有八个字："若无必要，勿增实体"。它的意思是一个事物如果没有存在的必要，就不要轻易主动增加它或者被动让它出现；如果它出现了，就需要像剃刀剃掉多余的毛发一样，把它去掉。这听起来只是一个很简单的道理，而实际上奥卡姆剃刀对于世界的发展和人的成长都有重要意义。

这把剃刀是怎么来的？

14世纪，哲学和神学之间的争论异常激烈，为了压制对方，两派生造了很多概念。其中一位颇具学识的修士对此感到厌倦，于是他通过著书立说来宣扬只承认真实存在的事物，认为那些空洞无物的概念都是累赘，应该被无情剔除。他主张"思维经济原则"，其内容概括起来就是"若无必要，勿增实体"。据说，这一原则的提出，使科学、哲学从宗教中彻底分离出来，进而引发了欧洲的文艺复兴和宗教改革。

这名修士名叫威廉（William），来自英国萨里郡（Surrey）的奥卡姆村（Ockham）。人们为了纪念他所做出的贡献，就把这个原则称为"奥卡姆剃刀"。（为什么不叫威廉剃刀？）

此后，人们在使用奥卡姆剃刀的过程中，形成了一种思维决策方式：如果几个方案都能解决问题，就选最简单的；如果几个途径都能达到目标，就选最短的；在科学领域，如果几个理论都能解释相同现象，我们就优先保留更简洁的。一言以蔽之，就是哪个简单选哪个。

奥卡姆剃刀需要我们警惕过于复杂的事物，在保证必要前提下，力求将复杂的事物变得简单。

为什么要把复杂变简单呢？因为**复杂使人迷失**。厨房用具花样百出，每一个看起来都很有用，结果买得太多太杂，反而用时总忘记、找不着；数字电视频道越来越多，频繁换台不知道看什么，难以像以前一样专心看完一个节目；游戏经多次版本升级后，玩法变得越来越复杂，让人逐渐失去乐趣；组织机构越来越庞大，制度越来越烦琐，使人激情减少、创造力下降……这样的现象比比皆是，进一步加剧了人们对于简单、高效的追求。

人更善于做加法。涉及众人参与的活动，如培训、活动策划、决策、方案制订，甚至集体游戏等，事情总会变得复杂。参与的人越多，事情就越复杂，结果就越不理想。这时就需要我们举起奥卡姆剃刀，勇敢地挥下去。

奥卡姆剃刀能消除"无中生的有"，能纠正"无事生的非"，让世界简简单单，但这并不是它唯一的价值。

对于任何一种思维模型，其名字从来不重要，它背后的含义和启示才重要。我们思考一下奥卡姆剃刀背后的含义"若无必要，勿增实体"，它为什么不是"若无必要，把它剃掉"呢？因为剃刀思维的关键在于：**可以不用，但必须要有**。这是一个重要的启发，也是它更宝贵的价值。

生活和社会经验丰富的人都有这样的感悟：当你引入一个看似不必要的实体时，这个实体就会证明自己存在的必要。想想公司中那些"多余"的部门，这些部门中的某些员工，以及那些不必要的拨款和年度预算，他们总会表现得"很有必要"；再想想我们自己，谁还没有一些"没有就想买""买了又没啥用""不用还对不起自己"的玩具、衣服、日用品？

当非必要实体出现并不断证明自己存在的价值之后，就会影响原有必要实体的运行秩序。他们不得不自发建立一套与非必要实体有关的新协作流程或者新习惯。例如，老部门因为新成立的非必要部门而不得不延长流程，拖慢工作进度。新的秩序确立并稳固下来时，再用剃刀就很难了，因为剃了会很疼，会受伤，让人产生犹豫。

奥卡姆剃刀强调"勿增"实体，而不是"剃掉"实体，就是在告诉我们，**剃刀思维的上策是"防患于未然"**。正如"刀的真谛并不在于'杀'，而在于'藏'"，剃刀的真谛也不仅在于"剃"，更在于"止繁存简"，心存一刀，只留必要。这种"心中有刀而无须用刀"的状态才是最好的状态。

第 6 部分

总结与展望：
让你一直进步的模型

学会回望过去，人生才更有未来，未来才更有
意义。

KISS 总结模型
——过去清清楚楚，未来明明白白

KISS 模型，由 Keep（保持）、Improve（改进）、Stop（停止）和 Start（开始）四个单词首字母组成。意思是："我要坚持什么？改进什么？停止做什么？开始做什么？"核心思想是"总结过去"加"面向未来"。

细心的读者可以发现，它也是基于 MECE 的矩阵法而构建出来的。它由"持续性"和"非持续性"以及"好的"和"不好的"交叉组合而成：

1.持续 + 好：一直做得很好的，要坚持；

2.持续 + 不好：一直在做且必须继续做的，做不好，要改进；

3.非持续 + 不好：过去在做但可以不必做的，做不好，就停止做；

4.非持续 + 好：能使未来变好的，过去没有做过，就开始做。

要学会这个模型，记性好的读者就记单词 KISS；记性不好的呢，就去理解它的逻辑象限。这里用一个简单的例子，帮助我们消化这个模型。假设一个求职者写了一份简历，经过几轮面试之后，根据几次复盘的结果，他需要重新写一份简历。他可以这样做：

Keep（保持）：内容准确无误，没有错别字或语法错误，并且凸显了自己的专业、技能和经验。

Improve（改进）：尝试用更简洁、更能触动人的语言描述自己的经验和成就，让面试官一目了然，同时还能在关键词上多停留几秒，对自己多一些关注。

Stop（停止）：不要在简历中列出与所求职位不相关的、不能打动面试官的经历。

Start（开始）：寻找可以提升自己的平台，增加新的技能经验。

除了写简历，完善项目计划书、升级产品、更新业务，总结工作，都可以用这套思维模型。

还有一个 KPT 复盘模型和 KISS 总结模型的表达逻辑很相似。

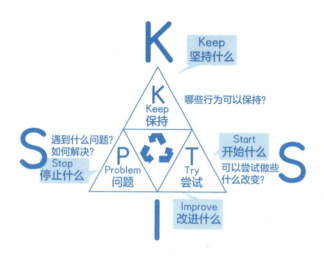（此处为页眉）

在 KPT 复盘模型中：

K，Keep（保持）意为，总结和提炼出在某个阶段中可以继续保持的方面，成为未来的经验范本；

P，Problem（问题）意为，认真分析在某个阶段中遇到的问题和挑战，以便找出问题的根源和影响因素，解决问题；

T，Try（尝试）意为，通过实践来验证那些改进措施的有效性。

KPT 三者大意为，可坚持的、有问题的、可尝试的。这与 KISS 模型中的保持、改进、停止和开始相对应。Keep 对应 Keep，可坚持的就要保持；Stop 对应 Problem，有问题的能停止要停止；Start 对应 Try，要开始做的，也是一种新的尝试；而 Improve 改进比较特殊，应该对应 KPT 中的 Problem 和 Try 两个环节，因为它不仅发现了过去的问题，而且要做出新尝试，来检查改进效果。

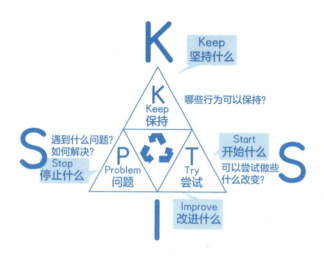

　　相较于分析总结的过程，KISS 总结模型侧重直接对总结结果进行分类和安排。模型的属性更像是 PDCA 循环中的 A 处理，尽管叫总结模型，但它更面向未来。

　　需要坚持的事情，可以通过 SMART 模型，把它们梳理成清晰化的计划和可落地的目标，并且通过 WOOP 反拖延模型想象场景准备预案，鼓励自己实现它；

　　需要改进的事情，可以通过 PDCA 循环逐步完善它；

　　需要停止的事情，可以用奥卡姆剃刀勇敢地断舍离；

　　需要开始的事情，可以先用一个 MVP 最小可行性方案，通过福格行为模型启动它。

　　面对需要坚持的、改进的、开始的三类事情，我们可以结合自己的性格习惯和经验偏好，找到这些事情在耶克斯 - 多德森定律上不同的效率制高点，构建次心流，让自己的行动变得更加高效。

　　这样，我们就利用多个单一思维模型，成功搭建了一个更加系统的思维模型组。当然，结合不同的需求，我们可以搭建各种不同的思维模型组，让它们在我们身上发挥最大效用。

GRAI 复盘模型
——系统总结，触及智慧

聪明有二，一靠天资，二靠努力。前者是先天优势，后者是后天努力。少部分人赢在"先天"，大部分人则赢在"后天"。先天不可控，而后天努力出成效的关键，在于"后知后觉"的深度。说简单点儿，就是想变聪明，得会"总结"。

会总结的，每件事甚至每个细节都能收获经验。人生总是充满大大小小的选择，有些人总能在每一次选择前，就已经完成对上次选择经验和教训的提炼。因此，他们的每次选择都会朝着对自己更有利的方向走，走着走着就成功了。

在愚蠢的人看来，成功是因为他"幸运"；在普通人看来，成功是因为他"聪明"；在聪明人看来，这只是"自己应该也必须要做的总结"。每一个聪明的决策，都是在日常的磨砺中一次次做错、一次次复盘、一次次提升的结果。换句话说：今天的聪明，是对过去所有愚蠢总结后的结果。

怎么进行复盘反省呢？用 GRAI 复盘模型。

Goal，目标，首先要明确你最初预定的目标是什么。这些目标可以是年度的、阶段性的，也可以是项目目标或者核心目标。

Result，结果，就是要明确目标的完成进度。如果还没有完成目标，那么距离目标还差多少？如果完成了目标，比预期又超出了多少？结果应该用数据来表现，做出量化分析，便于后面查找问题。

Analysis，分析，这一步骤主要是围绕结果深入剖析，找出影响目标实现的关键因素。好的、具有优势的因素是什么？不足的、差的因素又是什么？

Insight，洞察、领悟，这是要我们通过分析找到规律，保留优势，避免错误，更好地面向未来。

这里重点强调一下 Analysis（分析）这一环：很多人说，学习了这么多思维模型，就是不知道怎么运用，一到具体的问题就没头绪（不知道如何分析、从何处着手分析）。

我们可以用 MECE 原则对导致这种"Result（结果）"的对象进行拆解。比如，用二分法将要分析的问题分为"一静一动"，再分为"一内一外"。

先静态看内部：思考它由几个板块构成，这几个板块都由谁来管控，每个板块都需要什么资源、设备、材料，这就把"人、事、物"拆开了。这里可以使用诺依曼思维和 OGSM 计划与执行管理工具做细化拆分。

再动态看内部：板块与板块之间的流程是什么样的？这就需要用到系统思维了。

对内看完了，接下来对外看。

先静态看外部：外部有哪些外力的支持和影响？是否会受经济、政策、娱乐、热点等外部事项的影响？这时可以用 PEST 分析法收集这些摆在眼前的多方面数据和信息。

再动态看外部：外部有哪些潜在的危机和竞争对手？如何避开跨行业的冲击？这里就可以用波特五力分析模型找到看不见的对手。

然后，利用 SWOT 分析模型，将这些内部、外部、静态、动态的信息填进去，寻找应对策略，进入"Insight（洞察）"阶段。

当然，你可以使用问题树把问题问对问准，并用 5W1H、RICE 全科问诊模式和莫塔五问提示自己，把问题问全。拆解的角度越多，数据越细，发现的问题就越深，你的分析做得也就越透彻。

GRAI 也和其他模型有所关联。

首先，与同样作为总结类模型的 KISS 相比，GRAI 更强调总结思路的推进过程。KISS 模型更注重对总结结果的清晰化表达。在 GRAI 模型的 Insight 阶段，KISS 可以提供一套更清晰的组合答案。具体来说，当你通过 GRAI 模型，用现在的结果对比了过去的目标，并完成分析后得出了一堆结论，可能会感觉这些结论如同一团乱麻。这时，你可以按照 KISS 的逻辑进行分类整理，让整个总结结果更加清晰易懂。因此，这两个模型经常可以搭配使用。

其次，它和 DIKW 模型 [Data（数据）→ Information（信息）→ Knowledge（知识）→ Wisdom（智慧）] 相对应。目标、结果

环节对应的正是数据和信息，分析环节对应的则是相关知识，而要获得洞察，我们需要从知识中找到隐藏的规律，这种能力正是智慧的体现。

GRAI 复盘模型和 PDCA 又有异曲同工之妙。P 计划，就是围绕目标作出规划；D 执行，就是向着目标做出结果；C 检查，就是对执行的过程进行分析；A 处理，就是领悟结果，好的留下，标准化执行，不好的到下一个循环去处理。

从另一个角度看，GRAI 复盘模型其实也没什么了不起的。它也不过是一套再普通不过的惯性思维。日常我们也会这样问自己："回想当初，我在什么样的豪情壮志下说过什么豪言壮语啊？（Goal）""眼看又到年底，这些 FLAG 我完成得怎么样啦？（Result）""不怎么样是因为什么呢？（Analysis）""既然找到原因了，明年我该怎么办呢？（Insight）"这种思考习惯再自然不过，而它就是 GRAI 的逻辑。善于总结、发现细节的人，总能在这些细节中总结出一些经验、摸清一点规律、提炼出一个理论，进而将其抽象拓展，纳入已有的知识体系，一通百通，把自己的认知结构层次推向新的高度。

一花一世界，一叶一菩提。每一朵花都拥有着无限意义，每一片叶子都蕴含着无穷智慧，何况你我每天经历的万千世事。

第 7 部分

第一百零一个
思维模型

这本书快读完了。此时你有没有一种感觉：那么多令人眼花缭乱的思维模型，归根结底，始终是那几个核心元素。对立和统一、主观和客观、趋利和避害、感性和理性、思考与行动、精神与物质、静止与变化、量变与质变、整体与部分、现象与本质、过去与未来、时间与空间、积极与消极……是什么、为什么、怎么办？什么时间、什么地点、什么人？我是谁，你是谁，他是谁？在哪里，从哪儿来，到哪儿去？它们又可以重新组合成本书以外的更多经典的思维模型。

万物归于天地人时事物，又归于一阴一阳，一因一果，成为一个核心的"观"和"念"，而这一刻观念，又能生二，生三，生万物。

100个思维模型，只是1个而已，又何止100个。

101，是结束，也是另一个开始。

大道至简

——思维模型至简归一

> "减法"难做、"简字"难写，原因就在于减简之中蕴含着思想理念的"加法"、功力水平的"加法"。发展"加减法"其实是"辩证法"，需要把握好对立与统一、主要与次要、当前和长远等辩证关系。
>
> ——《人民日报》

万事万物的基本原理，往往都不复杂，相反非常简单，就像东南西北、水土阳光、喜怒哀惧、黑白是非这些简单的概念共同构成了世界、生命、认知和行为的基石。

更重要的是，这些概念可以相互搭配、调和比例，产生更多变化。喜怒哀惧可以搭配调和出乐极生悲、欣喜过望；酸甜苦辣可以搭配调和出八大菜系、满汉全席；内向外向、理性感性、乐观悲观、保守冒进等多个概念搭配调和，甚至可以生成地球上每一个人的性格。如今，我们只需要 0 和 1 就可以创造一个全新的宇宙。

将这些"简单"搭配调和，就能变成我们眼中的各种"复杂"。复杂的心理、复杂的行为、复杂的社会、复杂的人生。反过来，这些复杂的本来面目也是简单。只不过，看透复杂找到简单的过程并不容易。想看清世界、看清自己，我们需要一点提示。

所幸之一，古往今来的圣贤们用一句话或几个字就能道破世间万千奥妙。我们可以从这些传承下来的思想中获得启发；所幸之二，就是人类拥有思维，以及对思维模型的创造、理解和驾驭。

思维模型的神奇之处，是它能够超越文字的限制。它是我们对思维、经验、知识和方法的结构化或公式化的表达。它能把用大量文字才能表达出来的道理、现象和感悟，简化成一个图形、一组线条、一串数字。只要抓住本质，它甚至能表达出文字也难以表达的原理。当我们对思维模型了如指掌后，它们会进一步简化成大脑中的一点儿智慧，成为我们探寻世间大道的一盏明灯。

如果圣贤道破世间奥妙的文字是"大道至简"，那么思维模型可被视为"至简"之物。

有些人理解了"大道至简"的字面意思，便去追求"至简之道"，探寻得道的捷径。这反而是舍近求远，甚至南辕北辙。"大道至简"虽然描述了道的简单，但它不只强调了"简"。"至简"未必"得道"。

为什么？因为未"至"。

"至"的含义有两层：极点和到达。多数人只理解了第一层，即基本道理往往非常简单。其实第二层理解更为重要，它强调智慧的真正意义并非简单，而是"归于"简单。"归于"简单的源头是"复杂"。

读了几句简单的金句、懂了一些简单的道理，这并不能让自己真正拥有历尽千帆的人生、理解字句背后的精髓。有时我们必须亲自经历一些"复杂"，在"复杂"中有所觉知后，才能有所收获。一味地追求简单，最终得到的还是简单；而只有从复杂回归简单，才能得到智慧。

老子言："为学日益，为道日损。"这句话的意思是，在学习的过程中，获得的知识和经验会日益增多。在追求道（天地万物的本质规律）的过程中，我们需要不断舍弃那些非本质、非核心的东西，才能逐渐接近"道"的真谛。

从零开始时，我们应该首先通过学习、经历来获得足够的知识和经验；当有所积累时，我们才能进行下一步——去伪存真、化繁为简，最终找到属于自己的真理。这个过程需要在有限的生命里反复经历很多次，方能求得一道。

毕加索并非一开始就以抽象画著称，他曾说："我 14 岁就能画得像拉斐尔一样好，之后我用一生去学习像小孩子那样画画。"$E=mc^2$ 这一公式优美而简单，可发现它的那个"脑袋"却一点儿也不简单。哥德巴赫猜想的"1+1"到现在也没有答案，最接近的"1+2"，其背后推导过程也是常人难以理解的……

　　想要追求至简之道，必须先蹚过复杂的暗流。用现在的观点来说，我们应该先做加法，再做减法。只有经过复杂的历程，我们才能在万变的世界中求得那个不离其宗的"简"。

　　在我脑中，有一个不严谨的公式可以表达我对智慧的理解：

复杂 / 简单 = 智慧

　　也就是说，经历的复杂（被除数）越多且归纳的道理越简单（除数），最终求得的智慧之"商"才越大。

　　"万物之始，大道至简，衍化至繁"。故，过繁至简，方归大道。

参考资料

《4R 营销》作者：艾略特·艾登伯格（Elliott Ettenberg）；译者：文武，穆蕊，蒋洁；企业管理出版社

《80/20 法则》作者：理查德·科克（Richard Koch）；译者：冯斌；中信出版社

《GJB9001B-2009 质量管理体系要求》

《OGSM 让战略极简落地》作者：袁园；机械工业出版社

《WOOP 思维心理学》作者：加布里埃尔·厄廷根 (Gabriele Oettingen)；译者：吴国锦；中国友谊出版公司

《巴菲特的护城河》作者：帕特·多尔西（Pat Dorsey）；译者：刘寅龙；中国经济出版社

《被讨厌的勇气》作者：岸见一郎，古贺史健；译者：渠海霞；机械工业出版社

《传播学原理》作者：张国良；复旦大学出版社

《从"为什么"开始》作者：西蒙·斯涅克（Simon O.Sinek）；译者：苏西；海天出版社

《从优秀到卓越》作者：吉姆·柯林斯 (Jim Collins)；译者：俞利军；中信出版社

《第一性原理》作者：李善友；人民邮电出版社

《定位》作者：艾·里斯（Al Ries），杰克·特劳特（Jack Trout）；

译者：王恩冕 等；中国财政经济出版社

《动机与人格》作者：亚伯拉罕·马斯洛（Abraham Harold Maslow）；译者：许金声 等；中国人民大学出版社

《独立思考》作者：朱迪斯·博斯（Judith A. Boss）；译者：岳盈盈，翟继强；商务印书馆

《福格行为模型》作者：福格（B. J. Fogg）；译者：徐毅；天津科学技术出版社

《改变一生的曼陀罗 MEMO 技法》作者：今泉浩晃；译者：席塵亮；世茂出版有限公司

《高绩效教练》作者：约翰·惠特默（John Whitmore）；译者：徐中，姜瑞，佛影；机械工业出版社

《高效能人士的七个习惯》作者：史蒂芬·柯维（Stephen Richards Covey）；译者：周雁洁；中国青年出版社

《金字塔原理》作者：巴巴拉·明托（Barbara Minto）；译者：汪洱，高愉；南海出版公司

《经济学原理》作者：格里高里·曼昆（N. Gregory Mankiw）；译者：梁小民；机械工业出版社

《精益创业》作者：埃里克·莱斯（Eric Ries）；译者：吴彤；中信出版社

《巨人的观点》作者：大前研一；译者：蔡连侨；机械工业出版社

《决策与判断》作者：斯科特·普劳斯（Scott Plous）；译者：施俊琦，王星，彭凯平（审校）；人民邮电出版社

《靠谱》作者：大石哲之；译者：贾耀平；江西人民出版社

《可复制的领导力》作者：樊登；中信出版社

《罗辑思维》主讲人：罗振宇

《模型思维》作者：斯科特·佩奇（Scott E. Page）；译者：贾拥民；浙江人民出版社

《破解消费者需求密码》主讲人：李靖（李叫兽）；混沌大学课程

《穷查理宝典》作者：彼得·考夫曼（Peter D. Kaufman）；译者：李继宏；中信出版社

《全科医学》作者：约翰·墨塔（John Murtagh）；译者：梁万年等；

人民军医出版社

《全科医学导入式诊疗思维》作者：王静，任菁菁；人民卫生出版社

《认知发展》作者：约翰·弗拉维尔（John H. Flavell），帕特丽夏·米勒（Patricia H. Miller）等；译者：邓赐平，刘明；华东师范大学出版社

《萨提亚家庭治疗模式》作者：维吉尼亚·萨提亚（Virginia Satir）译者：聂晶；世界图书出版公司

《上瘾》作者：尼尔·埃亚尔（Nir Eyal），瑞安·胡佛（Ryan Hoover）；译者：钟莉婷，杨晓红；中信出版社

《社会传播的结构与功能》作者：哈罗德·拉斯韦尔（Harold Lasswell）；译者：何道宽；北京广播学院出版社

《社会心理学》作者：戴维·迈尔斯（David Myers）；译者：侯玉波，乐国安，张志勇；人民邮电出版社

《思考，快与慢》作者：丹尼尔·卡尼曼（Daniel Kahneman）；译者：胡晓姣，李爱民，何梦莹；中信出版社

《思维模型》作者：加布里埃尔·温伯格（Gabriel Weinberg），劳伦·麦肯（Lauren McCann）；译者：王岑卉；浙江教育出版社

《吸引力法则》作者：埃斯特·希克斯（Esther Hicks），杰瑞·希克斯（Jerry Hicks）；译者：邹东；中国城市出版社

《系统之美》作者：德内拉·梅多斯（Donella H. Meadows）；译者：邱昭良；浙江人民出版社

《现代营销战略与应用》作者：马作宽；清华大学出版社

《歇斯底里研究》作者：西格蒙德·弗洛伊德（Sigmund Freud）；译者：金星明；米娜贝尔出版社

《心理账户与非理性经济决策行为研究》作者：李爱梅；经济科学出版社

《心流》作者：米哈里·契克森米哈赖（Mihaly Csikszentmihalyi）；译者：张定绮；中信出版社

《营销管理（第15版）》作者：菲利普·科特勒（Philip Kotler），凯文·莱恩·凯勒（Kevin Lane Keller）；译者：何佳讯，于洪彦，牛永革，徐岚，董伊人；格致出版社

《语言的魔力》作者：罗伯特·迪尔茨（Robert Dilts）；译者：谭洪岗；世界图书出版公司

《战略管理（第6版）》作者：格里·约翰逊（Gerry Johnson），凯万·斯科尔斯（Kevan Scholes）；译者：王军等；人民邮电出版社

《终身成长》作者：卡罗尔·德韦克（Carol S. Dweck）；译者：楚祎楠；江西人民出版社

《自私的基因》作者：理查德·道金斯（Richard Dawkins）；译者：卢允中，张岱云，陈复加，罗小舟，叶盛；中信出版社

《从1开始的营销》作者：石井淳藏，广田章光；硕学舍

夏飞. 前景理论及其对政府决策的启示 [J]. 现代管理科学，2005(3)

许文浩. 破除"达克效应"强化自我认知 [J]. 政工导刊，2022(3)